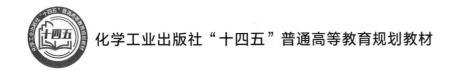
化学工业出版社"十四五"普通高等教育规划教材

U0201942

温室工程施工图设计实例

刘 建 编著

化学工业出版社

·北京·

内 容 简 介

　　《温室工程施工图设计实例》设计深度和表达符合《建筑工程设计文件编制深度的规定》，在结构类型上按照由浅入深、由易到难的原则，选取了 6 种常见的温室类型，即单拱大棚、荫棚、日光温室、圆拱形塑料连栋温室、锯齿型塑料连栋温室、文洛型玻璃连栋温室。6 套完整的施工图纸作为 6 个项目，在实际教学中可根据不同课程阶段及不同课程的要求以这 6 个实际项目为导向，引入任务，由浅入深，循序渐进，选择部分设施类型的图纸来编制相关的实验实训方案，以达到培养识图、制图与设计能力的目标。

　　本书可作为高等院校设施农业科学与工程、园艺、农学、林学专业的教材，也可作为相关工程施工人员、管理人员、专业农户的参考用书。

图书在版编目（CIP）数据

温室工程施工图设计实例/刘建编著．—北京：化学
工业出版社，2024.7
　ISBN 978-7-122-45671-7

　Ⅰ.①温…　Ⅱ.①刘…　Ⅲ.①温室-农业建筑-工程
施工-工程制图　Ⅳ.①TU261

中国国家版本馆 CIP 数据核字（2024）第 098502 号

责任编辑：尤彩霞　　　　　　　　　　　　装帧设计：韩　飞
责任校对：李雨函

出版发行：化学工业出版社（北京市东城区青年湖南街 13 号　　邮政编码 100011）
印　　装：大厂回族自治县聚鑫印刷有限责任公司
787mm×1092mm　1/8　印张 23½　字数 651 千字　　2024 年 11 月北京第 1 版第 1 次印刷

购书咨询：010-64518888　　　　　　　　　售后服务：010-64518899
网　　址：http://www.cip.com.cn
凡购买本书，如有缺损质量问题，本社销售中心负责调换。

定　　价：78.00 元　　　　　　　　　　　　　　版权所有　违者必究

前　言

设施农业科学与工程专业主要培养具备农业设施设计与建造、环境调控、农业园区规划、生产管理等方面知识，能在相关领域从事现代设施农业的科研与教学、工程与设计、推广与开发、经营与管理等方面的复合型人才。其中农业设施设计与建造是专业培养的核心能力之一。与设计建造相关的专业核心课程主要有"建筑设计基础""温室建筑与结构（温室设计基础）""农业园区规划与管理"，相关的其他专业课程还包括"设施农业工程概预算""农业设施设计与建造实验"等。这些课程均对本专业领域的设计制图与识图提出了较高的要求。其中"温室建筑与结构（温室设计基础）"以及相关的实验课程要求学生掌握温室设计的基本理论与方法，能对主要类型温室进行方案与施工图设计，"设施农业工程概预算"课程则要求学生掌握概预算的一般方法，能对农业设施相关工程项目进行工程量统计与造价计算。这些课程均对温室设计相关的施工图提出了具体的需求，但是由于本专业发展时间较短，暂无相关的图纸设计案例参考书，使得教学上所利用的资料有限，学生完成本专业学习后，对温室相关设计无较深的理解，无法进行相关温室的设计或造价等工作。鉴于此，编者将近十余年的工程设计实例进行了归类与总结，参考相关的标准规范，借鉴民用建筑制图的相关方法，结合本专业实际，将相关典型设计实例进行了整理和绘制，编制成本图集。

本图集是从几百个实际项目案例中精选出具有代表性设计成果，紧贴工程实际和现行相关规范规程，可作为"温室建筑与结构（温室设计基础）""设施农业工程概预算""建筑设计基础""农业设施设计与建造实验"等课程的辅助教材，也可供设施农业工程相关设计施工技术人员学习参考。

编者通过多年教学实践发现，设施农业科学与工程专业部分学生在制图识图，或将设计方案转化为施工设计图纸时会呈现出明显的不足与短板，缺乏将理论知识转化为设计图纸的能力。其中一个重要原因就是部分学生在设计学习过程中没有一个相对标准的参照模板，不能进行有效的练习与强化。本教材基于项目导向、任务引领的教学模式，以培养学生的专业核心能力为目标，将6套典型结构的实际温室工程施工图汇编成集，可作为设施农业科学与工程专业的辅助教材。

本教材由海南大学热带农林学院（农业农村学院、乡村振兴学院）热带瓜类作物种质资源创新利用团队成员刘建编著，海南大学园艺系教育教学改革研究项目《产教融合协同育人模式在设施园艺工程设计类课程教学中的应用实践》（hdyy2302）资助。

由于编者水平有限，书中不足之处在所难免，敬请读者批评指正。

刘　建

2023年12月

目　录

项目一、单拱塑料大棚施工图

单拱塑料大棚主要特点是内部空间大，为单管拱架结构，无立柱及横梁，适合机械化操作。大棚顶部采用薄膜覆盖，两侧肩部以下及两端山墙采用防虫网覆盖，屋顶薄膜外侧覆盖遮阳网一层，采用卷膜器实现在屋顶面的展开和收拢。大棚屋脊设置了通风口，与四周可形成良好的自然通风，通风效果好。大棚基于热带地区气候条件和使用要求，具备通风、遮阳、防雨、抗台风等基本使用功能。结构设计按照热带地区沿海的气候特点及荷载条件进行设计，仅供参考。其他地区应根据当地的实际情况和荷载条件进行功能设计和结构计算。

1.1 工程概况

(1) 性能参数

大棚建设地点位于海口，按照设计使用要求，大棚设计使用年限不小于 20 年（钢骨架部分），大棚的相关设计荷载确定如下：

① 风载荷　0.95kN/m² （按重现期 $R=20$ 取值）。

② 雪载荷　0kN/m²。

③ 吊挂载荷　0.15kN/m²。

④ 地震　不考虑。

(2) 几何参数

大棚屋脊走向一般为南—北向，也可根据用地情况调整。大棚跨度 8m，开间 2m，肩高 1.7m，屋脊高 3.3m。大棚共 1 跨、30 开间，则大棚山墙长 8m×1=8m，侧墙长 2m×30=60m，单座面积（轴线）为 8m×60m=480m²。

(3) 大棚结构

屋顶采用圆弧拱顶，骨架采用热镀锌低碳钢材（Q235B）。

(4) 大棚构件参数

① 拱杆　采用 60mm×40mm×2mm 热镀锌矩形管。

② 主纵梁　采用 40mm×40mm×1.5mm 热镀锌方管。

③ 屋脊纵梁　采用 30mm×30mm×1.5mm 热镀锌方管。

④ 山墙柱　采用 50mm×50mm×2mm 热镀锌方管。

⑤ 基础　大棚立柱基础采用 800mm×800mm，埋深 0.7m 的 C30 混凝土独立基础。

(5) 大棚的覆盖材料

① 顶部　大棚顶部采用 0.12mm 的塑料薄膜覆盖。

② 四周　大棚四周采用 32～40 目防虫网覆盖。

③ 卡槽　采用厚度为 1.0mm 的热镀锌大卡槽。

④ 卡簧　采用 Φ2mm 的 70♯碳素钢丝成型，与卡槽配套，镀塑层厚度 0.08～0.10mm。

⑤ 门　大棚南北山墙面中部各设一个双扇吊轨推拉移动门，门洞尺寸为 2.55m×2.2m。门扇采用 30mm×30mm×1.5mm 热镀锌方管作为框架，覆盖 32～40 目防虫网。

⑥ 屋面排水方式　屋面无组织排水，雨水直接排至两侧地面排水沟。

(6) 大棚的通风系统

① 顶部通风　大棚顶部设屋脊通风口，通风口净宽为 0.25m，覆盖 32～40 目防虫网。

② 侧面通风　大棚侧面肩高以下以及山墙面为通风口，覆盖 32～40 目防虫网。

(7) 大棚配套设施

① 外遮阳系统　在屋面外侧设置卷膜系统控制遮阳网在屋面的开启和关闭。卷膜轴采用 φ25mm×2mm 的热镀锌钢管。遮阳幕布采用黑色圆丝遮阳网，遮阳率为 50%。

② 喷灌系统　大棚内的育苗灌溉采用倒挂式喷灌系统，水肥一体化，具有灌溉和施肥双重功能。

1.2 建筑专业施工图

详见图纸设计部分（本书 4～6 页）。图中标高单位为 m，其他单位均为 mm。

1.3 结构专业施工图

详见图纸设计部分（本书 9～14 页）。图中标高单位为 m，其他单位均为 mm。

1.4 给排水专业施工图

详见图纸设计部分（本书 17、18 页）。图中标高单位为 m，其他单位均为 mm。

单拱塑料大棚

建筑专业施工图

××市建筑设计研究院

二〇二三年十二月

图 纸 目 录

建设单位				工程编号		
工程名称	单拱塑料大棚			子 项		
序号	图号	图 纸 名 称		图 幅	版次	备 注
1	建施-01	建筑设计说明、平面图		A3	1	
2	建施-02	屋顶平面图、Ⓐ~Ⓑ立面图、Ⓑ~Ⓐ立面图		A3	1	
3	建施-03	1-1剖面图		A3	1	
4						
5						
6						
7						
8						
9						
10						
11						
12						
13						
14						
15						
16						
17						
18						
19						
20						
21						
22						
23						
24						
25						

专 业	建 筑	项目负责人		未盖出图专用章无效
设计阶段	施工图	专业负责人		
编制日期	2023.12	编 制 人		

××市建筑设计研究院	审 定		校 对		工程名称	单拱塑料大棚	图纸		目录	工程编号		阶段	施工图
	审 核		设计负责人		项目名称		名称			图 号	建施-00	日期	2023.12
	项目负责人		设计人									比例	1：150

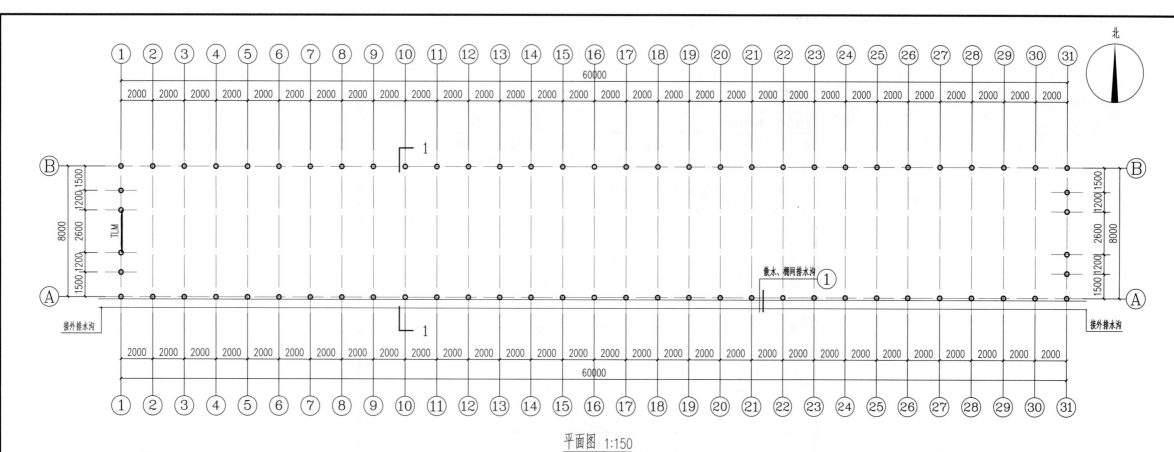

北

平面图 1:150

建筑（轴线）面积：480.00m²

建筑设计说明

1 设计依据
1.1 甲方提出的设计要求和经甲方认可的建筑单体的设计方案。
1.2《温室防虫网设计安装规范》GB/T 19791-2005。
1.3《温室覆盖材料安装与验收规范 塑料薄膜》NY/T 1966-2010。
1.4 国家现行相关的建筑规范、法规。
2 项目概况
2.1 项目名称：单拱塑料大棚。
2.2 建设地点：海口市。
2.3 建筑功能：本工程为蔬菜种植农业设施类建筑。
2.4 建筑规模：建筑（轴线）面积480.00m²。
2.5 建筑类型：农业设施。
2.6 建筑层数：一层。
2.7 建筑高度：3.3m（屋脊高度）。
2.8 结构形式：轻钢结构。
2.9 防火等级：农业设施无要求。
3 设计标高
3.1 本工程±0.000的绝对标高值现场确定（以自然地面为准，单栋内±30cm以内平整），室内外高度相同。
3.2 标高除特殊注明外结构标高外其余为建筑完成面标高，单位为m，尺寸标注以mm为单位。
4 选用图集
4.1 国标系列图集。
4.2 选用图集不论采用全部详图或局部节点，均按图集的有关说明处理。

5 工程做法
5.1 墙体工程
　　5.1.1 大棚四周采用防虫网直接垂地与散水重叠，上方为轻钢结构，山墙立面覆盖32目防虫网，安装幅宽为净宽度+0.3m；优质卡簧、卡槽固定；
　　5.1.2 温室钢结构部分详见结构图纸。
5.2 屋面工程
　　5.2.1 本工程屋面为拱形屋面，覆盖0.12mm厚五层共挤温室塑料薄膜，安装幅宽为净宽度+0.3m，外遮阳为50%遮阳网（全新料，3针），薄膜及遮阳网采用优质卡簧、卡槽固定；
　　5.2.2 本工程屋面采用无组织排水，拱面双侧自由排水。
5.3 门窗工程
　　山墙设有一樘自制热镀锌钢管推拉门，防虫网覆盖，洞口尺寸2550mm×2200mm；门所在侧见平面图示意。TLM为推拉门。
6 无障碍设计
　　本工程为农业设施类建筑，日常无残障人士出入，不做无障碍设计。
7 防火设计
　　农业设施（蔬菜种植大棚）无要求。
8 其他施工注意事项
8.1 本工程建筑图纸应与结构等专业图纸密切配合，如遇有图纸矛盾时，应及时与设计人员联系。
8.2 施工中应严格执行国家各项施工质量验收规范。
8.3 在钢结构连接凸出部、有毛刺等有可能影响薄膜安装的部位应缠旧膜予以保护，薄膜安装质量按照NY/T 1966—2010《温室覆盖材料安装与验收规范 塑料薄膜》执行。
8.4 根据计算，本建筑预计雷击次数为0.0291（次/a），达不到第三类防雷设计，作为农业设施，雷雨天气禁止棚内作业、躲雨。

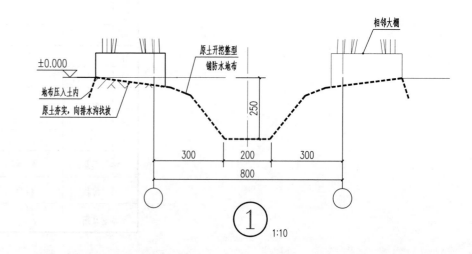

① 1:10

××市建筑设计研究院	审　定		校　对		工程名称	单拱塑料大棚	图纸名称	平面图	工程编号		阶段	施工图
	审　核		设计负责人								日期	2023.12
	项目负责人		设计人		项目名称				图　号	建施-01	比例	1:150

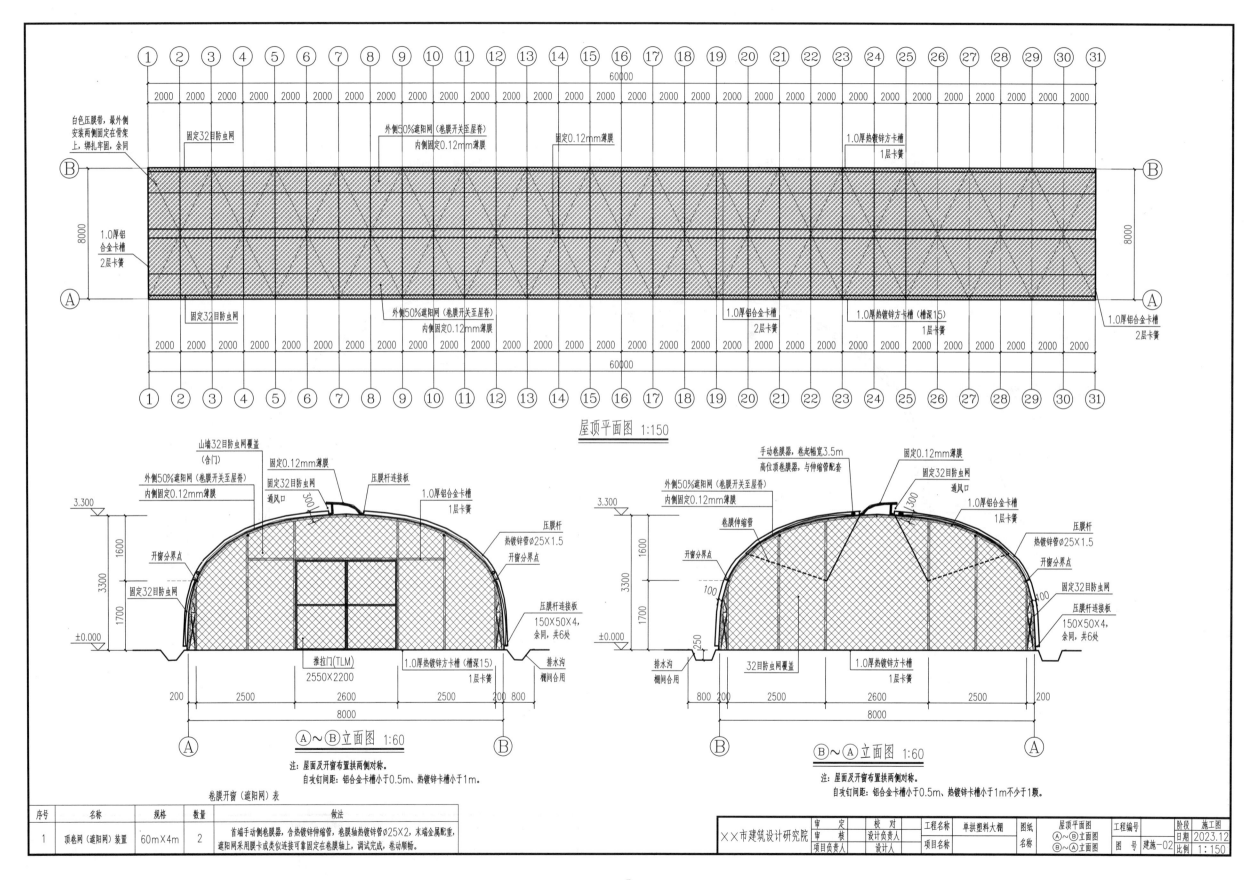

屋顶平面图 1:150

A～B立面图 1:60

注：屋面及开窗布置拱两侧对称。
自攻钉间距：铝合金卡槽小于0.5m、热镀锌卡槽小于1m。

B～A立面图 1:60

注：屋面及开窗布置拱两侧对称。
自攻钉间距：铝合金卡槽小于0.5m、热镀锌卡槽小于1m不少于1顺。

卷膜开窗（遮阳网）表

序号	名称	规格	数量	做法
1	顶卷网（遮阳网）装置	60m×4m	2	首端手动侧卷膜器，含热镀锌伸缩管，卷膜轴热镀锌管∅25×2，末端金属配重，遮阳网采用膜卡或类似连接可靠固定在卷膜轴上，调试完成，卷动顺畅。

××市建筑设计研究院	审 定		校 对		工程名称	单拱塑料大棚	图纸	屋顶平面图	工程编号		阶段	施工
	审 核		设计负责人					A～B立面图		日期	2023.12
	项目负责人		设计人		项目名称		名称	B～A立面图	图 号	建施-02	比例	1:150

5

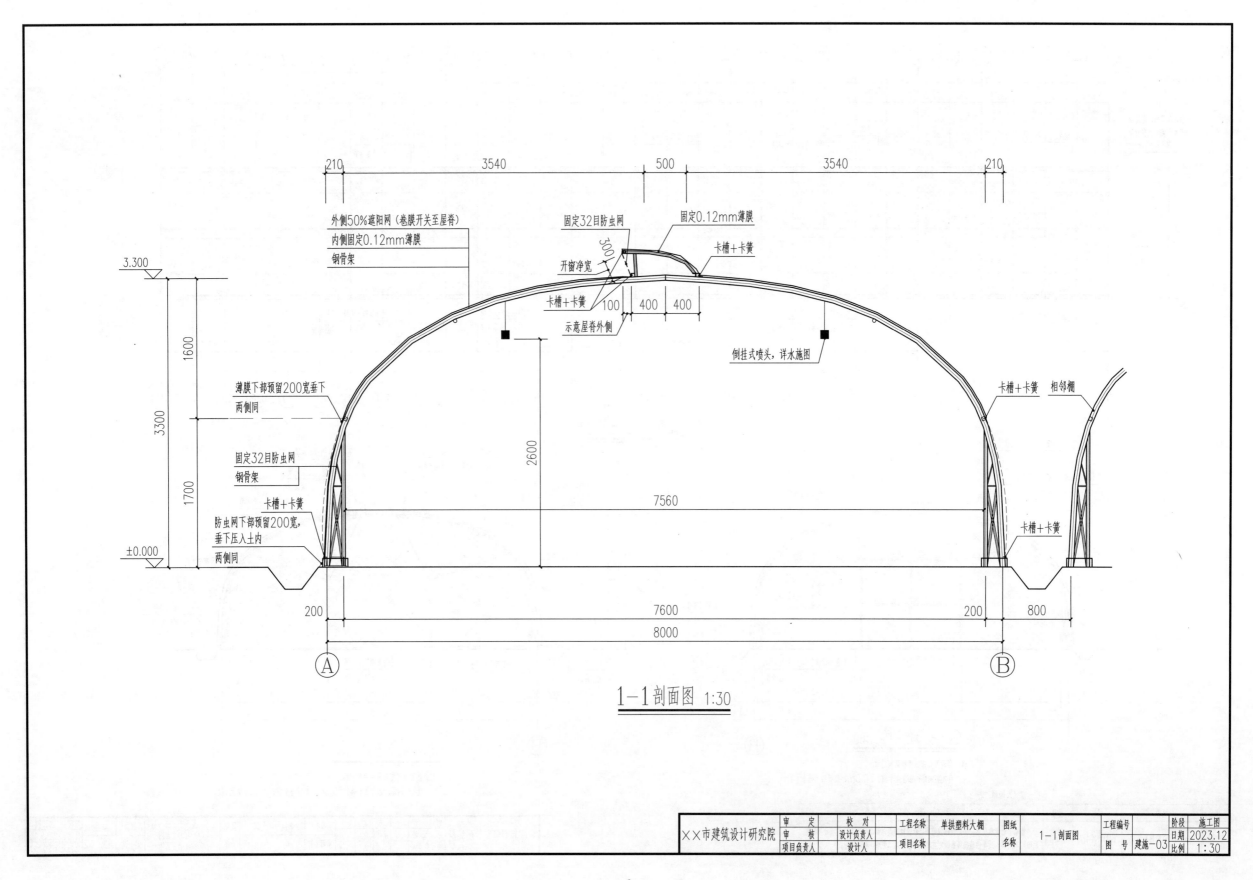

外侧50%遮阳网（卷膜开关至屋脊）
内侧固定0.12mm薄膜
钢骨架

固定32目防虫网
固定0.12mm薄膜
卡槽＋卡簧

开窗净宽
300
卡槽＋卡簧
示意屋脊外侧
100 400 400

倒挂式喷头，详水施图

卡槽＋卡簧
相邻棚

卡槽＋卡簧

薄膜下部预留200宽垂下
两侧同

固定32目防虫网
钢骨架

防虫网下部预留200宽，
垂下压入土内
两侧同

卡槽＋卡簧

3.300
3300
1600
1700
±0.000

2600
7560

210 3540 500 3540 210

200 7600 200 800
8000

Ⓐ Ⓑ

1-1剖面图 1:30

×× 市建筑设计研究院	审 定		校 对		工程名称	单拱塑料大棚	图纸名称	1-1剖面图	工程编号		阶段	施工图
	审 核		设计负责人						日期	2023.12
	项目负责人		设计人		项目名称				图 号	建施-03	比例	1:30

单拱塑料大棚

结构专业施工图

××市建筑设计研究院

二〇二三年十二月

图 纸 目 录

建设单位				工程编号		
工程名称	单拱塑料大棚			子　项		

序号	图号	图 纸 名 称	图 幅	版次	备 注
1	结施-01	钢结构设计说明、钢结构材料表	A3	1	
2	结施-02	基础平面图、节点大样图	A3	1	
3	结施-03	锚栓平面图	A3	1	
4	结施-04	拱架（GJ）平面图	A3	1	
5	结施-05	1-1剖面图（GJ大样图）、半拱轴线放样图	A3	1	
6	结施-06	屋面檩条支撑平面图、Ⓐ~Ⓑ立面图、Ⓑ~Ⓐ立面图	A3	1	
7					
8					
9					
10					
11					
12					
13					
14					
15					
16					
17					
18					
19					
20					
21					
22					
23					
24					
25					

专　业	结　构	项目负责人		未盖出图专用章无效
设计阶段	施工图	专业负责人		
编制日期	2023.12	编　制　人		

✕✕市建筑设计研究院	审　定		校　对		工程名称	单拱塑料大棚	图纸		目录	工程编号		阶段	施工图
	审　核		设计负责人				名称					日期	2023.12
	项目负责人		设计人		项目名称					图号	结施-00	比例	1:150

钢结构设计说明

一、设计依据

1. 《农业温室结构荷载规范》GB/T 51183-2016。
2. 《种植塑料大棚工程技术规范》GB/T 51057-2015。
3. 《农业温室结构设计标准》GB/T 51424-2022。

参考以下规范：
1. 《建筑结构荷载规范》GB 50009-2012。
2. 《建筑地基基础设计规范》GB 50007-2011。
3. 《砌体结构设计规范》GB 50003-2011。
4. 《钢结构设计标准》GB 50017-2017。
5. 《冷弯薄壁型钢结构技术规范》GB 50018-2002。
6. 《门式刚架轻型房屋钢结构技术规范》GB 51022-2015。
7. 《钢结构工程施工质量验收标准》GB 50205-2020。
8. 《金属覆盖层 钢铁制件热浸镀锌层 技术要求及试验方法》GB/T 13912-2020。
9. 《混凝土结构工程施工质量验收规范》GB 50204-2015。

二、工程概况

1. 本工程采用结构体系：本工程为单拱塑料大棚，轻钢结构，位于海口市。地上1层，顶高3.3m，设计使用年限20年（主体钢结构），结构重要性系数0.9。
2. 本工程暂未提供的岩土勘察报告，设计地基承载力特征值要求≥120kPa，施工时应复核地基承载力，如与设计假定不符，应通知设计修改。
   ① 风荷载 按《农业温室结构荷载规范》基本风压0.95kN/m²，场地地面粗糙度B类，风压高度变化系数u_z=0.76，风荷载分项系数1.0；
   ② 屋面恒载：0.05kN/m²，活载：0.15kN/m²；
   ③ 雪荷载：0kN/m²；
   ④ 地震 8度(0.30g)区，薄膜覆盖大棚可不考虑。
3. 结构刚度控制指标
   ① 变形指标 主跨挠度控制值为L/180。
   ② 长细比 柱、桁架及屋架200，拱杆220，其他构件250。
4. 本建筑为农业蔬菜生产大棚，未经技术鉴定或未经设计许可不得改变结构设计用途和使用环境。

三、计算软件

中国建筑科学研究院PKPM结构计算软件2010版。

四、材料

1. 结构用钢牌号为Q235B及Q355(按图中有说明要求，未标注或说明的均为Q235B)。Q235B钢材力学性能及碳硫磷等含量的合格保证须满足《碳素结构钢》(GB/T 700-2006)的规定；Q355钢材力学性能及碳硫磷等含量的合格保证必须满足《低合金高强度结构钢》(GB/T 1591—2018)的规定。选用钢材还应符合下列规定：
   ① 钢材的屈服强度实测值与抗拉强度实测值的比值不应大于0.85；
   ② 钢材应有明显的屈服台阶，且伸长率应大于20%；
   ③ 钢材应有良好的可焊性和合格的冲击韧性；
   ④ 镀锌钢绞线的抗拉强度为1470N/mm²。
2. 焊条
   ① 自动或半自动焊接，采用H08A或H08MnA焊丝，其性能应符合《熔化焊用钢丝》(GB/T 14957-1994)的规定；手工焊时，采用E4303、E5003型焊条，其性能应符合《非合金钢及细晶粒钢焊条》(GB/T 5117-2012)及《热强钢焊条》(GB/T 5118-2012)的规定。
   ② 焊接钢筋用焊条按下表选用。

	焊接形式		
	钢筋与型钢	钢筋搭接焊、绑条焊	钢筋剖口焊
HRB400级	E43	E50	E55

3. 螺栓
   ① 高强度螺栓应采用10.9S大六角头承压型高强度螺栓。其技术条件须符合《钢结构用高强度大六角头螺栓》(GB/T 1228-2006)、《钢结构用高强度大六角头螺母》(GB/T 1229-2006)、《钢结构用高强度垫圈》(GB/T 1230-2006)、《钢结构用高强度大六角头螺栓、大六角螺母、垫圈技术条件》(GB/T 1231-2006)的规定。
   ② 普通螺栓应符合现行国家标准《六角头螺栓 C级》(GB 5780-2016)。

4. 钢筋：钢筋的强度标准值应具有不小于95%的保证率。钢筋进场时，应按国家现行标准的规定抽取试件作屈服强度、抗拉强度、伸长率、弯曲性能和重量偏差检验，检验结果应符合相应标准的规定。钢筋焊接应符合《钢筋焊接及验收规程》(JGJ 18-2012)的相关要求。

5. 混凝土
   ① 混凝土强度等级（图纸中有注明的除外）见下表。

部位	混凝土强度等级	抗渗等级	备注
基础	C30		
柱	C30		
垫层	C20		
圈梁	C30		

   ② 混凝土保护层 基础混凝土的保护层厚度不小于40mm，柱为30mm。

6. 砌体
   ① ±0.000以下墙体采用MU10水泥砂砖，M7.5水泥砂浆砌筑。±0.000以上墙身采用MU7.5水泥砂砖，M5水泥砂浆砌筑。
   ② 砌体施工质量应达到B级，符合《砌体结构工程施工质量验收规范》(GB 50203-2011)规定。

五、钢材制作

1. 本图中的钢结构构件必须在有资质的、具有专门机械设备的建筑金属加工厂加工制作。
2. 钢结构构件应严格按照国家《钢结构工程施工质量验收标准》(GB 50205-2020)进行制作。
3. 除地脚螺栓及图面有注明者外钢结构构件上螺栓钻孔直径均比螺栓直径大1.5~2.0mm。

六、焊接

1. 焊接时应选择合理的焊接工艺和焊接顺序，以减小钢结构中产生的焊接应力和焊接变形。
2. 组合H型钢因焊接产生的变形应以机械或火焰矫正消除，具体做法应符合GB 50205的相关规定。
3. 构件角焊缝厚度范围详见"焊接详图"。
4. 图中未注明的焊缝均为角焊缝，角焊缝沿着构件接触边长（总长度不小于75%），角焊缝焊脚尺寸按焊角尺寸表选用。

七、钢结构的运输、检验、堆放

1. 在运输及操作过程中应采取措施防止构件变形和损坏。
2. 结构安装前应对构件进行全面检查：如构件的数量、长度、垂直度，安装接头处螺栓孔之间的尺寸是否符合设计要求等。
3. 构件堆放场地应事先平整夯实，并做好四周排水。
4. 构件堆放时，应先放置枕木垫实，不宜直接将构件放置于地面上。

八、钢结构安装

1. 柱脚及基础锚栓：应在混凝土柱上用墨线或经纬仪将各中心线弹出，用水准仪将标高引测到锚栓上。基础底板及锚栓尺寸经复验合格（钢结构工程施工质量验收标准》(GB 50205-2020)要求且基础混凝土强度等级达到设计强度级的70%后方可进行钢材安装。钢材底板用调整螺母进行水平度的调整。待结构形成空间单元且经检测，校核几何尺寸无误后，柱脚采用C35微膨胀自流性细石混凝土浇灌柱底空腔，可采用压力灌浆，应做保密实。
2. 结构安装：钢架安装顺序是先安装靠近山墙的有柱支撑的两榀钢架，而后安装其他钢架。头两榀钢架安装完毕后，再调整两榀钢架间的水平系杆、柱间支撑及屋面水平支撑的垂直度及水平度，待调整完后方锁定支撑，而后安装其他钢架。
3. 钢柱吊装：钢柱吊至基础短柱顶面后，采用经纬仪进行校正。结构吊(安)装时应采取有效措施确保结构的稳定，并防止产生过大变形。结构安装完后，应详细检查运输、安装过程中涂层的擦伤，并补刷油漆，对所有的连接螺栓逐一检查，以防脱扣或松动。不得在构件上焊非设计要求的其他构件。
4. 钢架在施工中应及时安装就位，在安装和房屋使用过程中如遇台风，必要时增设临时拉杆和缆风绳进行充分固定。

九、钢结构涂装

1. 本工程的所有构件均采用热镀锌防锈处理，应符合《金属覆盖层 钢铁制件热浸镀锌层 技术要求及试验方法》GB/T 13912-2020的相关要求。镀锌前构件上不得有裂缝、夹层、烧伤及其他影响强度的缺陷。镀锌后的增重应达到6%~13%，镀层平均厚度一般不小于55μm(材料壁厚大于3mm应不小于70μm，大于6mm时应不小于85μm，小于1.5mm时，应不小于45μm)。外壁表面不得有漏镀。外表面应光洁，每米长度内只允许出现一处长度不超过100mm非包面局部粗糙表面，最大突起高度不得大于2mm，并不得影响安装。

2. 局部焊接部位，应对构件表面进行打磨、除锈和涂装。除锈等级不低于Sa2或St2，涂装应采用相匹配的防锈底漆，涂装遍数不少于二底二面，且涂厚程度及涂装施工环境应满足现行《钢结构工程施工质量验收标准》(GB 50205-2020)中的要求。

十、钢结构维护

钢结构使用过程中，应根据使用情况（如涂料材料使用年限、结构使用环境条件等），定期对结构进行必要维护（如对钢构件重新进行涂装，更换损坏构件等），以确保使用过程中的结构安全。

十一、其他

1. 雨季施工时应采取相应的施工技术措施。
2. 本工程施工中，应与相关设备、建筑等其他专业密切配合，以免返工，在钢结构连接凸出部、有毛刺等有可能影响薄膜安装的部位缠旧膜予以保护，薄膜安装质量按照《温室覆盖材料安装与验收规程 塑料薄膜》(NY/T 1996)执行。
3. 材料表中为理论数量，实际加工时适当增加余量。
4. 施工中发现与设计有关的技术问题，应及时通知设计单位洽商解决，不得擅自修改设计。
5. 未尽事宜应按照现行施工及验收规范、规程的有关规定进行施工。

角焊缝的最小焊角尺寸h₁表

较厚焊件厚度/mm	手工焊接(h₁)/mm	埋弧焊(h₁)/mm
<4	4	3
5~7	4	3
8~11	5	4
12~16	6	5
17~21	7	6
22~26	8	7
27~36	8	7

角焊缝的最大焊角尺寸h₁表

较薄焊件的厚度/mm	最大焊角尺寸h₁/mm
4	5
5	6
6	7
8	10
10	12
12	14
14	17

钢结构材料表

序号	编号	名称	规格	长度/m	单位	数量	单重/kg	合重/kg	备注
	GJ	拱架	详大样		件	31	50.328	1560.164	
1			□60X40X2热镀锌管	12.026	件	1	36.246	36.246	
			□50X50X2热镀锌管	1.550	件	2	4.672	9.343	
			∅12热镀锌圆钢	0.350	件	2	0.312	0.623	
			∅25X1.5热镀锌圆管	0.900	件	4	0.783	3.132	
			∅25X1.5热镀锌圆管(屋脊)	1.130	件	1	0.983	0.983	
2	ZZL	主纵梁	□40X40X1.5热镀锌圆管	2.000	件	120	3.620	434.400	
3	FZL	副纵梁	∅32X1.5热镀锌圆管	1.000	延米	120	1.130	135.600	
4	WJZL	屋脊纵梁	□30X30X1.5热镀锌圆管	1.000	延米	60	1.342	80.520	
5	DTC	棚头撑	∅25X1.5热镀锌圆管	2.300	件	4	2.001	12.006	
6	WMC	屋里撑	∅25X1.5热镀锌圆管	3.700	件	4	3.219	12.876	
7	SQZ1	山墙柱1	□50X50X2热镀锌圆管	3.300	件	4	9.946	39.785	
8	SQZ2	山墙柱2	□50X50X2热镀锌圆管	3.650	件	4	11.001	44.004	
9	MHL1	门横梁1	□50X50X2热镀锌圆管	2.600	件	1	7.836	7.836	
10	MHL2	门横梁2	□50X50X2热镀锌圆管	1.200	件	2	3.617	7.234	
11		压膜杆	∅25X1.5热镀锌圆管	12.000	件	2	10.440	20.880	
12		连接板	−100X50X3		件	134	0.120	16.080	
13		连接角钢	∠40X3	0.100	件	124	0.188	23.362	
14		连接角钢	∠30X3	0.090	件	31	0.127	3.942	
15			合计					2398.689	
16			平均/(kg/m²)					4.997	

注：1. 以上材料要求采用热镀锌材料；材料长度按中心长度计算，下料加工应以实际长度为准。
2. 型钢外形符号：圆管或方管或矩管口、角钢∠、扁钢或板件—、槽钢[；或代号：方管F、矩管J、圆管Y、C型钢C。

审定		校对		工程名称	单拱塑料大棚	图纸名称	钢结构设计说明 钢结构材料表	工程编号		阶段	施工图
审核		设计负责人								日期	2023.12
项目负责人		设计人		项目名称						图号	结施-01	比例	1:150

××市建筑设计研究院

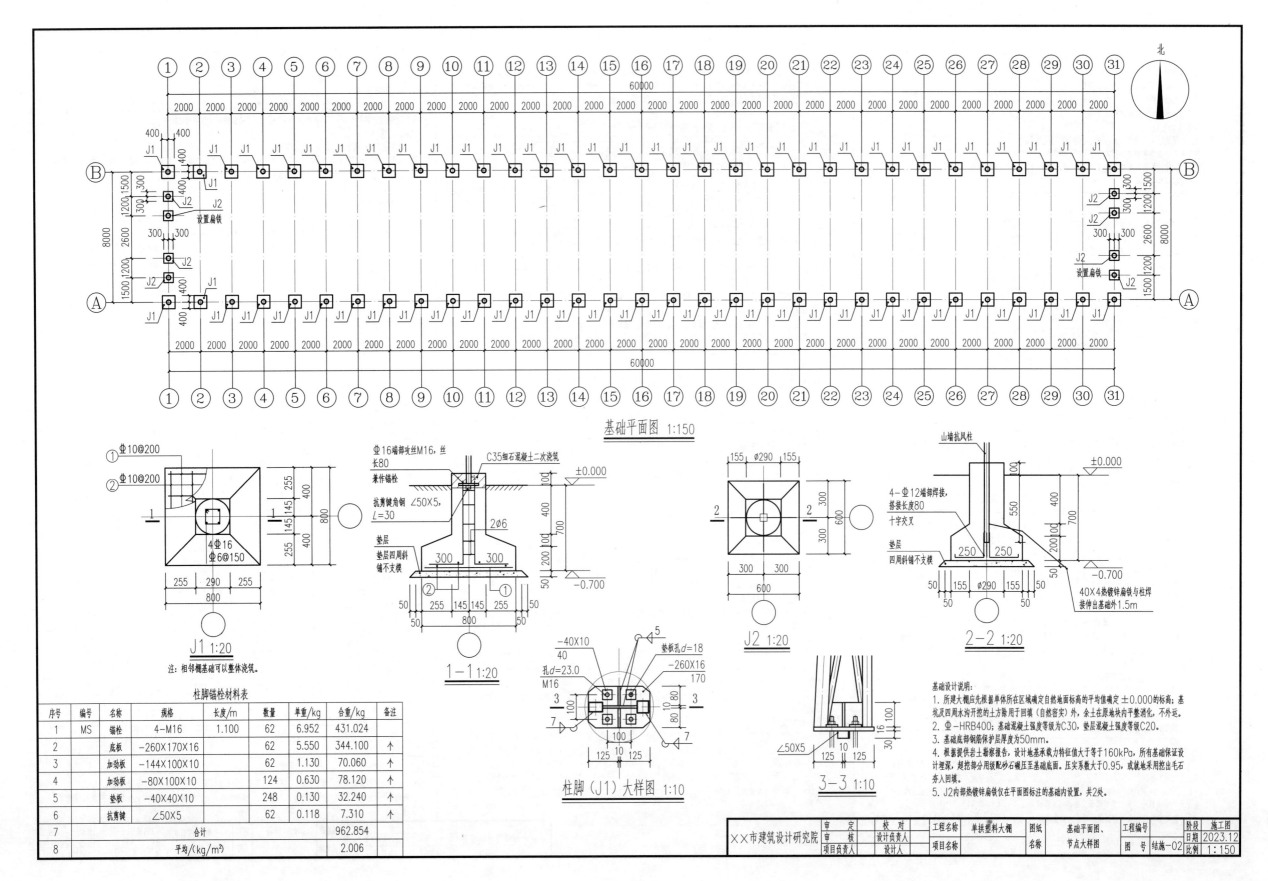

基础平面图 1:150

J1 1:20

注：相邻柱墩基础可以整体浇筑。

1—1 1:20

J2 1:20

2—2 1:20

柱脚（J1）大样图 1:10

3—3 1:10

柱脚锚栓材料表

序号	编号	名称	规格	长度/m	数量	单重/kg	合重/kg	备注
1	MS	锚栓	4-M16	1.100	62	6.952	431.024	
2		底板	-260X170X16		62	5.550	344.100	个
3		加劲板	-144X100X10		62	1.130	70.060	个
4		加劲板	-80X100X10		124	0.630	78.120	个
5		垫板	-40X40X10		248	0.130	32.240	个
6		抗剪键	∠50X5		62	0.118	7.310	个
7		合计					962.854	
8		平均/(kg/m²)					2.006	

基础设计说明：
1. 所建大棚应先根据单体所在区域确定自然地面标高的平均值确定±0.000的标高；基坑及四周水沟开挖的土方除用于回填（自然密实）外，余土在原地块内平整消化，不外运。
2. Φ—HRB400；基础混凝土强度等级为C30，垫层混凝土强度等级C20。
3. 基础底部钢筋保护层厚度为50mm。
4. 根据提供岩土勘察报告，设计地基承载力特征值大于等于160kPa，所有基础保证设计埋深。超挖部分用级配砂石碾压至基础底面。压实系数大于0.95，或就地采用挖出毛石夯人回填。
5. J2内部热镀锌扁铁仅在平面图标注的基础内设置，共2处。

	审 定		校 对		工程名称	单拱塑料大棚	图纸	基础平面图、	工程编号		阶段	施工图
××市建筑设计研究院	审 核		设计负责人				名称	节点大样图			日期	2023.12
	项目负责人		设计人		项目名称				图 号	结施-02	比例	1:150

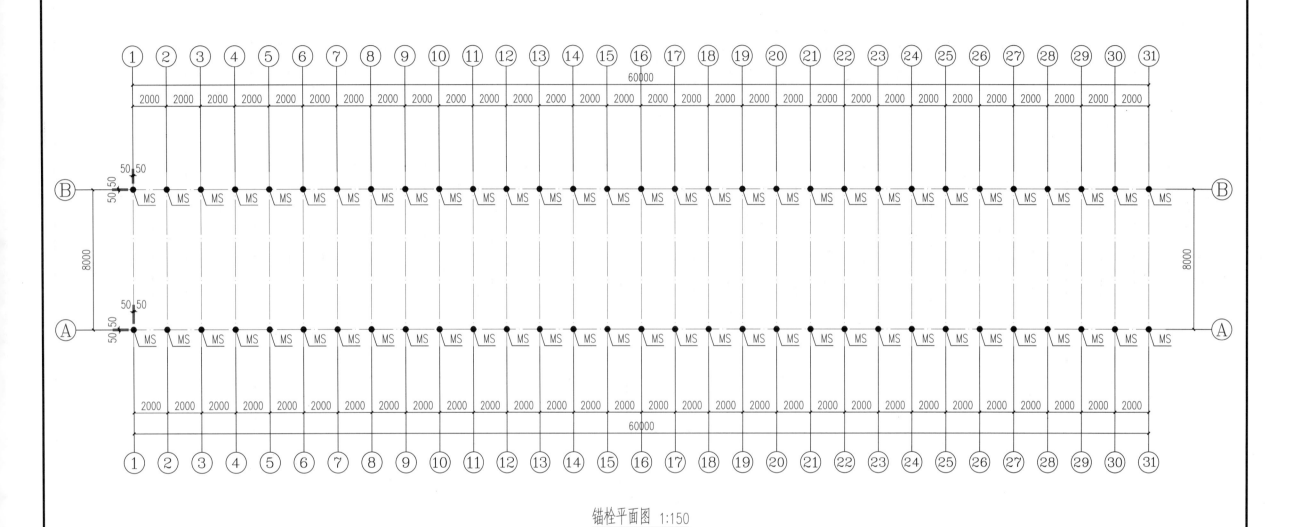

锚栓平面图 1:150

柱脚锚栓材料表

序号	编号	名称	规格	长度/m	单位	数量
1	MS	锚栓	4-M16	1.100	件	62

××市建筑设计研究院	审 定		校 对		工程名称	单拱塑料大棚	图纸	锚栓平面图	工程编号		阶段	施工图
	审 核		设计负责人				名称			日期	2023.12
	项目负责人		设计人		项目名称				图 号	结施-03	比例	1:150

11

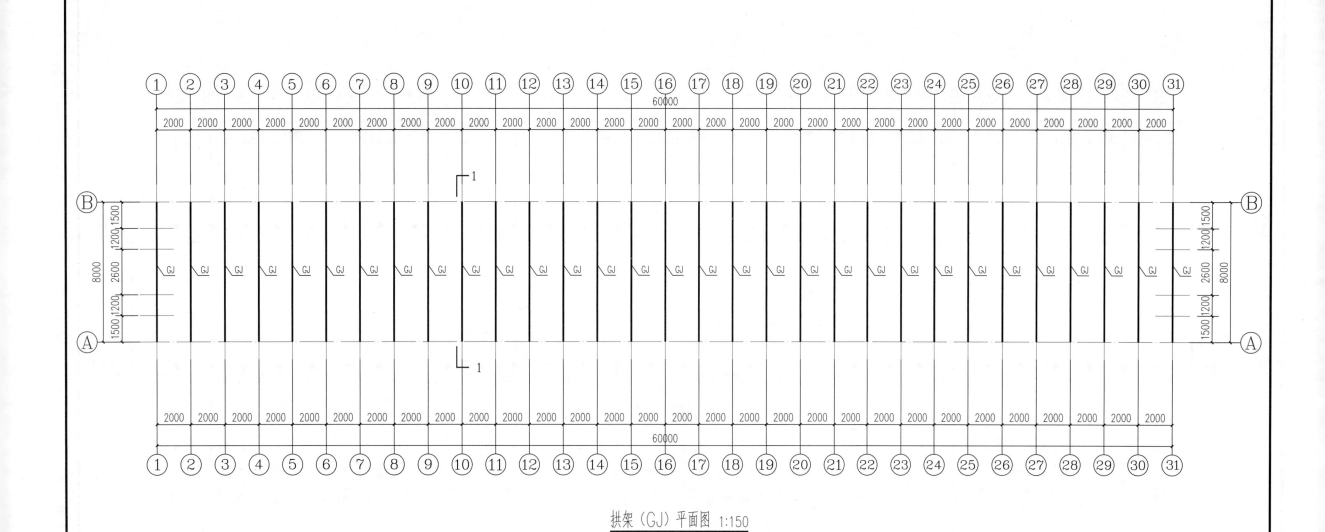

拱架（GJ）平面图 1:150

本页材料表

序号	编号	名称	规格	长度/m	单位	数量
1	GJ	拱架	详大样		件	31
			□60×40×2热镀锌管	12.026	件	1
			□50×50×2热镀锌管	1.550	件	2
			∅12热镀锌圆钢	0.350	件	2
			∅25×1.5热镀锌圆管	0.900	件	4
			∅25×1.5热镀锌圆管(屋脊)	1.130	件	1

××市建筑设计研究院

审 定	校 对	工程名称	单拱塑料大棚	图纸名称	拱架（GJ）平面图	工程编号		阶段	施工图
审 核	设计负责人							日期	2023.12
项目负责人	设 计 人	项目名称				图 号	结施－04	比例	1:150

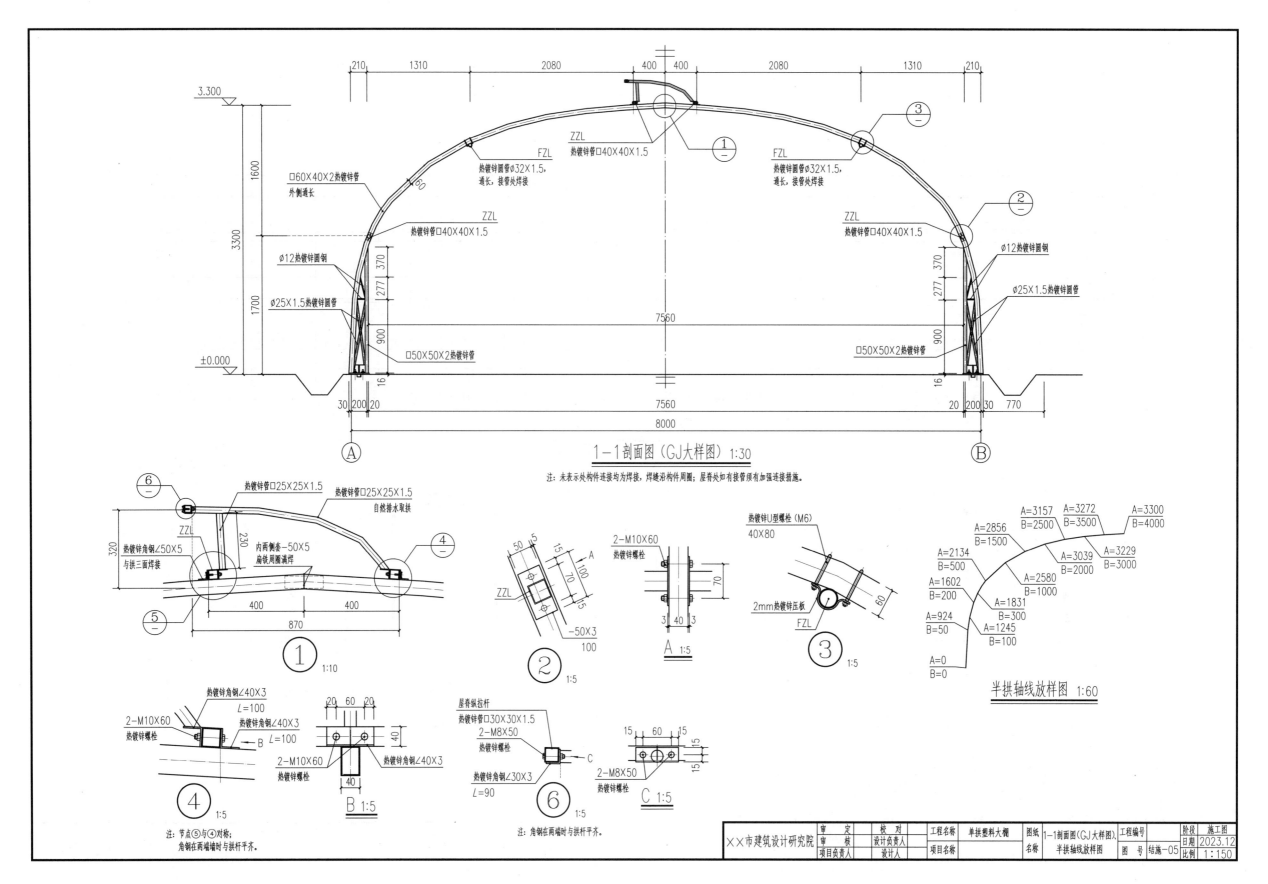

1-1剖面图（GJ大样图）1:30

注：未表示处构件连接均为焊接，焊缝沿构件周围；屋脊处如有接管须有加强连接措施。

① 1:10

② 1:5

A 1:5

③ 1:5

④ 1:5

B 1:5

⑥ 1:5

C 1:5

注：节点⑤与④对称；
角钢在两端墙时与拱杆平齐。

注：角钢在两端墙时与拱杆平齐。

半拱轴线放样图 1:60

| A=3157 B=2500 |
| A=3272 B=3500 |
| A=3300 B=4000 |
| A=2856 B=1500 |
| A=3039 B=2000 |
| A=3229 B=3000 |
| A=2134 B=500 |
| A=2580 B=1000 |
| A=1831 B=300 |
| A=1602 B=200 |
| A=924 B=50 |
| A=1245 B=100 |
| A=0 B=0 |

××市建筑设计研究院

审定　校对
审核　设计负责人
项目负责人　设计人

工程名称　单拱塑料大棚
项目名称

图纸名称　1-1剖面图(GJ大样图)、半拱轴线放样图

工程编号
图号　结施-05

阶段　施工图
日期　2023.12
比例　1:150

13

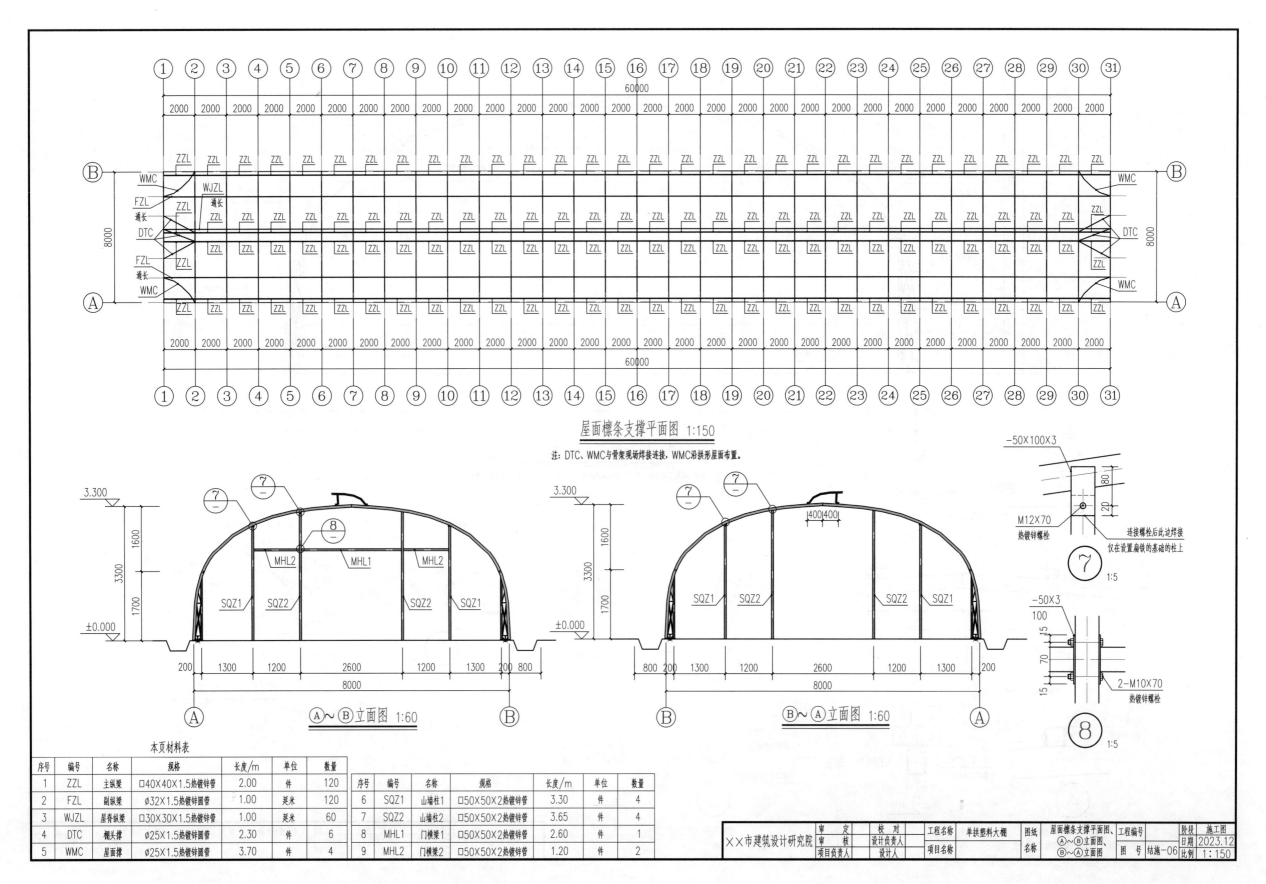

屋面檩条支撑平面图 1:150

注：DTC、WMC与骨架现场焊接连接，WMC沿拱形屋面布置。

Ⓐ～Ⓑ立面图 1:60

Ⓑ～Ⓐ立面图 1:60

⑦ 1:5
连接螺栓后此边焊接
仅在设置扁铁的基础的柱上
M12×70 热镀锌螺栓
−50×100×3

⑧ 1:5
−50×3
2−M10×70 热镀锌螺栓

本页材料表

序号	编号	名称	规格	长度/m	单位	数量
1	ZZL	主纵梁	□40×40×1.5热镀锌管	2.00	件	120
2	FZL	副纵梁	∅32×1.5热镀锌圆管	1.00	延米	120
3	WJZL	屋脊纵梁	□30×30×1.5热镀锌圆管	1.00	延米	60
4	DTC	棚头撑	∅25×1.5热镀锌圆管	2.30	件	6
5	WMC	屋面撑	∅25×1.5热镀锌圆管	3.70	件	4

序号	编号	名称	规格	长度/m	单位	数量
6	SQZ1	山墙柱1	□50×50×2热镀锌管	3.30	件	4
7	SQZ2	山墙柱2	□50×50×2热镀锌管	3.65	件	4
8	MHL1	门横梁1	□50×50×2热镀锌管	2.60	件	1
9	MHL2	门横梁2	□50×50×2热镀锌管	1.20	件	2

××市建筑设计研究院

| | | 工程名称 | 单拱塑料大棚 | 图纸 | 屋面檩条支撑平面图、 | 工程编号 | | 阶段 | 施工图 |
审定 校对 | Ⓐ～Ⓑ立面图、 | 日期 | 2023.12 |
审核 设计负责人 | 项目名称 | 名称 | Ⓑ～Ⓐ立面图 | 图号 | 结施−06 | 比例 | 1:150 |
项目负责人 设计人

单拱塑料大棚

给排水专业施工图

××市建筑设计研究院

二〇二三年十二月

图 纸 目 录

建设单位				工程编号			
工程名称	单拱塑料大棚			子 项			
序号	图号	图纸名称		图幅	版次	备注	
1	水施-01	给排水设计说明		A3	1		
2	水施-02	灌溉布置平面图、局部系统图、材料表		A3	1		
3							
4							
5							
6							
7							
8							
9							
10							
11							
12							
13							
14							
15							
16							
17							
18							
19							
20							
21							
22							
23							
24							
25							

专 业	给排水	项目负责人		未盖出图专用章无效
设计阶段	施工图	专业负责人		
编制日期	2023.12	编 制 人		

××市建筑设计研究院	审 定		校 对		工程名称	单拱塑料大棚	图纸名称	目录	工程编号		阶段	施工图
	审 核		设计负责人								日期	2023.12
	项目负责人		设 计 人		项目名称				图 号	水施-00	比例	1:150

16

给排水设计说明

一、工程概况

本工程为植物生产设施。建筑面积480.00m²，建筑层数为一层，建筑高度3.3m，为单层温室大棚。室内外高差0.0m，建设地点为海口市。

二、设计内容

灌溉系统。

三、设计依据

1.《温室灌溉系统设计规范》NY/T 2132-2012。

2.《建筑给水排水设计标准》GB 50015-2019。

3.甲方提供的相关条件要求、建筑专业提供的条件图。

四、设计说明

1.给水系统

① 给水水源　本小区从基地灌溉专用给水管网的引入1条dn50给水管；

② 给水方式　本工程用水由灌溉灌水直供，给水水压为0.15~0.2MPa；

③ 最高日喷灌用水量为1.44m³/d，用水为喷灌设施用水；

④ 系统最大工作压力为0.4MPa。配水管网的试验压力为0.8MPa。

2.手提式灭火器的配置设计：本建筑为蔬菜种植大棚，四周及顶部为通透形式，无固定维护结构，蔬菜生产过程无火灾隐患，不需配置灭火器。

3.节能设计

① 本大棚用水为灌溉用水，采用微喷灌的灌溉设施，相比传统灌溉节约水资源50%以上，喷雾同时也能起到一定的降温作用；

② 微喷头采用了防滴设施；

③ 入户主管采用了计量装置，每条灌溉管路均采用了阀门控制，避免浪费。

五、施工说明

1.给水系统

① 管道安装高程　除特殊说明外，给水管以管中心计；排水管以管内底计；

② 尺寸单位　除特殊说明外，标高为米(m)，其余为毫米(mm)；

③ 给排水管道穿过现浇板、屋顶、剪力墙、柱子等处，均应预埋套管，有防水要求处应焊有防水翼环。套管尺寸给水管一般比安装管大二档，排水管一般比安装管大一档；

④ 给水采用PVC-U给水塑料管，承插粘接；

⑤ 管道试压　给水管试验压力为0.8MPa。观察接头部位不应有漏水现象，10min内压降不得超过0.02MPa，水压试验步骤按《建筑给水排水及采暖工程施工质量验收规范》(GB 50242-2002)的规定执行。粘接连接的管道，水压试验应在粘接连接24h后进行。

2.灌溉系统

灌溉毛管采用dn25PE管，灌溉设施采用倒挂式微喷头。

3.其他

① 图中所注尺寸除楼层标高以m计外，其余以mm计；

② 本图所注排水管标高为管底标高，其余管线标高为管中心线标高；

③ 管道穿过圈梁、路面时应设套管，管道和套管之间应采取可靠的密封措施；

④ 当图中未注明坡度时，排水横支管排水坡度采用如下值：DN50采用0.035，DN75采用0.025，DN100采用0.02，DN150采用0.01；

⑤ 本图所注管径尺寸为公称尺寸，相对塑料管尺寸见厂家说明；

⑥ 除本设计说明外，施工中还应遵守《建筑给水排水及采暖工程施工质量验收规范》(GB 50242-2002)施工。

给水塑料管外径与公称直径对照表

公称直径	DN15	DN20	DN25	DN32	DN40	DN50	DN70	DN80	DN100	DN150
外 径	De20	De25	De32	De40	De50	De63	De75	De90	De110	De160
	dn20	dn25	dn32	dn40	dn50	dn63	dn75	dn90	dn110	dn160

××市建筑设计研究院	审　定		校　对		工程名称	单拱塑料大棚	图纸		给排水设计说明	工程编号		阶段	施工图
			设计负责人									日期	2023.12
	审　核		设计人		项目名称		名称			图　号	水施-01	比例	1：150
	项目负责人												

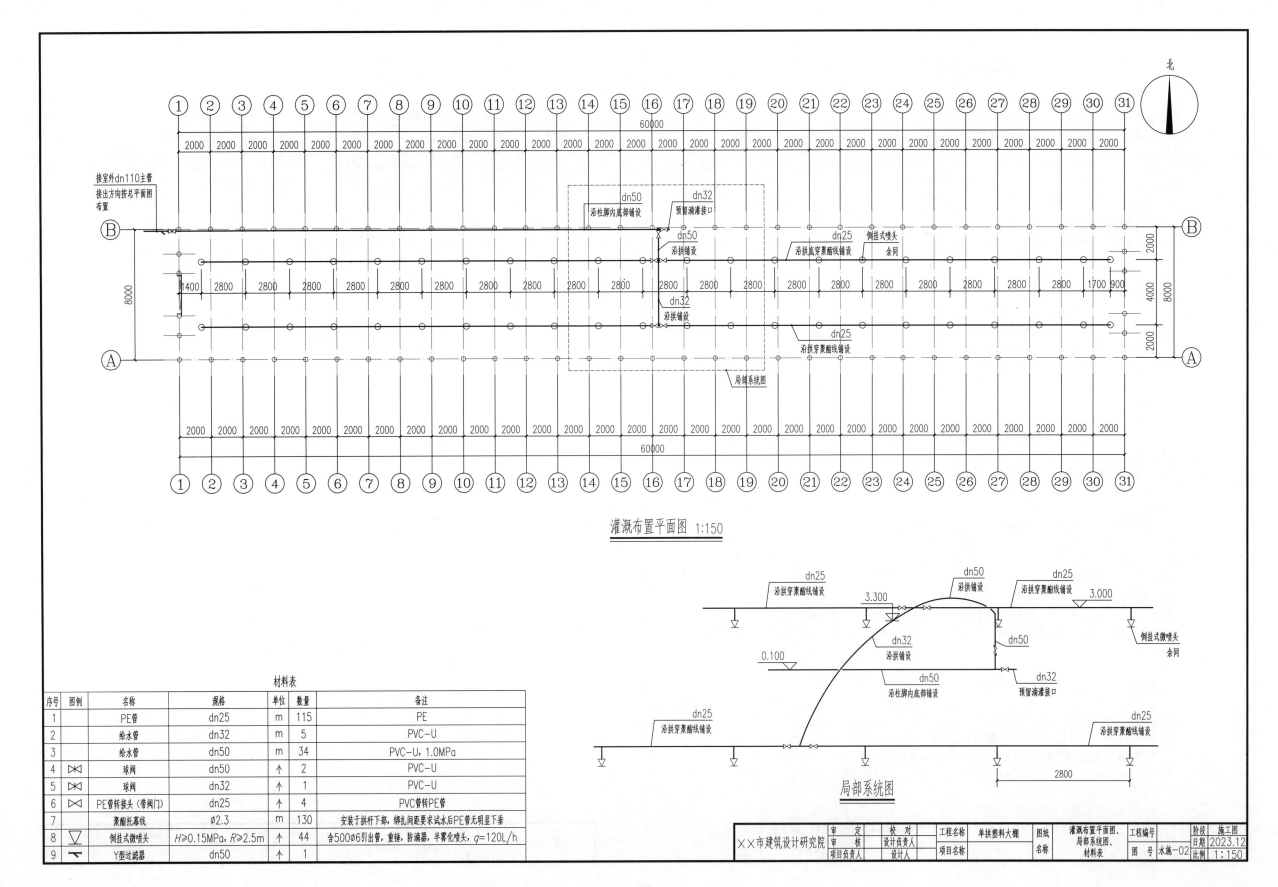

灌溉布置平面图 1:150

局部系统图

材料表

序号	图例	名称	规格	单位	数量	备注
1		PE管	dn25	m	115	PE
2		给水管	dn32	m	5	PVC-U
3		给水管	dn50	m	34	PVC-U, 1.0MPa
4	⋈	球阀	dn50	个	2	PVC-U
5	⋈	球阀	dn32	个	1	PVC-U
6	⋈	PE管转接头(带阀门)	dn25	个	4	PVC管转PE管
7		聚酯托幕线	∅2.3	m	130	安装于拱杆下部,绑扎间距要求试水后PE管无明显下垂
8	▽	倒挂式微喷头	$H{\geq}0.15MPa, R{\geq}2.5m$	个	44	含500∅6引出管,重锤,防滴器,半雾化喷头, $q=120L/h$
9		Y型过滤器	dn50	个	1	

××市建筑设计研究院

审 定		校 对		工程名称	单拱塑料大棚	图纸	灌溉布置平面图、	工程编号		阶段	施工图
审 核		设计负责人				名称	局部系统图、			日期	2023.12
项目负责人		设计人		项目名称			材料表	图 号	水施-02	比例	1:150

项目二、荫棚施工图

双层平屋顶荫棚的屋顶及四周均采用遮阳网覆盖。屋顶为双层遮阳网，其中外层遮阳网为固定，内层遮阳网为手动开合，通过内层遮阳网的开合实现对荫棚的遮阳率进行调节。荫棚为平顶结构，空间较大，适合花卉苗木等作物生产。项目设计按照热带地区沿海的气候特点及荷载（三亚）条件进行设计，仅供参考。其他地区应根据当地的实际情况和荷载条件进行功能设计和结构计算。

2.1 工程概况

(1) 性能参数

荫棚建设地点位于三亚，参照《农业温室结构荷载规范》GB/T 51183—2016 的有关规定，荫棚设计使用年限不小于 10 年，荫棚的相关设计荷载确定如下：

① 风载荷　1.03kN/m² （按重现期 $R=10$ 取值）。

② 雪载荷　0kN/m²。

③ 吊挂载荷　0.15kN/m²。

④ 地震　不考虑。

(2) 几何参数

荫棚跨度 6m，开间 4m，顶高 4m。本项目设计为 10 个跨度，7 个开间，则山墙方向总长 6m×10=60m，侧墙方向长 4m×7=28m，单座面积（轴线）为 1680m²。

(3) 温室结构

屋顶采用平顶结构，骨架采用热镀锌低碳钢材（Q235B）。

(4) 温室构件参数

① 四周主立柱　采用 100mm×60mm×2mm 热镀锌矩形管。

② 中间主立柱　采用 80mm×60mm×2mm 热镀锌矩形管。

③ 横（纵）梁　采用 50mm×50mm×2mm 热镀锌方管。

④ 横梁斜撑　采用 30mm×30mm×1.5mm 热镀锌方管。

⑤ 柱间支撑　采用 30mm×30mm×1.5mm 热镀锌方管。

⑥ 基础　四周基础采用 $\phi900mm$，埋深 0.6m 的混凝土独立基础；中间基础采用 $\phi700mm$，埋深 0.6m 的混凝土独立基础。基础混凝土标号为 C30。

(5) 温室覆盖材料

① 顶部　荫棚顶部采用黑色遮阳网（圆丝）覆盖，遮阳率 75%。

② 四周　荫棚四周采用黑色遮阳网（圆丝）覆盖，遮阳率 75%。

③ 卡槽　采用厚度为 1.0mm 的热镀锌大卡槽。

④ 卡簧　采用 $\phi2mm$ 的 70♯ 碳素钢丝成型，与卡槽配套，镀塑层厚度 0.08～0.10mm。

⑤ 门　大棚南北山墙面中部各设一个双扇吊轨推拉移动门，门洞尺寸为 3m×2.5m。门扇采用 30mm×30mm×1.5mm 热镀锌方管作为框架，覆盖遮阳率 75% 的遮阳网（圆丝）。

⑥ 屋面排水方式　屋面无组织排水排至地面排水沟。

(6) 温室通风系统

四周及顶部均覆盖遮阳网，通风降温效果较好。

(7) 温室配套设施

① 二道遮阳系统（手动传动）　在屋面下侧 0.5m 处设置手动遮阳系统，采用换向滑轮与尼龙绳驱动。遮阳网采用黑色扁丝遮阳网，遮阳率 50%，可根据光照需要将内侧遮阳网从中间收至两侧。

② 喷灌系统　大棚内灌溉采用倒挂式喷灌、水肥一体化系统，具有灌溉和施肥双重功能。

2.2 建筑专业施工图

详见图纸设计部分（本书 23～27 页）。图中标高单位为 m，其他单位均为 mm。

2.3 结构专业施工图

详见图纸设计部分（本书 30～35 页）。图中标高单位为 m，其他单位均为 mm。

2.4 给排水专业施工图

详见图纸设计部分（本书 38～40 页）。图中标高单位为 m，其他单位均为 mm。

荫棚

建筑专业施工图

××市建筑设计研究院

二〇二三年十二月

图 纸 目 录

建设单位				工程编号			
工程名称	荫棚			子 项			

序号	图 号	图 纸 名 称	图 幅	版次	备 注
1	建施-01	建筑设计说明、室内外做法表、门窗表及大样图	A3	1	
2	建施-02	平面图	A3	1	
3	建施-03	屋顶平面图	A3	1	
4	建施-04	内遮阳平面图	A3	1	
5	建施-05	立面图、剖面图1	A3	1	
6	建施-06	剖面图2、内遮阳手动系统大样	A3	1	
7					
8					
9					
10					
11					
12					
13					
14					
15					
16					
17					
18					
19					
20					
21					
22					
23					
24					
25					

专 业	建 筑	项目负责人		未盖出图专用章无效
设计阶段	施工图	专业负责人		
编制日期	2023.12	编 制 人		

××市建筑设计研究院	审 定		校 对		工程名称	荫棚	图纸		目录	工程编号		阶段	施工图
	审 核		设计负责人				名称			图 号	建施-00	日期	2023.12
	项目负责人		设计人		项目名称							比例	1:150

建筑设计说明

1 设计依据
1.1 甲方提出的设计要求。
1.2 经甲方认可的建筑单体的设计方案。
1.3 《连栋温室结构》JB/T 10288-2001。
1.4 《温室防虫网设计安装规范》GB/T 19791-2005。
1.5 国家现行相关的建筑规范、法规。
2 项目概况
2.1 项目名称：荫棚。
2.2 建设地点：海南省三亚市。
2.3 建筑功能：本工程为花卉种植农业设施类建筑。
2.4 建筑规模：建筑(轴线)面积1680.00m²。
2.5 建筑类型：农业设施。
2.6 建筑层数：一层。
2.7 建筑高度：4.0m。
2.8 结构形式：轻钢结构。
2.9 防火等级：农业设施无要求。
3 设计标高
3.1 本工程±0.000的绝对标高值现场确定，室内外高度相同。
3.2 标高除特殊注明为结构标高外其余均为建筑完成面标高，单位为m，尺寸标注以mm为单位。
4 选用图集
4.1 国标系列图集。
4.2 选用图集不论采用全部详图或局部节点，均按图集的有关说明处理。
5 工程做法
5.1 墙体工程
5.1.1 荫棚各立面均覆盖75%遮阳网，安装幅宽为净宽度+0.25m；优质卡簧+卡槽固定。
5.1.2 荫棚钢结构部分详见结构图纸。
5.2 屋面工程
5.2.1 本工程屋面为平顶屋面，覆盖75%遮阳网，安装幅宽为净宽度+0.3m，采用优质卡簧、铝合金卡槽固定。
5.2.2 内遮阳为50%扁丝遮阳网。
5.3 门窗工程：荫棚设有一樘自制热镀锌钢管推拉门，遮阳网覆盖，洞口尺寸3000mm×2500mm。
6 无障碍设计
   本工程为农业设施类建筑，日常无残障人士出入，不做无障碍设计。
7 防火设计
   农业设施(花卉种植大棚)无要求。
8 其他施工注意事项
8.1 本工程建筑图纸应与结构等专业图纸密切配合，如遇有图纸矛盾时，应及时与设计人员联系。
8.2 施工中应严格执行国家各项施工质量验收规范。

室内外做法表(参照11ZJ001)

类别	编号	适用范围	备注
入口坡道	—	全部	60厚C15混凝土、面木抹搓成麻面

门窗表

类型	设计编号	洞口尺寸	数量	备注
门	M3025	3000mm×2500mm	2	热镀锌钢管30×30×1.5边框，吊轨推拉门，遮阳网门芯

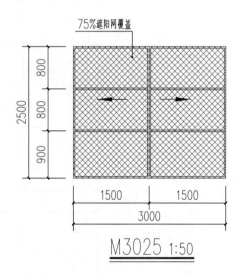

M3025 1:50

××市建筑设计研究院	审定		校对		工程名称	荫棚	图纸名称	建筑设计说明,室内外做法表,门窗表及大样图	工程编号		阶段	施工图
	审核		设计负责人							日期	2023.12
	项目负责人		设计人		项目名称				图号	建施-01	比例	1:150

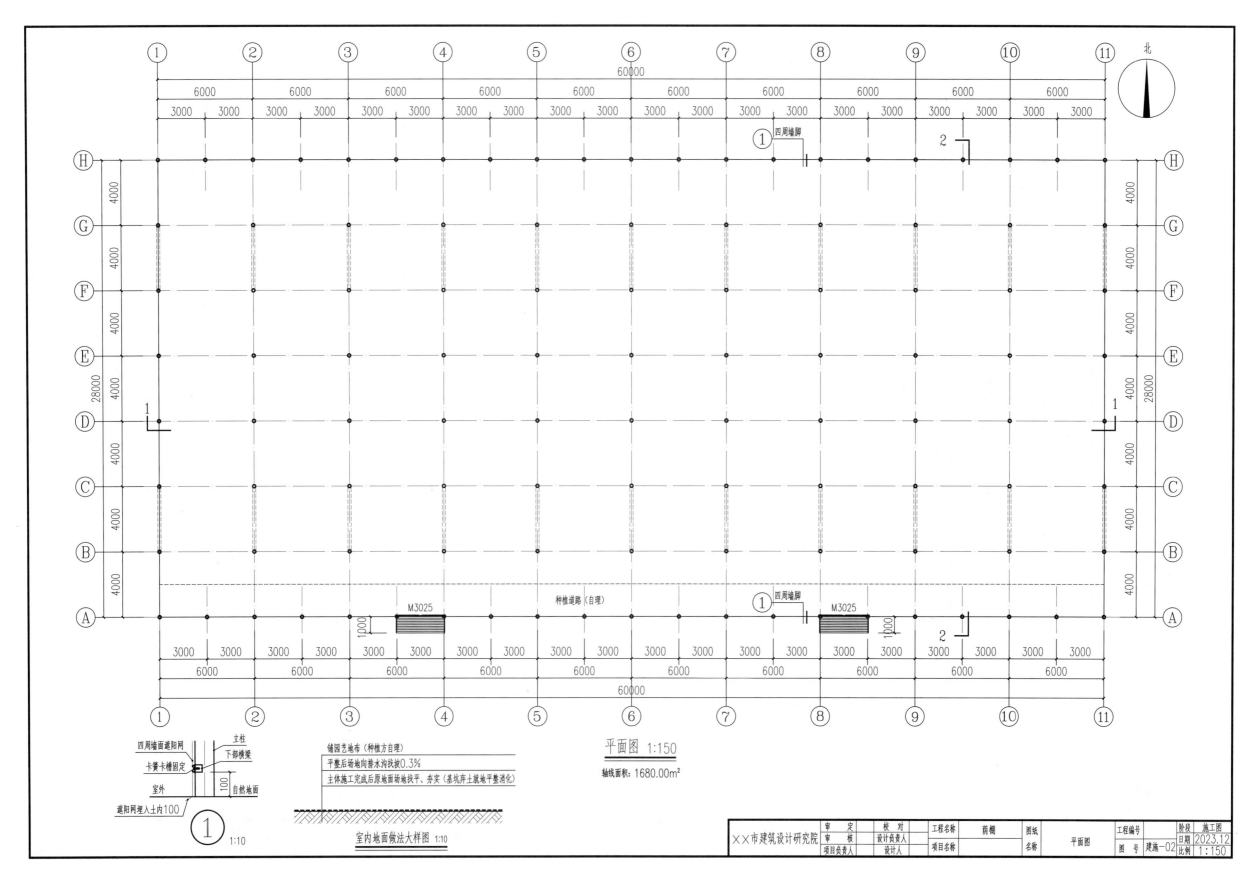

平面图 1:150

轴线面积：1680.00m²

北

① ② ③ ④ ⑤ ⑥ ⑦ ⑧ ⑨ ⑩ ⑪

60000

6000　6000　6000　6000　6000　6000　6000　6000　6000　6000

3000　3000　3000　3000　3000　3000　3000　3000　3000　3000　3000　3000　3000　3000　3000　3000　3000　3000　3000　3000

四周墙脚

M3025

种植道路（自理）

H　G　F　E　D　C　B　A

4000　4000　4000　4000　4000　4000　4000

28000

室内地面做法大样图 1:10

四周墙面遮阳网　立柱
下部横梁
卡簧卡槽固定
室外
遮阳网埋入土内100
自然地面
100

铺园艺地布（种植方自理）
平整后场地向排水沟找坡0.3%
主体施工完成后原地面场地找平、夯实（基坑弃土就地平整消化）

①
1:10

××市建筑设计研究院	审　定		校　对		工程名称	荫棚	图纸		工程编号		阶段	施工图
	审　核		设计负责人				名称	平面图	日期	2023.12
	项目负责人		设计人		项目名称				图　号	建施-02	比例	1:150

23

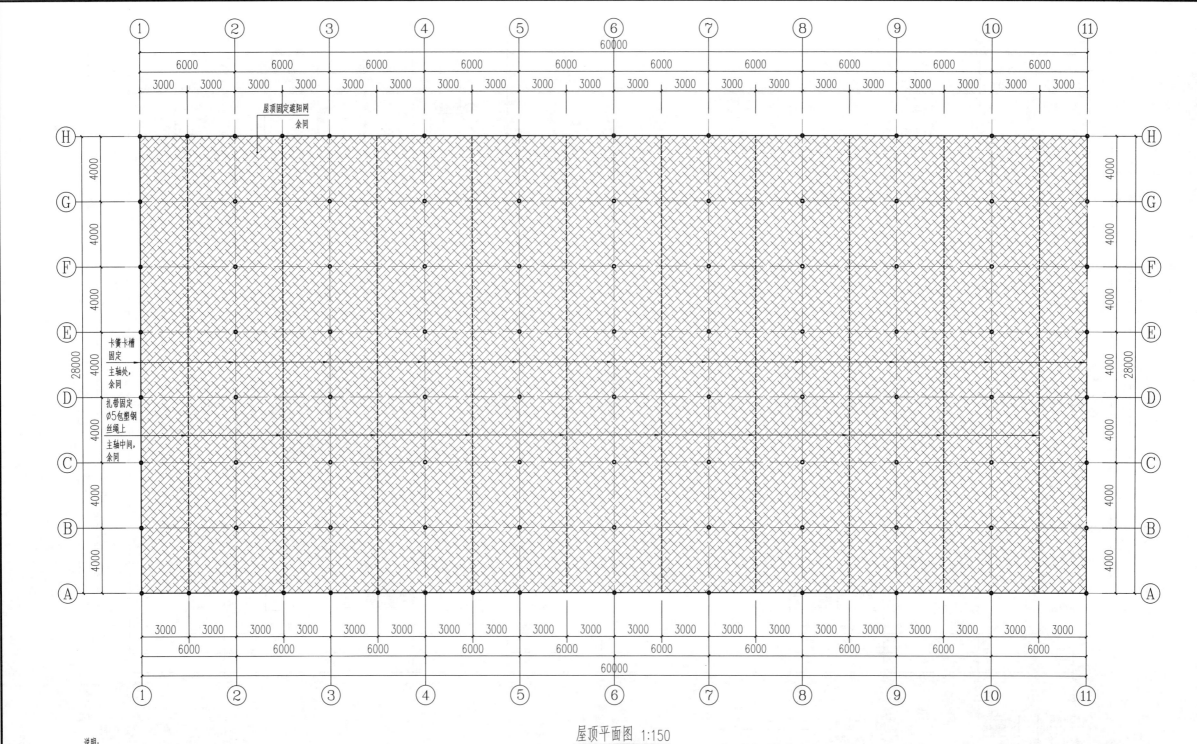

屋顶平面图 1:150

说明:
1. 遮阳网为圆丝遮阳网, 遮阳率75%, 120g/m², 全新料。
2. 遮阳网幅宽6.3m, 计算长度时, 应考虑安装长度0.5m。
3. 卡槽采用0.9mm厚镀锌方卡槽, 可双卡, 卡槽内卡簧为2道, 卡槽采用自攻钉固定在骨架上, 自攻钉间距为400~500。
4. 6m跨中3m处采用扎带将遮阳网固定在屋顶ø5包塑钢丝绳上, 扎带间距300~400。

屋顶固定遮阳网 余同

卡簧卡槽 固定 主轴处, 余同

扎带固定 ø5包塑钢 丝绳上 主轴中间, 余同

××市建筑设计研究院	审 定		校 对		工程名称	荫棚	图纸	屋顶平面图	工程编号		阶段	施工图
	审 核		设计负责人		项目名称		名称		图 号	建施—03	日期	2023.12
	项目负责人		设计人								比例	1:150

24

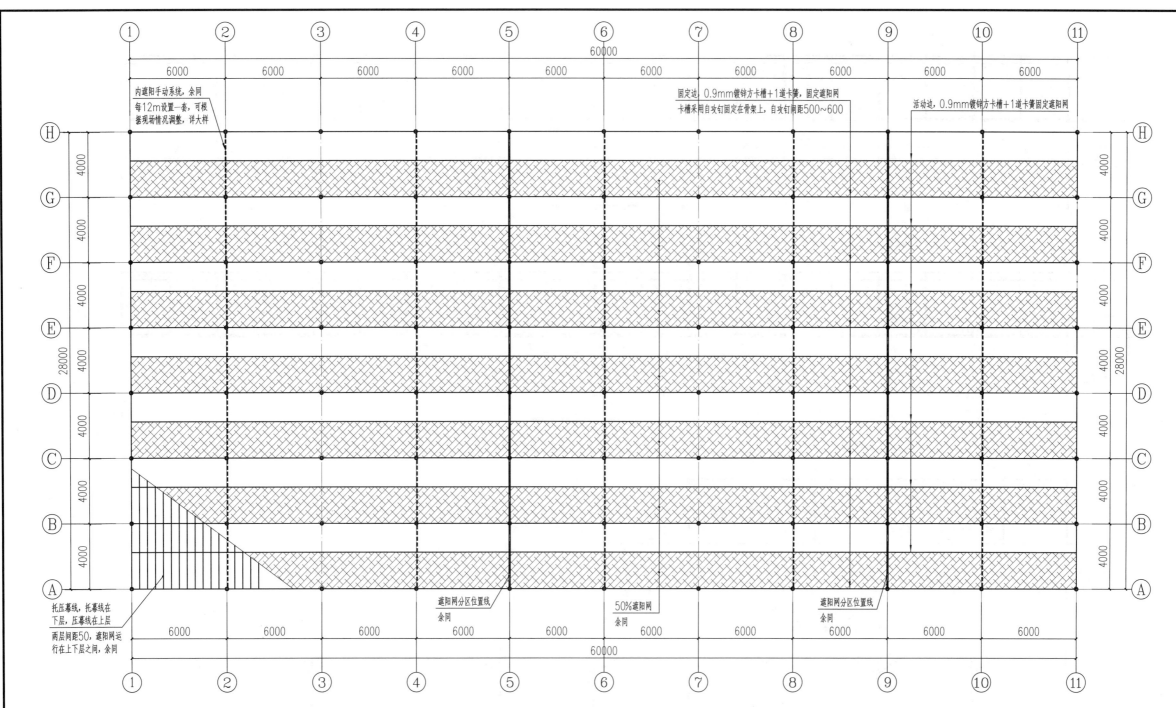

内遮阳平面图 1:150

说明:
1. 托幕线间距不大于0.5m,压幕线间距不大于1m,采用聚酯托幕线∅2.3。遮阳网(托幕线上,压幕线下)运行区间不能有接头,固定在骨架横梁上。
2. 遮阳网为扁丝遮阳网,遮阳率50%,全新料。
3. 单根幕线绷紧拉力应不大于140N,托幕线幅距中部,幕线各点下垂量不得超过幅距1%。
4. 遮阳网幅宽4.3m,计算长度时,应考虑材料的收缩和两侧下垂的长度500(需要加垫片配重,间距300),长度计算时一般可采取1.02～1.03倍的系数。
5. 遮阳网的长度方向以不超过24m为宜,超过应断开,分区设置。分区线见图示。

××市建筑设计研究院	审 定		校 对		工程名称	荫棚	图纸		内遮阳平面图	工程编号		阶段	施工图
	审 核		设计负责人				名称					日期	2023.12
	项目负责人		设计人		项目名称					图 号	建施-04	比例	1:150

25

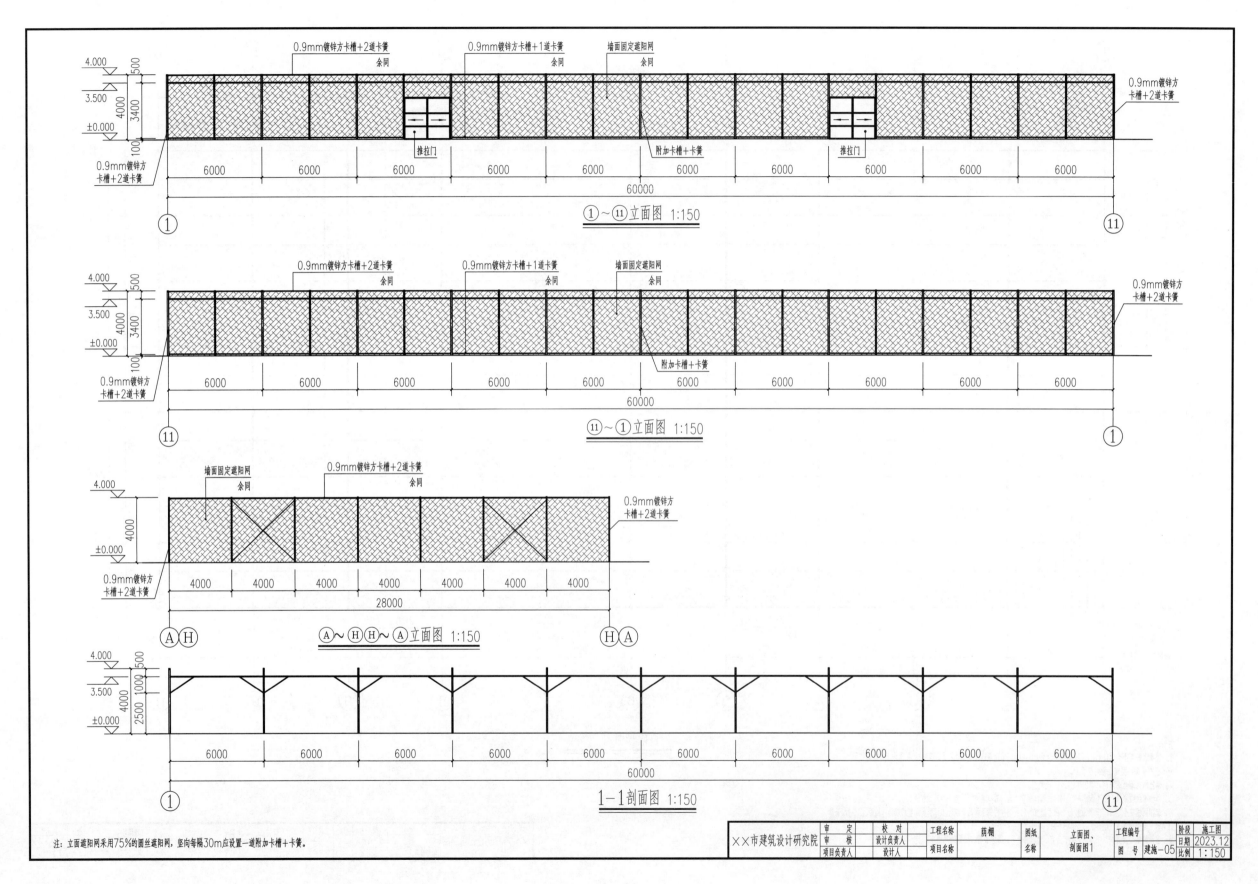

①~⑪立面图 1:150

⑪~①立面图 1:150

Ⓐ~Ⓗ Ⓗ~Ⓐ立面图 1:150

1—1剖面图 1:150

注: 立面遮阳网采用75％的圆丝遮阳网,竖向每隔30m应设置一道附加卡槽＋卡簧。

××市建筑设计研究院	审 定		校 对		工程名称	荫棚	图纸	立面图、	工程编号		阶段	施工图
	审 核		设计负责人				名称	剖面图1			日期	2023.12
	项目负责人		设 计 人		项目名称				图 号	建施—05	比例	1:150

26

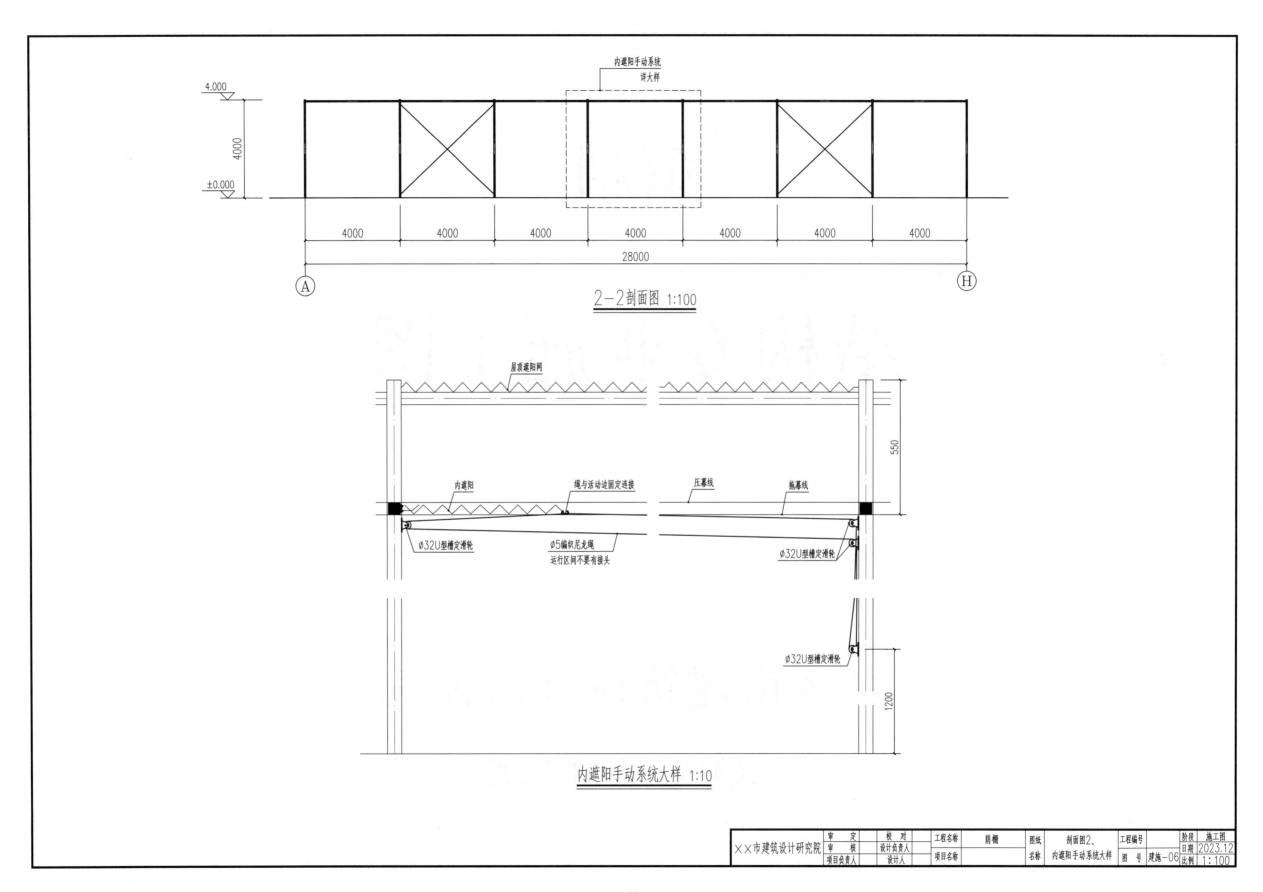

内遮阳手动系统
详大样

4.000

4000

±0.000

4000 4000 4000 4000 4000 4000 4000

28000

Ⓐ Ⓗ

2-2剖面图 1:100

屋顶遮阳网

550

内遮阳　　　绳与活动边固定连接　　压幕线　　拖幕线

∅32U型槽定滑轮　　∅5编织尼龙绳
运行区间不要有接头　　　∅32U型槽定滑轮

∅32U型槽定滑轮

1200

内遮阳手动系统大样 1:10

审 定	校 对	工程名称	荫棚	图纸	剖面图2、	工程编号		阶段	施工图
审 核	设计负责人			名称	内遮阳手动系统大样			日期	2023.12
××市建筑设计研究院 项目负责人	设计人	项目名称				图 号	建施-06	比例	1:100

27

荫棚

结构专业施工图

××市建筑设计研究院

二〇二三年十二月

图 纸 目 录

建设单位				工程编号		
工程名称	荫棚			子 项		
序号	图号	图 纸 名 称		图 幅	版次	备 注
1	结施-01	钢结构设计说明、钢结构材料表、预埋件材料表		A3	1	
2	结施-02	基础平面图		A3	1	
3	结施-03	柱网平面图		A3	1	
4	结施-04	屋顶骨架平面图		A3	1	
5	结施-05	立面图、节点大样图1		A3	1	
6	结施-06	剖面图、节点大样图2		A3	1	
7						
8						
9						
10						
11						
12						
13						
14						
15						
16						
17						
18						
19						
20						
21						
22						
23						
24						
25						

专 业	结 构	项目负责人		未盖出图专用章无效
设计阶段	施工图	专业负责人		
编制日期	2023.12	编 制 人		

××市建筑设计研究院	审 定		校 对		工程名称	荫棚	图纸		目录	工程编号		阶段	施工图
	审 核		设计负责人				名称					日期	2023.12
	项目负责人		设 计 人		项目名称					图 号	结施-00	比例	1：150

钢结构设计说明

一、设计依据

1.《农业温室结构荷载规范》GB/T 51183-2016。
2.《种植塑料大棚工程技术规范》GB/T 51057-2015。
3.《农业温室结构设计标准》GB/T 51424-2022。

参考以下规范：
1.《建筑结构荷载规范》GB 50009-2012。
2.《建筑地基基础设计规范》GB 50007-2011。
3.《砌体结构设计规范》GB 50003-2011。
4.《钢结构设计标准》GB 50017-2017。
5.《冷弯薄壁型钢结构技术规范》GB 50018-2002。
6.《门式刚架轻型房屋钢结构技术规范》GB 51022-2015。
7.《钢结构工程施工质量验收标准》GB 50205-2020。
8.《金属覆盖层 钢铁制件热浸镀锌层 技术要求及试验方法》GB/T 13912-2020。
9.《混凝土结构工程施工质量验收规范》GB 50204-2015。

二、工程概况

1.本工程采用结构体系：葫棚，轻钢结构，位于海南省三亚市。地上1层，层高4.0m，工程结构的安全等级为三级，结构重要性系数0.9，设计使用年限10年(主体钢结构在正常维护情况下)。
2.暂未提供岩土工程勘察报告，本工程采用独立扩展基础形式，其承载力特征值要求不小于120kPa；
3.荷载标准值：
① 风荷载 风载：1.03kN/m²，场地地面粗糙度B类，风压高度变化系数μz=0.76；
② 其他荷载
  恒载：0.1kN/m²；
  活荷载：0.15kN/m²。
③ 地震 不考虑。
4.变形指标：主跨挠度控制值为L/180。
5.长细比：柱、桁架及屋架200，抖撑220，其他构件250。
6.本建筑为农业蔬菜生产大棚，未经技术鉴定或未经设计许可不可改变结构设计用途和使用环境。

三、计算软件

中国建筑科学研究院PKPM结构计算软件2010版。

四、材料

1.结构用钢牌号为Q235B或Q355(按图中有说明要求，未标注或说明的均为Q235B)。Q235B钢材力学性能及碳硫磷等含量的合格保证必须满足《碳素结构钢》(GB/T 700-2006)的规定；Q355钢材力学性能及碳硫磷等含量的合格保证必须满足《低合金高强度结构钢》(GB/T 1591-2018)的规定。选用钢材还应符合下列规定：
① 钢材的屈服强度实测值与抗拉强度实测值的比值不应大于0.85；
② 钢材应有明显的屈服台阶，其伸长率应大于20%；
③ 钢材应有良好的可焊性和合格的冲击韧性；
④ 镀锌钢绞线的抗拉强度为1470N/mm²。
2.焊条
① 自动或半自动焊时，采用H08A和H08MnA焊丝，其性能应符合《熔化焊用钢丝》(GB/T 14957-1994)的规定；手工焊时，采用E4303、E5003型焊条，其性能应符合《非合金钢及细粒钢焊条》(GB/T 5117-2012)及《热强钢焊条》(GB/T 5118-2012)的规定。
② 焊接钢筋用焊条按下表选用

	焊接形式		
	钢筋与型钢	钢筋搭接焊、绑条焊	钢筋剖口焊
HRB400级	E43	E50	E55

3.螺栓
① 高强度螺栓应采用10.9S大六角头承压型高强度螺栓。其技术条件须符合《钢结构用高强度大六角头螺栓》(GB/T 1228-2006)、《钢结构用高强度大六角螺母》(GB/T 1229-2006)、《钢结构用高强度垫圈》(GB/T 1230-2006)、《钢结构用高强度大六角头螺栓、大六角螺母、垫圈技术条件》(GB/T 1231-2006)的规定。
② 普通螺栓应符合现行国家标准《六角头螺栓 C级》(GB 5780-2016)。

4.钢筋：钢筋的强度标准值应具有不小于95%的保证率。钢筋进场时，应按国家现行标准的规定抽取试件作屈服强度、抗拉强度、伸长率、弯曲性能和重量偏差检验，检验结果应符合相应标准的规定。钢筋焊接应符合《钢筋焊接及验收规程》(JGJ 18-2012)的相关要求。
5.混凝土
① 混凝土强度等级(图纸中有注明的除外)表如下。

部位	混凝土强度等级	抗渗等级	备注
基础	C30		
柱	C30		
垫层	C20		
圈梁	C30		

② 混凝土保护层 基础混凝土的保护层厚度不小于40mm，柱为30mm。
6.砌体
① ±0.000以下墙身采用MU10水泥砖、M7.5水泥砂浆砌筑。±0.000以上墙身采用MU7.5水泥砖、M5水泥砂浆砌筑；
② 砌体施工质量应达到B级，符合《砌体结构工程施工质量验收规范》(GB 50203-2011)的规定。

五、钢材制作

1.本图中的钢结构构件必须在有资质的、具有专门机械设备的建筑金属加工厂加工制作。
2.钢结构构件应严格按照国家《钢结构工程施工质量验收标准》(GB 50205-2020)进行制作。
3.除地脚栓或图面有注明者外钢结构构件上螺栓钻孔直径均比螺栓直径大1.5~2.0mm。

六、焊接

1.焊接时应选择合理的焊接工艺和焊接顺序，以减小钢结构中产生的焊接应力和焊接变形。
2.组合H型钢因焊接产生的变形应以机械或火焰矫正调直，具体做法应符合GB 50205的相关规定。
3.构件角焊缝厚度范围详见"焊接详图"。
4.图中未注明的焊缝均为角焊缝，角焊缝沿着构件接触长(总长度不小于75%)，角焊缝焊脚尺寸按焊角尺寸选用。

七、钢结构的运输、检验、堆放

1.在运输及操作过程中应采取措施防止构件变形和损坏。
2.运输安装前应对构件进行全面检查：如构件的数量、长度、垂直度，安装接头处螺栓孔之间的尺寸是否符合设计等。
3.构件堆放场地应事先平整夯实，并做好四周排水。
4.构件堆放时，应先放置枕木垫平，不宜直接将构件放置于地上。

八、钢结构安装

1.柱脚及基础锚栓：应在混凝土短柱上用墨线及经纬仪各中心线弹出，用水准仪将标高引测到锚栓上。基础底板及锚栓尺寸经复核满足《钢结构工程施工质量验收标准》(GB 50205-2020)要求且基础混凝土强度等级达到设计强度等级的70%后方可进行钢柱安装。钢柱底板用调整螺母进行水平度的调整。待结构形成空间单元且经检测，校核几何尺寸无误后，柱脚采用C35微膨胀自流性细石混凝土浇筑柱底空腔，可采用压力灌浆，应确保密实。
2.钢架安装顺序为先安装靠近山墙的有柱脚支撑的两榀钢架，而后安装其他钢架。当两榀钢架安装完毕后，再调整两榀钢架间的水平系杆、柱间支撑及屋面水平支撑的垂直度及水平度，待调整正确后方锁定支撑，而后安装其他钢架。
3.钢柱吊装：钢柱吊至混凝土短柱顶面后，采用经纬仪进行校正。结构吊(安)装应采取有效措施确保结构的稳定，并防止产生过大变形。钢架安装完成后，应详细检查运输、安装过程中涂层的擦伤，并补刷油漆，对所有的连接螺栓应逐一检查，以防漏拧或松动。不得在构件上加焊非设计要求的其他构件。
4.钢架在施工中应及时安装支撑，在安装和房屋使用过程中如遇台风、风暴等，必要时增设临时拉杆和缆风绳进行充分固定。

九、钢结构涂装

1.本工程的所有构件均采用热镀锌防锈处理，应符合《金属覆盖层 钢铁制件热浸镀锌层 技术要求及试验方法》GB/T 13912-2020的相关要求。镀锌前构件上不得有裂缝、夹层、烧伤及其他影响强度的缺陷。镀锌后的增重应达到6%~13%，镀层平均厚度一般不小于55μm(材料厚度大于3mm应不小于70μm，大于6mm对不小于85μm，小于1.5mm时，不应不小于45μm)。外壁表面不得漏散。外表面应光亮，每米长度内只允许出现一处从长度不超过100mm非包容局部粗糙表面。最大突起高度不得大于2mm，不得影响安装。

2.局部焊接部位，应对构件表面进行打磨、除锈和涂装。除锈等级不低于Sa2或St2，涂装应采用相匹配的防锈底漆，涂装遍数不少于二底二面，且涂厚程度及涂装施工环境应满足现行《钢结构工程施工质量验收标准》(GB 50205-2020)中的要求。

十、钢结构维护

钢结构使用过程中，应根据使用情况(如涂料材料使用年限，结构使用环境条件等)，定期对结构进行必要的维护(如对钢结构重新进行涂装，更换损坏构件等)，以确保使用过程中的结构安全。

十一、其他

1.雨季施工时应采取相应的施工技术措施。
2.本工程施工时，应与相关设备、建筑及其他专业密切配合，以免返工，在钢结构连接凸出部、有毛刺等有可能影响薄膜安装的部位缠旧膜予以保护，薄膜安装质量按照《温室覆盖材料安装与验收规范 塑料薄膜》(NY/T 1996)执行。
3.材料表中为理论数量，实际加工时将会增加余量。
4.施工中发现与设计有关的技术问题，应及时通知设计单位洽询解决，不得擅自修改设计。
5.未尽事宜应按照现行施工工艺及验收规范、规程的有关规定进行施工。

角焊缝的最小焊角尺寸h₁表

较薄焊件厚度/mm	手工焊接(h₁)/mm	埋弧焊接(h₁)/mm
<4	4	3
5~7	4	3
8~11	5	4
12~16	6	5
17~21	7	5
22~26	8	6
27~36	9	6

角焊缝的最大焊角尺寸h₁表

较薄焊件的厚度/mm	最大焊角尺寸/mm
4	5
5	6
6	8
8	10
10	12
12	14
14	17

钢结构材料表

序号	编号	名称	规格	长度/m	单位	数量	单重/kg	总重/kg
1	Z1	四周主立柱	热镀锌管 □100X60X2	4.500	件	22.00	22.05	485.10
2	Z2	中间主立柱	热镀锌管 □80X60X2	4.500	件	66.00	19.22	1268.19
3	Z3	四周副立柱	热镀锌管 □80X60X2	4.500	件	20.00	19.22	384.30
4	ZJZC	柱间支撑	热镀锌管 □30X30X1.5	5.500	件	44.00	7.37	324.28
5	SQHL	山墙横梁	热镀锌管 □50X50X2	4.000	件	40.00	9.03	361.20
6	HL	横梁	热镀锌管 □50X50X2	6.000	件	60.00	18.06	1083.60
7	ZL	纵梁	热镀锌管 □50X50X2	4.000	件	77.00	12.04	927.08
8	SWL	山墙围梁	热镀锌管 □30X30X1.5	3.000	件	80.00	4.02	321.60
9	HLXC	横梁斜撑	热镀锌管 □30X30X1.5	1.850	件	120.00	2.48	297.48
10	FJHL	附加横梁	热镀锌管 □30X30X1.5	6.000	件	10.00	8.04	80.40
11	FJDZ	附加短柱	热镀锌管 □30X30X1.5	0.400	件	10.00	0.54	5.36
12		连接板	热镀锌 -5X120X60		件	474.00	0.28	132.72
13		连接角钢	热镀锌角钢 ∠50X50X5	1.000	延米	77.00	3.93	302.61
14		ø5包塑钢丝绳	ø5包塑	1.000	延米	287.00	0.06	17.22
15		总用钢量						5991.14
16		单位面积用钢量						3.57

注：1.以上材料要求采用热镀锌材料；材料长度按中心线长度计算，下料加工应以实际长度为准。
2.型钢形状符号为：圆管ø、方管或矩管□、角钢∠、扁钢或版件-、槽钢[；或代号：方管F、矩管J、圆管Y、C型钢C。

预埋件材料表

序号	名称	规格/mm	长度/m	单重/kg	总重/kg
1	主筋	Φ12	3.92	3.49	307.01
2	箍筋	Φ8	2.28	0.89	78.25
3	连接筋	Φ12	0.60	0.53	46.99
4	合计			4.91	432.26

××市建筑设计研究院	审 定		校 对		工程名称	葫棚	图纸名称	钢结构设计说明、钢构件材料表、预埋件材料表	工程编号		阶段	施工图
	审 核		设计负责人								日期	2023.12
	项目负责人		设计人		项目名称				图号	结施-01	比例	1:150

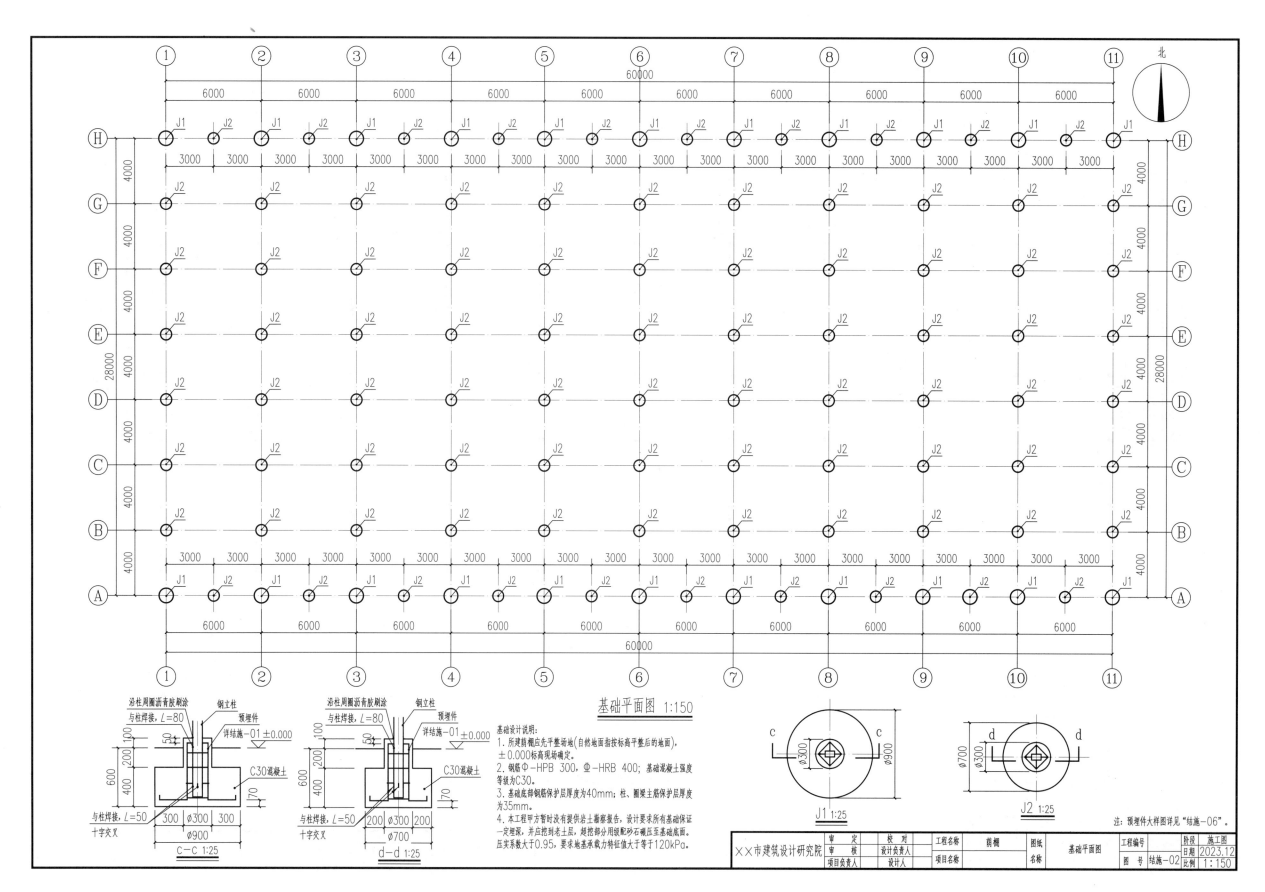

基础平面图 1:150

基础设计说明:
1. 所建葫棚应先平整场地(自然地面指按标高平整后的地面),±0.000标高现场确定。
2. 钢筋Φ—HPB 300,Φ—HRB 400;基础混凝土强度等级为C30。
3. 基础底部钢筋保护层厚度为40mm;柱、圈梁主筋保护层厚度为35mm。
4. 本工程甲方暂时没有提供岩土勘察报告,设计要求所有基础保证一定埋深,并应挖到老土层,超挖部分用级配砂石碾压至基础底面。压实系数大于0.95,要求地基承载力特征值大于等于120kPa。

注:预埋件大样图详见"结施—06"。

沿柱周圈沥青胶刷涂
与柱焊接,L=80
钢立柱
预埋件
详结施—01 ±0.000
C30混凝土
与柱焊接,L=50
十字交叉
300 Φ300 300
Φ900
C—C 1:25

沿柱周圈沥青胶刷涂
与柱焊接,L=80
钢立柱
预埋件
详结施—01 ±0.000
C30混凝土
与柱焊接,L=50
十字交叉
200 Φ300 200
Φ700
d—d 1:25

J1 1:25
Φ300
Φ900
c c

J2 1:25
Φ300
Φ700
d d

××市建筑设计研究院	审 定		校 对		工程名称	葫棚	图纸		基础平面图	工程编号		阶段	施工图
	审 核		设计负责人				名称					日期	2023.12
	项目负责人		设计人		项目名称					图 号	结施—02	比例	1:150

31

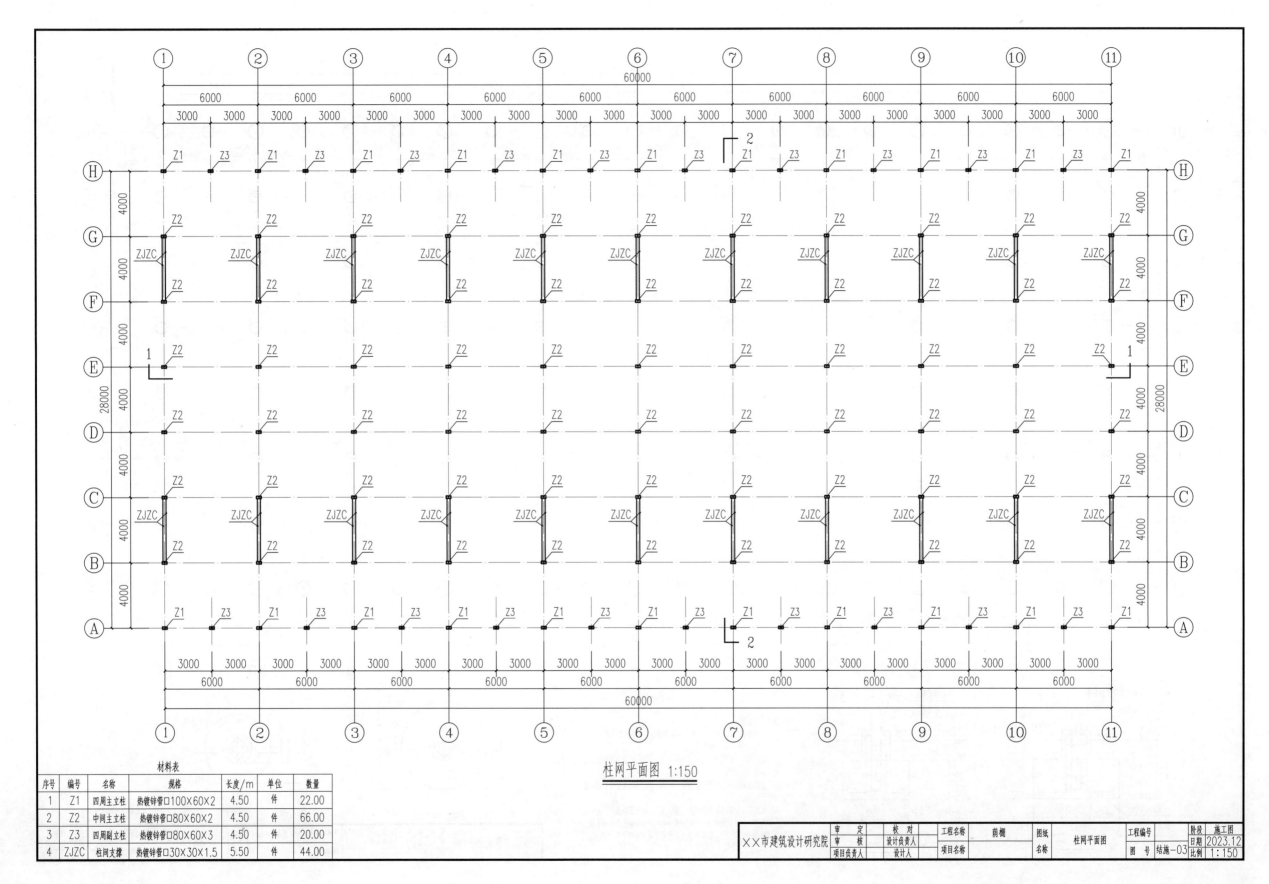

柱网平面图 1:150

材料表

序号	编号	名称	规格	长度/m	单位	数量
1	Z1	四周主立柱	热镀锌管口100×60×2	4.50	件	22.00
2	Z2	中间主立柱	热镀锌管口80×60×2	4.50	件	66.00
3	Z3	四周副立柱	热镀锌管口80×60×3	4.50	件	20.00
4	ZJZC	柱间支撑	热镀锌管口30×30×1.5	5.50	件	44.00

××市建筑设计研究院	审 定		校 对		工程名称	荫棚	图纸		柱网平面图	工程编号		阶段	施工图
	审 核		设计负责人								日期	2023.12
	项目负责人		设计人		项目名称		名称			图 号	结施-03	比例	1:150

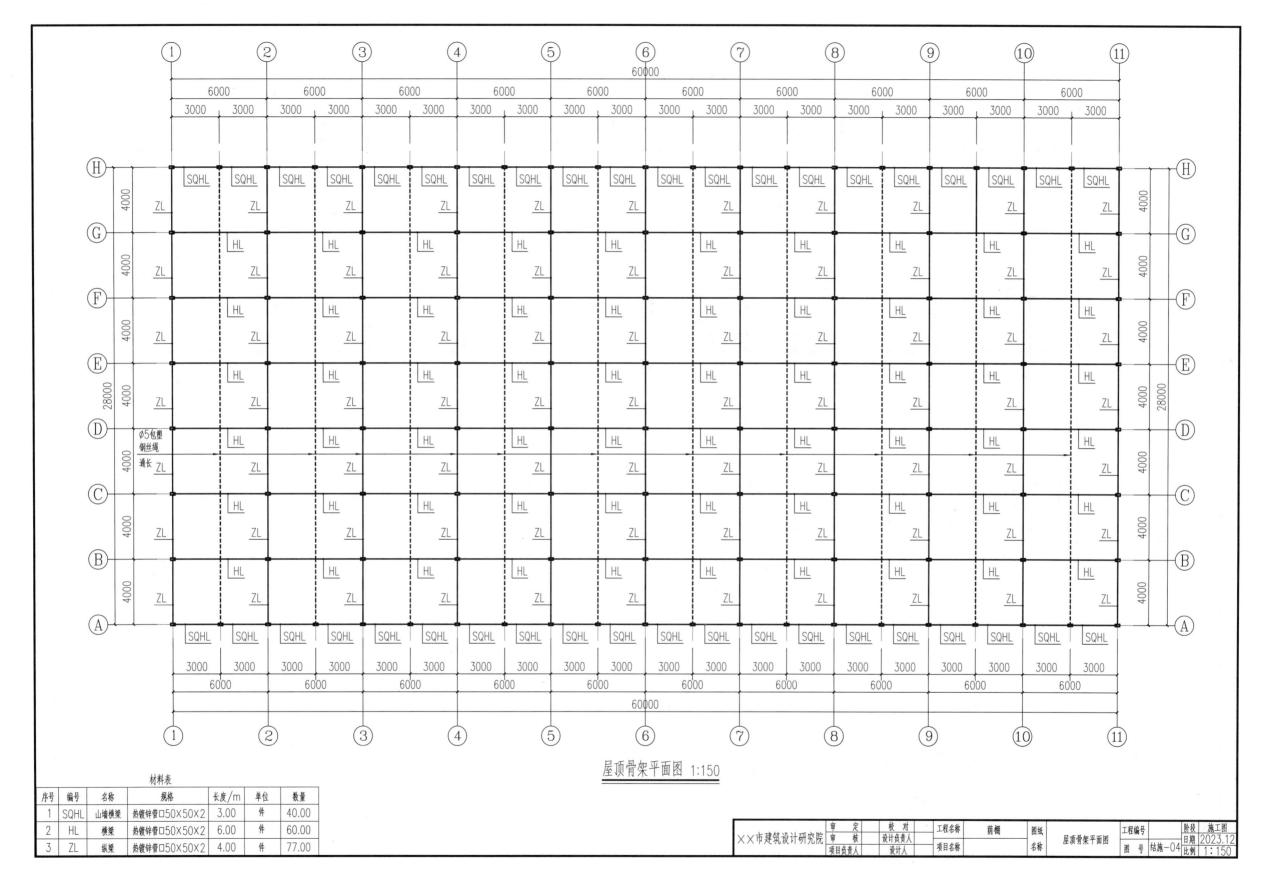

屋顶骨架平面图 1:150

材料表

序号	编号	名称	规格	长度/m	单位	数量
1	SQHL	山墙横梁	热镀锌管口50×50×2	3.00	件	40.00
2	HL	横梁	热镀锌管口50×50×2	6.00	件	60.00
3	ZL	纵梁	热镀锌管口50×50×2	4.00	件	77.00

××市建筑设计研究院	审定		校对		工程名称	葫棚	图纸		工程编号		阶段	施工图
	审核		设计负责人				名称	屋顶骨架平面图			日期	2023.12
	项目负责人		设计人		项目名称				图号	结施-04	比例	1:150

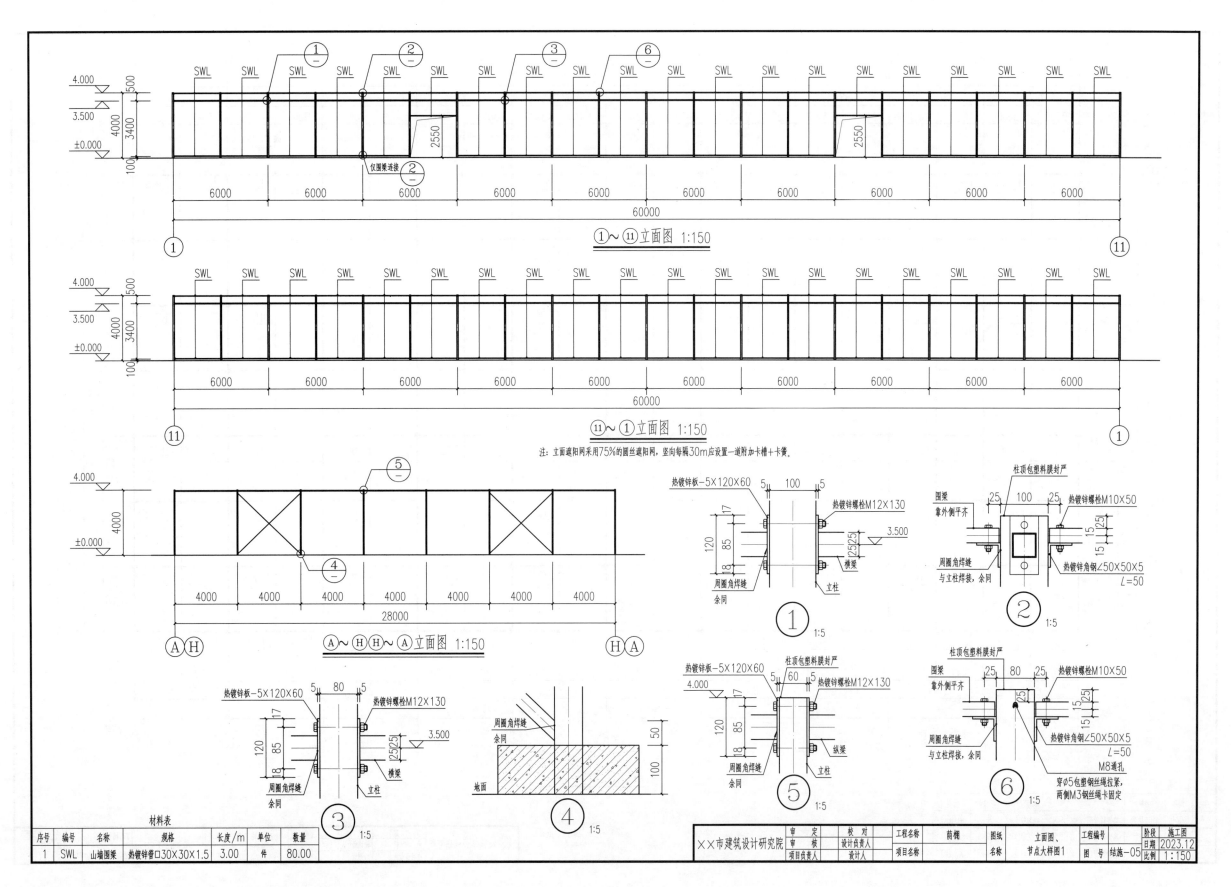

①~⑪立面图 1:150

注：立面遮阳网采用75%的圆丝遮阳网，竖向每隔30m应设置一道附加卡槽＋卡簧。

⑪~①立面图 1:150

Ⓐ~Ⓗ Ⓗ~Ⓐ立面图 1:150

材料表

序号	编号	名称	规格	长度/m	单位	数量
1	SWL	山墙围梁	热镀锌管口30X30X1.5	3.00	件	80.00

XX市建筑设计研究院

	审 定		校 对		工程名称	荫棚		图纸	立面图、		工程编号		阶段	施工图
	审 核		设计负责人						节点大样图1				日期	2023.12
	项目负责人		设计人		项目名称			名称					图 号	结施-05
													比例	1:150

34

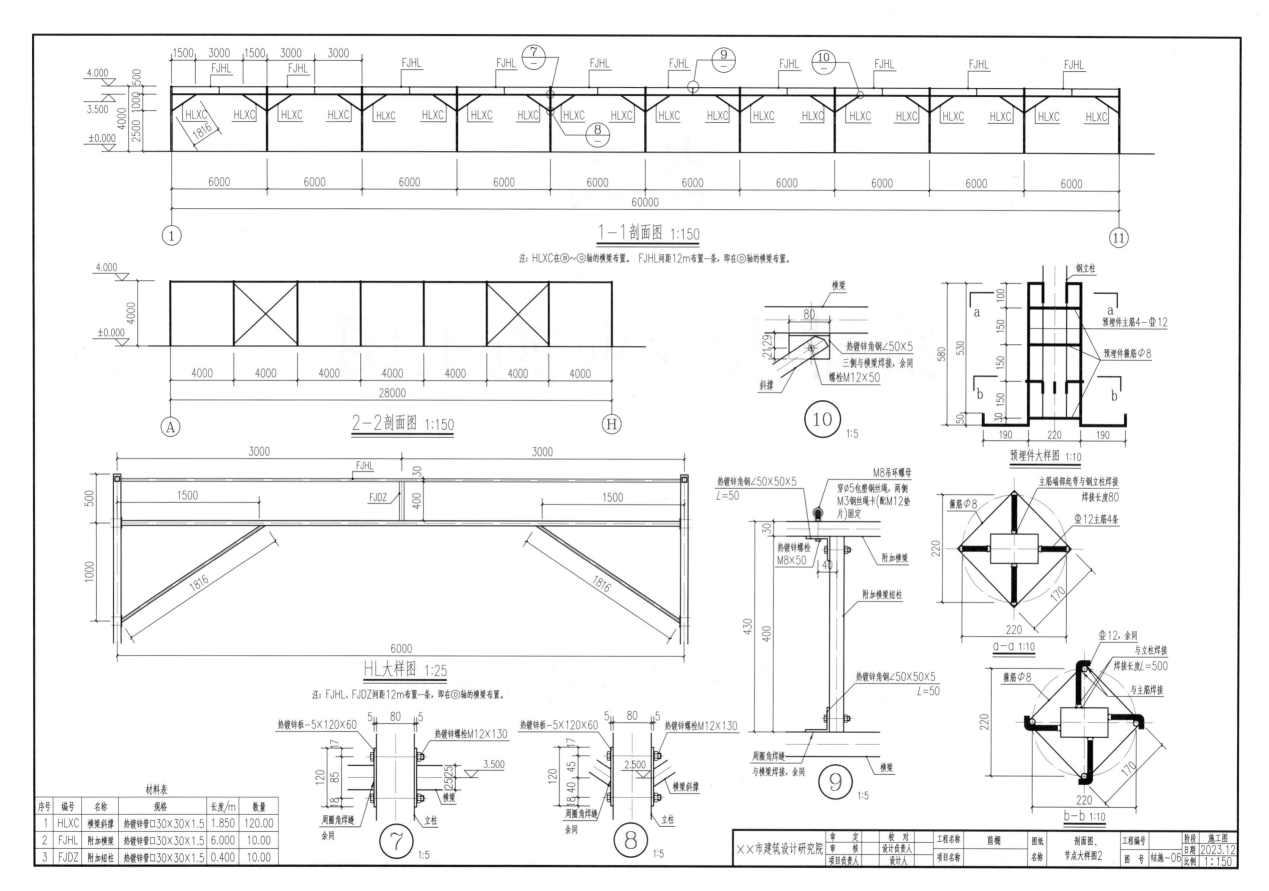

1-1剖面图 1:150

注：HLXC在⑧~⑥轴的横梁布置。 FJHL间距12m布置一条，即在⑥轴的横梁布置。

2-2剖面图 1:150

HL大样图 1:25

注：FJHL、FJDZ间距12m布置一条，即在⑥轴的横梁布置。

预埋件大样图 1:10

a-a 1:10

b-b 1:10

材料表

序号	编号	名称	规格	长度/m	数量
1	HLXC	横梁斜撑	热镀锌管口30×30×1.5	1.850	120.00
2	FJHL	附加横梁	热镀锌管口30×30×1.5	6.000	10.00
3	FJDZ	附加短柱	热镀锌管口30×30×1.5	0.400	10.00

	审 定		校 对		工程名称	荫棚	图纸	剖面图、	工程编号		阶段	施工图
××市建筑设计研究院	审 核		设计负责人				名称	节点大样图2			日期	2023.12
	项目负责人		设计人		项目名称				图 号	结施-06	比例	1:150

35

荫棚

给排水专业施工图

××市建筑设计研究院

二〇二三年十二月

图 纸 目 录

建设单位				工程编号		
工程名称	荫棚			子 项		
序号	图 号	图 纸 名 称		图 幅	版次	备 注
1	水施-01	给排水设计说明、喷灌和喷雾系统图(局部)		A3	1	
2	水施-02	喷灌平面图		A3	1	
3	水施-03	喷雾平面图		A3	1	
4						
5						
6						
7						
8						
9						
10						
11						
12						
13						
14						
15						
16						
17						
18						
19						
20						
21						
22						
23						
24						
25						

专 业	给排水	项目负责人		未盖出图专用章无效
设计阶段	施工图	专业负责人		
编制日期	2023.12	编 制 人		

	审 定		校 对		工程名称	荫棚	图纸		目录	工程编号		阶段	施工图
××市建筑设计研究院	审 核		设计负责人				名称					日期	2023.12
	项目负责人		设计人		项目名称					图 号	水施-00	比例	1:150

给排水设计说明

一、工程概况

本工程为植物生产设施。建筑面积1680.00m²，建筑层数为一层，建筑高度4.0m，为单层温室大棚。室内外高差0.0m，建设地点为三亚市。

二、设计内容

主要包括：灌溉系统

三、设计依据

1. 《温室灌溉系统设计规范》NY/T 2132-2012；
2. 《建筑给水排水设计标准》GB 50015-2019；
3. 甲方提供的相关条件要求、建筑专业提供的条件图。

四、设计说明

1. 给水系统

① 给水水源　本小区从基地灌溉专用给水管网引入1条DN70给水管；

② 给水方式　本工程用水由灌溉灌溉水直供，给水水压为0.15~0.2MPa；

③ 最高日喷灌用水量为5.04m³/d，用水为喷灌设施用水；

④ 系统最大工作压力为0.4MPa。配水管网的试验压力为0.8MPa。

2. 手提式灭火器的配置设计：本建筑为蔬菜种植大棚，四周及顶部为通透形式，无固定维护结构，蔬菜生产过程无火灾隐患，不需配置灭火器。

3. 节能设计

① 本大棚用水为灌溉用水，采用微喷灌的灌溉设施，相比传统灌溉节约水资源50%以上，喷雾同时也能起到一定的降温作用；

② 微喷头采用了防滴设施；

③ 入户主管采用了计量装置，每条灌溉管路均采用了阀门控制，避免浪费。

五、施工说明

1. 给水系统

① 管道安装高程　除特殊说明外，给水管以管中心计，排水管以管内底计；

② 尺寸单位　除特殊说明外，标高为m，其余为mm；

③ 给排水管道穿过现浇板、屋顶、剪力墙、柱子等处，均应预埋套管，有防水要求处应焊有防水翼环。套管尺寸给水管一般比安装管大二档，排水管一般比安装管大一档；

④ 给水采用PVC-U给水塑料管，承插粘接；

⑤ 管道试压　给水管试验压力为0.8MPa。观察接头部位不应有漏水现象，10min内压降不得超过0.02MPa，水压试验步骤按《建筑给水排水及采暖工程施工质量验收规范》（GB 50242-2002）的规定执行。粘结连接的管道，水压试验应在粘结连接24h后进行。

2. 灌溉系统

灌溉设施采用倒挂式微喷头，灌溉毛管采用dn25PE管；喷雾设施采用铜雾化喷头，喷雾毛管采用dn16PE管。

3. 其他

① 图中所注尺寸除楼层标高以m计外，其余以mm计；

② 本图所注排水管标高为管底标高，其余管线标高为管中心线标高；

③ 管道穿过圈梁、路面时应设套管，管道和套管之间应采取可靠的密封措施；

④ 当图中未注明坡度时，排水横支管排水坡度采用如下值：DN50采用0.035，DN75采用0.025，DN100采用0.02，DN150采用0.01；

⑤ 本图所注管径尺寸为公称尺寸，相对塑料管尺寸见厂家说明；

⑥ 除本设计明说外，施工中还应遵守《建筑给水排水及采暖工程施工质量验收规范》（GB 50242-2002）施工。

给水塑料管外径与公称直径对照表

公称直径	DN15	DN20	DN25	DN32	DN40	DN50	DN70	DN80	DN100	DN150
外径	De20	De25	De32	De40	De50	De63	De75	De90	De110	De160
	dn20	dn25	dn32	dn40	dn50	dn63	dn75	dn90	dn110	dn160

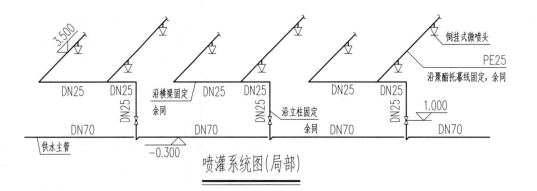

喷灌系统图（局部）

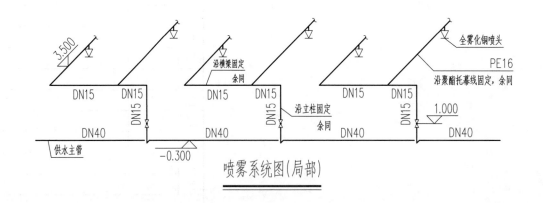

喷雾系统图（局部）

××市建筑设计研究院	审　定		校　对		工程名称	荫棚	图纸名称	给排水设计说明、喷灌和喷雾系统图(局部)	工程编号		阶段	施工图
	审　核		设计负责人								日期	2023.12
	项目负责人		设计人		项目名称				图　号	水施-01	比例	1:150

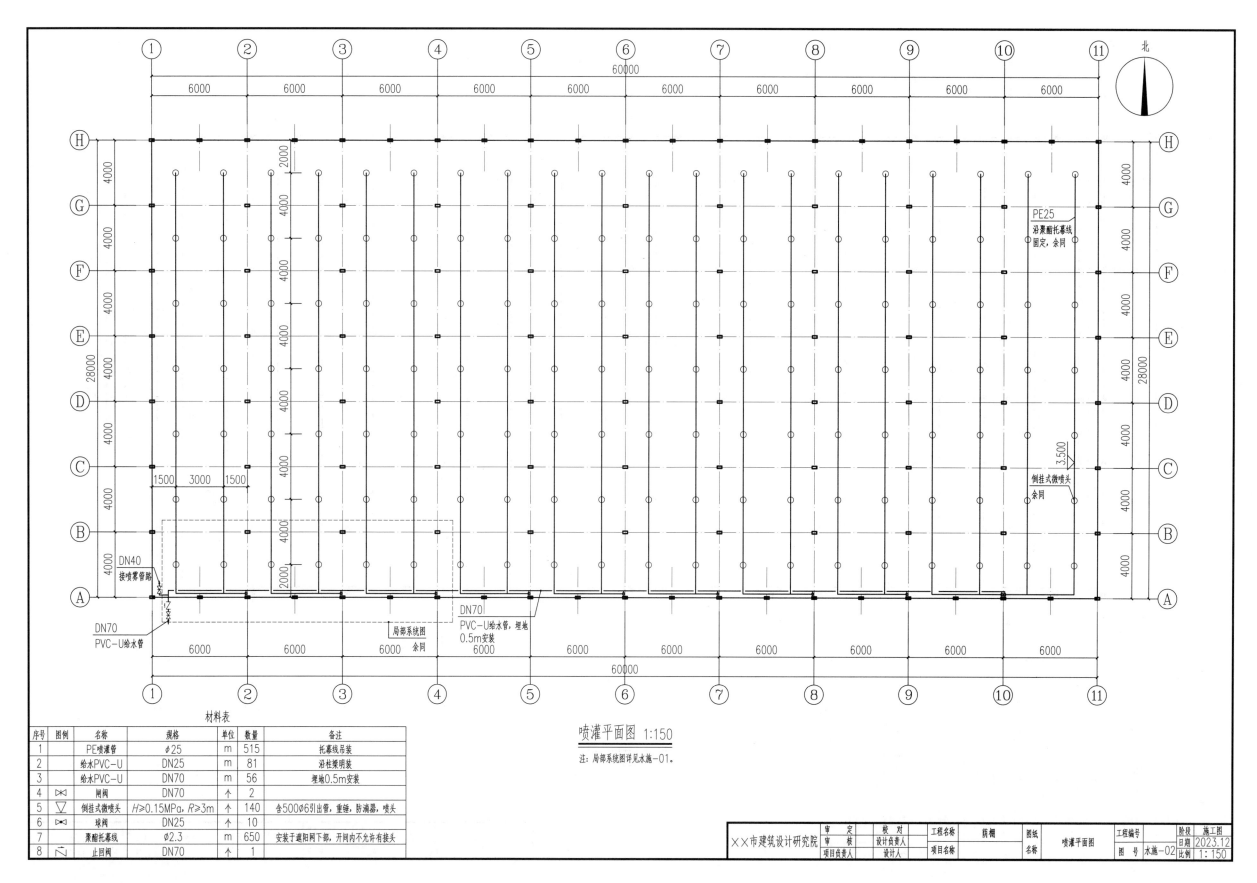

喷灌平面图 1:150

注: 局部系统图详见水施-01。

材料表

序号	图例	名称	规格	单位	数量	备注
1		PE喷灌管	φ25	m	515	托幕线吊装
2		给水PVC-U	DN25	m	81	沿柱梁明装
3		给水PVC-U	DN70	m	56	埋地0.5m安装
4	⋈	闸阀	DN70	个	2	
5	▽	倒挂式微喷头	H≥0.15MPa, R≥3m	个	140	含500φ6引出管, 重锤, 防滴器, 喷头
6	⋈	球阀	DN25	个	10	
7		聚酯托幕线	φ2.3	m	650	安装于遮阳网下部, 开间内不允许有接头
8	⋈	止回阀	DN70	个	1	

PE25
沿聚酯托幕线
固定, 余同

3.500

倒挂式微喷头
余同

DN40
接喷雾管路

DN70
PVC-U给水管

局部系统图

DN70
PVC-U给水管, 埋地
0.5m安装

××市建筑设计研究院	审 定		校 对		工程名称	葫棚	图纸		喷灌平面图	工程编号		阶段	施工图
	审 核		设计负责人				名称					日期	2023.12
	项目负责人		设计人		项目名称					图 号	水施-02	比例	1:150

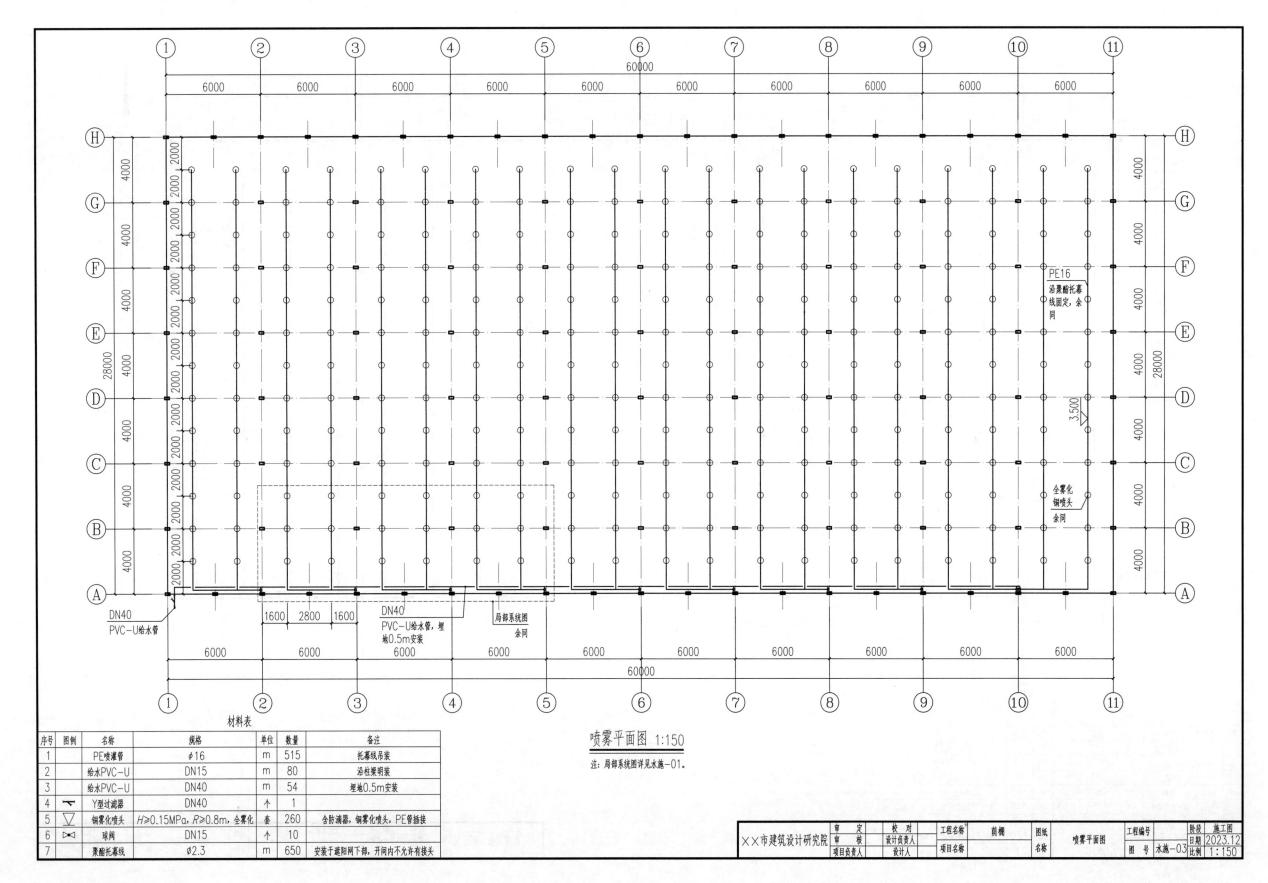

喷雾平面图 1:150

注：局部系统图详见水施-01。

材料表

序号	图例	名称	规格	单位	数量	备注
1		PE喷灌管	φ16	m	515	托幕线吊装
2		给水PVC-U	DN15	m	80	沿柱梁明装
3		给水PVC-U	DN40	m	54	埋地0.5m安装
4		Y型过滤器	DN40	个	1	
5		铜雾化喷头	H≥0.15MPa，R≥0.8m，全雾化	套	260	含防滴器，铜雾化喷头，PE管插接
6		球阀	DN15	个	10	
7		聚酯托幕线	φ2.3	m	650	安装于遮阳网下部，开间内不允许有接头

××市建筑设计研究院	审　定		校　对		工程名称	荫棚	图纸		喷雾平面图	工程编号		阶段	施工图
	审　核		设计负责人				名称					日期	2023.12
	项目负责人		设计人		项目名称							图　号	水施-03
												比例	1:150

40

项目三、日光温室施工图

日光温室采用复合型保温砖后墙、发泡水泥后屋面板、热镀锌钢管屋面骨架，骨架采用单管结构。前屋面为样条曲线优化成型，具有受力性能好的特点，进光量也可有所提高。前屋面采用薄膜覆盖，设卷膜通风装置，薄膜外侧设置外保温被。项目设计按照北京地区（北纬40°）气候特点及荷载件进行设计，仅供参考。其他地区应根据当地的实际情况和荷载条件进行功能设计和结构计算。

3.1 工程概况

(1) 性能参数

大棚建设地点位于北京，参照《农业温室结构荷载规范》GB/T 51183—2016 的有关规定，大棚设计使用年限不小于 20 年，大棚的相关设计荷载确定如下：

① 基本风压 $0.41kN/m^2$；

② 基本雪压 $0.31kN/m^2$；

③ 吊挂载荷 $0.15kN/m^2$；

④ 地震 本地区抗震设防烈度 8 度，0.2g，按规范可不考虑地震作用。

(2) 温室面积

温室屋脊走向为东—西向，山墙长 10.24m，东西侧墙长 61.24m。建筑面积 $614.92m^2$，其中操作间的建筑面积 $14.72m^2$。

(3) 温室结构

屋顶前屋面采用单管钢结构，屋面弧形采用三点样条曲线，后屋面采用钢骨架＋轻质保温板结构，骨架采用热镀锌低碳钢材，墙体采用保温复合砖墙。

(4) 温室构件参数

① 拱杆 采用 70mm×50mm×3mm 热镀锌矩形管。

② 系杆 采用 φ32mm×2mm 热镀锌圆管。

③ 操作间屋架 采用 100mm×80mm×3mm 热镀锌矩形管。

④ 操作间檩条 采用 70mm×50mm×3mm 热镀锌矩形管。

⑤ 基础 温室基础采用条形刚性基础，埋深 1m，下部放大脚采用 0.2m 高 C20 素混凝土现浇，上部保温复合墙体为 240mm 砖墙＋100mm 聚苯保温板＋370mm 砖墙复合墙体，操作间墙体为 240mm 砖墙。

⑥ 圈梁 前脚及后坡墙体顶部设置圈梁（内部埋设预埋件）与钢骨架相连。

(5) 温室覆盖材料

顶部：温室顶部采用厚度 0.15mm 薄膜覆盖，薄膜外侧为保温被。

(6) 温室的通风系统

温室后墙设置通风口；温室前屋面薄膜设置卷膜通风口。

(7) 温室配套设施

① 照明 在温室走道上设照明灯，每 30m 设置 1 只 200WLED 投射灯作为辅助照明使用。

② 保温被 温室设置电动卷保温被装置，采用 380V/220V、50Hz 三相五线 TN-S 系统供电。进户设接地装置。控制柜采用温室专用电气控制柜，防护等级为 IP45，下部进出线。动力设备线采用 RVV 聚氯乙烯绝缘护套铜芯软线沿墙、梁穿 PC 管明敷设。

3.2 建筑专业施工图

详见图纸设计部分（本书 44～47 页）。图中标高单位为 m，其他单位均为 mm。

3.3 结构专业施工图

详见图纸设计部分（本书 50～53 页）。图中标高单位为 m，其他单位均为 mm。

3.4 电气专业施工图

详见图纸设计部分（本书 56、57 页）。图中标高单位为 m，其他单位均为 mm。

日光温室

建筑专业施工图

××市建筑设计研究院

二〇二三年十二月

图 纸 目 录

建设单位				工程编号		
工程名称	日光温室			子　项		

序号	图号	图纸名称	图幅	版次	备注
1	建施-01	建筑设计说明、室内外做法表、门窗表	A3	1	
2	建施-02	平面图、操作间放大图	A3	1	
3	建施-03	屋顶平面图、立面图1	A3	1	
4	建施-04	立面图2、剖面图	A3	1	
5					
6					
7					
8					
9					
10					
11					
12					
13					
14					
15					
16					
17					
18					
19					
20					
21					
22					
23					
24					
25					

专　业	建筑	项目负责人		未盖出图专用章无效
设计阶段	施工图	专业负责人		
编制日期	2023.12	编　制　人		

××市建筑设计研究院	审　定		校　对		工程名称	日光温室	图纸名称	目录	工程编号		阶段	施工图
	审　核		设计负责人								日期	2023.12
	项目负责人		设计人		项目名称				图　号	建施-00	比例	1:150

建筑设计说明

1. 设计依据
1.1 甲方提出的设计要求、经甲方认可的建筑单体的设计方案。
1.2 《日光温室和塑料大棚结构与性能要求》JB/T 10594-2006。
1.3 《日光温室建设标准》NY/T 3024-2016。
1.4 《日光温室技术条件》JB/T 10286-2013。
1.5 《温室覆盖材料安装与验收规范 塑料薄膜》NY/T 1966-2010。
1.6 国家现行相关的建筑规范、法规。注: 该项目为农业大棚设计项目(不属于市政工程及房屋建筑工程项目),
按照农业大棚设计标准规范执行。

2. 项目概况
2.1 项目名称: 日光温室。
2.2 建设地点: 北京市。
2.3 建筑功能: 本工程为种植温室构筑物。
2.4 建筑规模: 建筑面积614.92m²。
2.5 建筑类型: 农业设施。
2.6 建筑层数: 一层。
2.7 建筑高度: 4.2m。
2.8 结构形式: 轻钢结构。
2.9 防火等级: 农业设施无要求。

3. 设计标高
3.1 本工程±0.000的绝对标高值参见总平面图并结合现场情况确定, 室内路面与室外高差0.1m。
3.2 标高除特殊注明为结构标高外, 其余均为建筑完成面标高, 单位为米(m), 尺寸标注以毫米(mm)为单位。

4. 选用图集
4.1 国标系列图集。
4.2 选用图集不论采用全部详图或局部节点, 均按图集的有关说明处理。

5. 工程做法
5.1 墙体工程
5.1.1 温室采用灰砂转或页岩砖+聚苯保温板复合砖墙, 屋面为轻钢结构, 南屋面各覆盖0.15mm厚大棚塑料薄膜, 安装幅宽为净宽度+0.3m。优质卡簧, 镀铝锌大卡槽(厚度为1.0mm, 可卡双层卡簧)固定。
5.1.2 大棚钢结构部分详见结构图纸。
5.2 屋面工程
5.2.1 本工程屋面为双坡屋面, 南坡覆盖0.15mm厚大棚塑料薄膜, 安装幅宽为净宽度+0.3m, 薄膜采用优质卡簧、镀铝锌大卡槽(厚度为1.0mm, 可卡双层卡簧)固定, 薄膜外侧覆盖可卷起保温被, 温室北屋面覆盖发泡保温材料, 详见设计详图。
5.2.2 本工程屋面采用无组织排水。
5.3 门窗工程:设有2樘钢制防盗门, 保温门帘, 塑钢窗, 洞口尺寸详见门窗表。
5.4 内装修工程:涂料墙面, 水泥砂浆地面, 详见做法表。

6. 无障碍设计
本工程为简易温室构筑物, 日常无残障人士出入, 不做无障碍设计, 入口采用坡道设计, 方便运输机具通行。

7. 防火设计
农业设施(蔬菜种植)无要求, 覆盖薄膜及保温被为易燃材料, 使用过程中应防止明火。

8. 其他施工注意事项
8.1 本工程建筑图纸应与结构等专业图纸密切配合, 如遇有图纸矛盾时, 应及时与设计人员联系。
8.2 施工中发现与设计有关的技术问题, 应及时通知设计单位洽商解决, 不得擅自修改设计。
8.3 施工中应严格执行国家各项施工质量验收规范。

室内外做法表

类别	编号	适用范围	编号	备注
操作间	13J502-1	室内墙面		1. 砖墙 2. 13厚1:0.3:3水泥石灰青砂浆打底扫毛 3. 5厚1:0.3:2.5水泥石灰青砂浆找平层 4. 刮腻子三遍 5. 封闭底漆一道 6. 内墙乳胶漆一道
操作间	05J909	地面	地1A	1. 20厚1:2.5水泥砂浆 2. 水泥浆一道(内掺建筑胶) 3. 60厚C20混凝土垫层 4. 素土夯实
操作间及温室	05J909	外墙面	外墙10D	1. 砖墙 2. 12厚1:3水泥砂浆打底扫毛或划出纹道 3. 外涂外墙涂料
操作间	05J909	坡道	坡2B	1. 20厚1:2素砂浆表面扫毛 2. 素水泥浆一道 3. 60厚C20混凝土 4. 300厚3:7绘图分两步夯实, 宽出面层300 5. 素土夯实

门窗表

类型	设计编号	洞口尺寸	数量	备注
平开门	M1	1000mm×2000mm	2	钢防盗门
推拉窗门	C1012	1000mm×1200mm	1	塑钢窗, 5+A+5中空玻璃

××市建筑设计研究院

审 定		校 对		工程名称	日光温室	图纸	建筑设计说明、室内外做法表、门窗表	工程编号		阶段	施工图
审 核		设计负责人				名 称				日期	2023.12
项目负责人		设计人		项目名称				图 号	建施-01	比例	1:150

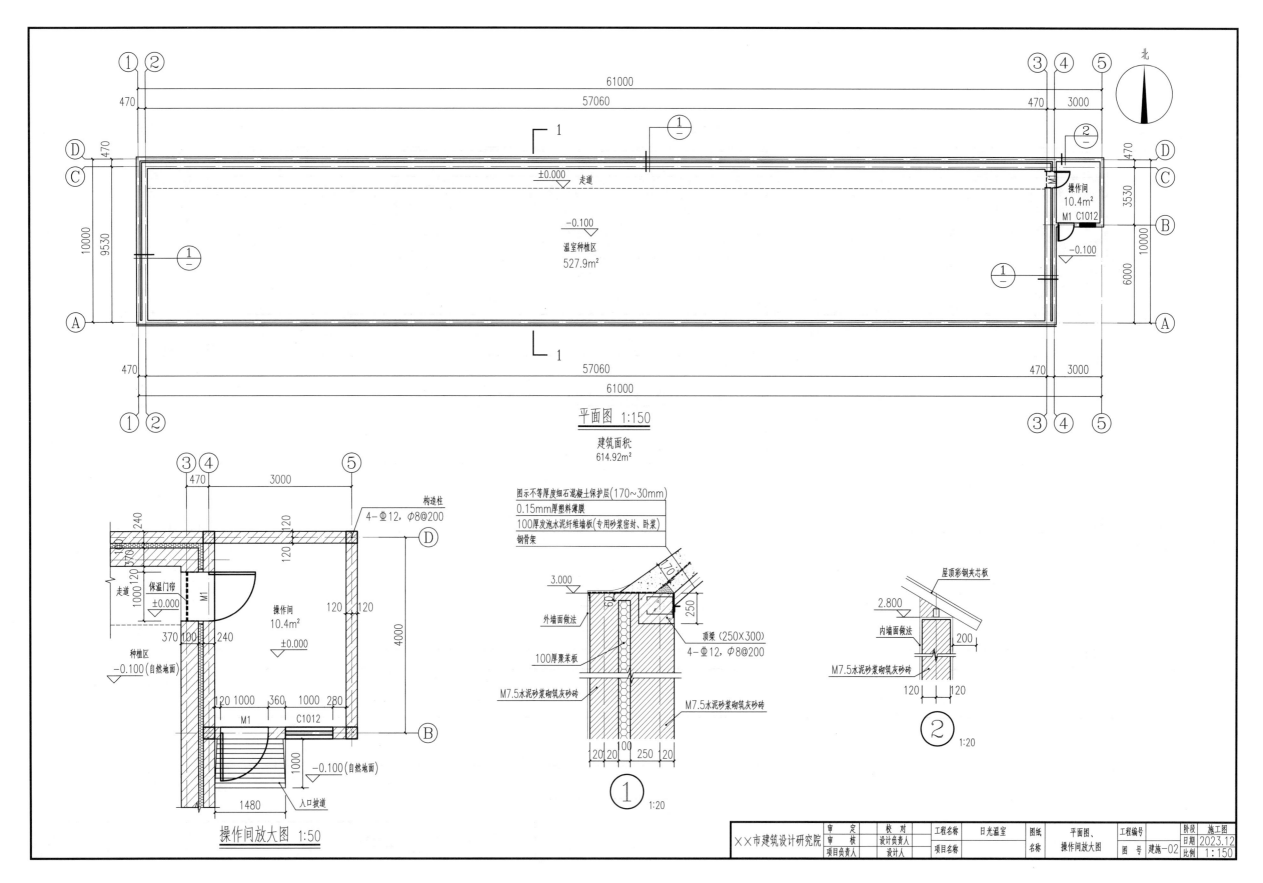

平面图 1:150

建筑面积:
614.92m²

操作间放大图 1:50

图示不等厚度细石混凝土保护层(170～30mm)
0.15mm厚塑料薄膜
100厚发泡水泥纤维墙板(专用砂浆密封、卧浆)
钢骨架

顶梁(250×300)
4-Φ12, Φ8@200

外墙面做法

100厚聚苯板

M7.5水泥砂浆砌筑灰砂砖

M7.5水泥砂浆砌筑灰砂砖

屋顶彩钢夹芯板

内墙面做法

M7.5水泥砂浆砌筑灰砂砖

审 定	校 对	工程名称	日光温室	图纸		平面图、	工程编号		阶段	施工图
××市建筑设计研究院	审 核	设计负责人	项目名称		名称	操作间放大图	图 号	建施-02	日期	2023.12
	项目负责人	设计人							比例	1:150

45

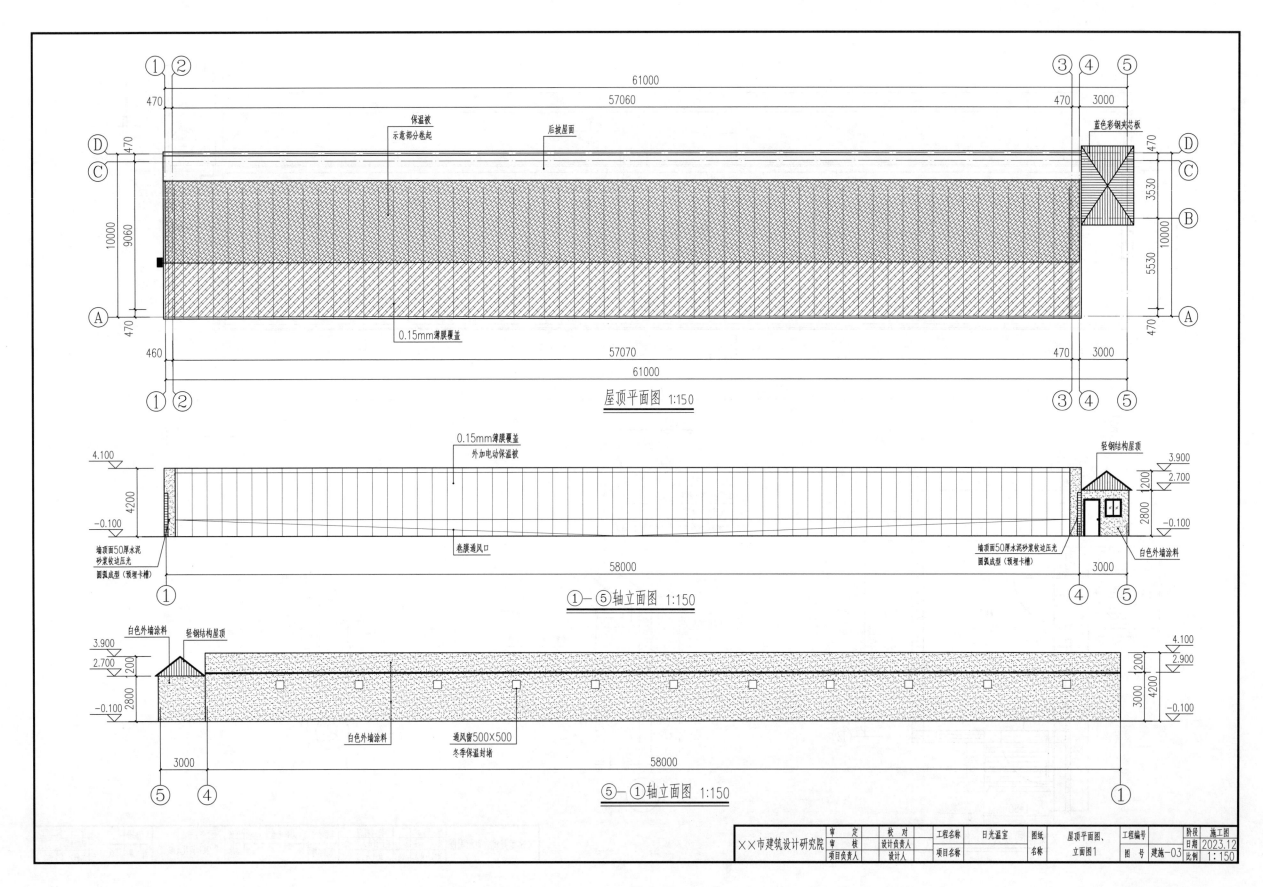

屋顶平面图 1:150

①—⑤轴立面图 1:150

⑤—①轴立面图 1:150

××市建筑设计研究院	审　定		校　对		工程名称	日光温室	图纸	屋顶平面图、	工程编号		阶段	施工图
	审　核		设计负责人				名称	立面图1			日期	2023.12
	项目负责人		设计人		项目名称				图　号	建施-03	比例	1:150

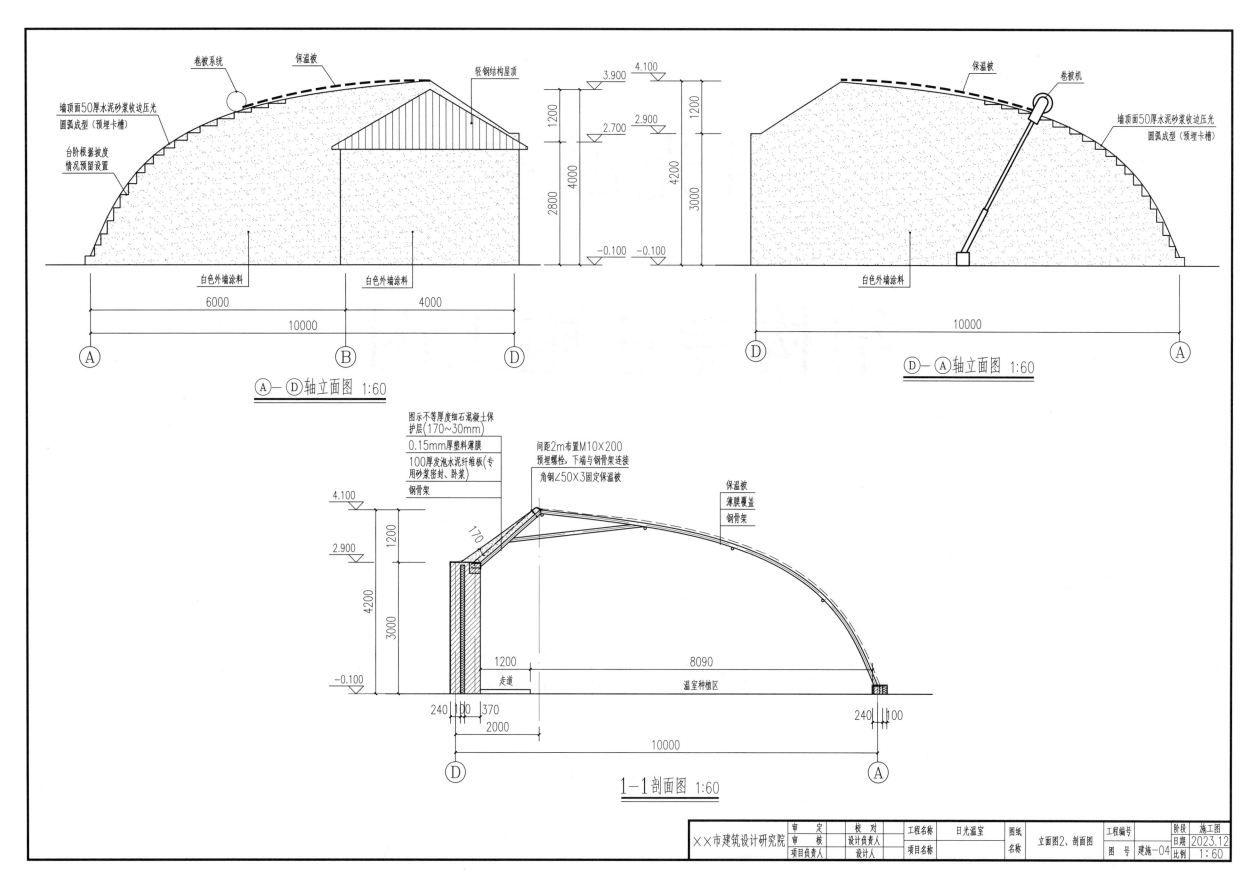

卷被系统　保温被　轻钢结构屋顶

墙顶面50厚水泥砂浆收边压光
圆弧成型（预埋卡槽）

台阶根据坡度
情况预留设置

白色外墙涂料　白色外墙涂料

3.900　4.100
1200
2.700　2.900
4000　4200
2800　3000
-0.100　-0.100

6000　4000
10000

Ⓐ　Ⓑ　Ⓓ

Ⓐ—Ⓓ轴立面图 1:60

保温被　卷被机

墙顶面50厚水泥砂浆收边压光
圆弧成型（预埋卡槽）

白色外墙涂料

10000

Ⓓ　Ⓐ

Ⓓ—Ⓐ轴立面图 1:60

图示不等厚度细石混凝土保
护层(170~30mm)
0.15mm厚塑料薄膜
100厚发泡水泥纤维板(专
用砂浆密封、卧浆)
钢骨架

间距2m布置M10×200
预埋螺栓，下端与钢骨架连接
角钢∠50×3固定保温被

保温被
薄膜覆盖
钢骨架

4.100
1200
2.900
4200
3000
170
-0.100

1200　8090
走道　温室种植区

240 100 370　240 100
2000
10000

Ⓓ　Ⓐ

1—1剖面图 1:60

	审　定		校　对		工程名称	日光温室	图纸		立面图2、剖面图	工程编号		阶段	施工图
××市建筑设计研究院	审　核		设计负责人				名称				日期	2023.12
	项目负责人		设计人		项目名称					图　号	建施—04	比例	1:60

47

日光温室

结构专业施工图

××市建筑设计研究院

二〇二三年十二月

图 纸 目 录

建设单位					工程编号		
工程名称	日光温室				子　项		

序号	图号	图 纸 名 称			图幅	版次	备注
1	结施-01	结构设计说明			A3	1	
2	结施-02	基础平面图 、基础大样图			A3	1	
3	结施-03	屋顶骨架平面图、GJ骨架放样尺寸图			A3	1	
4	结施-04	立面图、剖面图、钢结构材料表			A3	1	
5							
6							
7							
8							
9							
10							
11							
12							
13							
14							
15							
16							
17							
18							
19							
20							
21							
22							
23							
24							
25							

专　业	结　构	项目负责人		未盖出图专用章无效
设计阶段	施工图	专业负责人		
编制日期	2023.12	编制人		

××市建筑设计研究院	审　定		校　对		工程名称	日光温室	图纸		目录	工程编号		阶段	施工图
	审　核		设计负责人				名称					日期	2023.12
	项目负责人		设计人		项目名称					图　号	结施-00	比例	1:150

结构设计说明

一、设计依据
1. 《农业温室结构荷载规范》GB/T 51183-2016。
2. 《种植塑料大棚工程技术规范》GB/T 51057-2015。
3. 《日光温室主体结构施工与安装验收规程》NYT 2134-2012。
4. 《农业温室结构设计标准》GB/T 51424-2022。

参考以下规范：
1. 《建筑结构荷载规范》GB 50009-2012。
2. 《建筑地基基础设计规范》GB 50007-2011
3. 《砌体结构设计规范》GB 50003-2011。
4. 《钢结构设计标准》GB 50017-2017。
5. 《冷弯薄壁型钢结构技术规范》GB 50018-2002。
6. 《门式刚架轻型房屋钢结构技术规范》GB 51022-2015。
7. 《钢结构工程施工质量验收标准》GB 50205-2020。
8. 《金属覆盖层 钢铁制件热浸镀锌层 技术要求及试验方法》GB/T 13912-2020。
9. 《混凝土结构工程施工质量验收规范》GB 50204-2015。

二、工程概况
1. 本工程采用结构体系：本工程为日光温室，轻钢结构，位于北京。地上1层，层高4.2m，设计使用年限20年，结构重要性系数0.9。
2. 本工程未提供岩土工程勘察报告，本工程采用刚性条形基础形式，其承载力特征值不小于140kPa，待取得正式地勘报告，确认无误后方可施工。
3. 荷载标准值（风雪荷载按20年一遇值）
   ① 风荷载：基本风压0.41kN/m²，场地地面粗糙度B类，风压高度变化系数0.81；
   ② 屋面恒载：0.2kN/m²，活载：0.15kN/m²；
   ③ 雪荷载：基本雪压0.31kN/m²；
   ④ 地震：本地区抗震设防烈度8度，0.2g，按规范可不考虑地震作用。
4. 结构刚度控制指标
   ① 变形指标 主跨挠度控制值为L/180；
   ② 长细比 主要构件（柱）200，拱杆220，其他构件及支撑250。
5. 未经结构鉴定或设计许可不得改变结构设计用途及使用环境。

三、计算软件
中国建筑科学研究院PKPM结构计算软件2010版。

四、材料
1. 结构用钢牌号为Q235B。Q235B钢材力学性能及碳硫磷等含量的合格保证必须满足《碳素结构钢》（GB/T 700-2006）的规定。选用钢材还应符合下列规定：
   ① 钢材的屈服强度实测值与抗拉强度实测值的比值不应大于0.85；
   ② 钢材应有明显的屈服台阶，且伸长率应大于20%；
   ③ 钢材应有良好的可焊性和合格的冲击韧性；
   ④ 镀锌钢绞线的抗拉强度为1470N/mm²。
2. 焊条
   ① 自动或半自动焊时，采用H08A或H08MnA焊丝，其性能应符合《熔化焊用钢丝》（GB/T 14957-1994）的规定。手工焊时，采用E4303、E5003型焊条，其性能应符合《非合金钢及细晶粒钢焊条》（GB/T 5117-2012）及《热强钢焊条》（GB/T 5118-2012）的规定。
   ② 焊接钢筋用焊条按下表选用。

	焊接形式		
	钢筋与型钢	钢筋搭接焊、绑条焊	钢筋剖口焊
HRB400级	E43	E50	E55

3、螺栓
① 高强度螺栓应采用10.9S大六角头承压型高强度螺栓。其技术条件须符合《钢结构用高强度大六角头螺栓》（GB/T 1228-2006）、《钢结构用高强度大六角头螺母》（GB/T 1229-2006）、《钢结构用高强度垫圈》（GB/T 1230-2006）、《钢结构用高强度大六角头螺栓、大六角头螺母、垫圈技术条件》（GB/T 1231-2006）的规定；
② 普通螺栓应符合现行国家标准《六角头螺栓 C级》（GB 5780-2016）。

4. 钢筋：钢筋的强度标准值应具有不小于95%的保证率。钢筋进场时，应按国家现行标准的规定抽取试件作屈服强度、抗拉强度、伸长率、弯曲性能和重量偏差检验，检验结果应符合相应标准的规定。钢筋焊接应符合《钢筋焊接及验收规程》（JGJ 18-2012）的相关要求。

5. 混凝土
① 混凝土强度等级（图纸中有注明的除外）见下表：

部位	混凝土强度等级	抗渗等级	备注
基础	C30		
柱	C30		
垫层	C20		
圈梁	C30		

② 混凝土保护层：基础混凝土的保护层厚度不小于40mm，柱为30mm。

6. 砌体
① ±0.000以下墙身采用MU10水泥砂砖、M7.5水泥砂浆砌筑。±0.000以上墙身采用MU7.5水泥砂砖、M5水泥砂浆砌筑；
② 砌体施工质量应达到B级，符合《砌体结构工程施工质量验收规范》（GB 50203-2011）规定。

五、钢材制作
1. 本图中的钢结构构件必须在有资质的、具有专门机械设备的建筑金属加工厂加工制作。
2. 钢结构构件应严格按照国家《钢结构工程施工质量验收标准》（GB 50205-2020）进行制作。
3. 除地脚螺栓及图面有注明者外钢结构件上螺栓钻孔直径比螺栓直径大1.5~2.0mm。

六、焊接
1. 焊接时应选择合理的焊接工艺和焊接顺序，以减小钢结构中产生的焊接应力和焊接变形。
2. 组合H型钢焊接产生的变形应以机械或火焰矫正具，具体做法应符合GB 50205相关规定。
3. 构件角焊缝厚度范围详见"焊接详图"。
4. 图中未注明的角焊缝焊脚尺寸按焊角尺寸表选用。

七、钢结构的运输、检验、堆放
1. 在运输及操作过程中应采取措施防止构件变形和损坏。
2. 结构安装前应对构件进行全面检查，如构件的数量、长度、垂直度、安装接头处螺栓孔之间的尺寸是否符合设计要求等。
3. 构件堆放场地应事先平整夯实，并做好四周排水。
4. 构件堆放时，应先放置枕木垫平，不宜直接将构件放置于地面上。

八、钢结构安装
1. 柱脚及基础锚栓：应在混凝土短柱上弹墨线及经纬仪将各中心线弹出，用水准仪将标高引测到锚栓上。基础底板及锚栓尺寸经复核符合《钢结构工程施工质量验收标准》（GB 50205-2020）要求且基础混凝土强度等级达到设计强度等级的70%后方可进行钢柱安装。钢柱底板用调整螺母进行水平度的调整。待结构形成空间单元且经检测、校核几何尺寸无误后，柱脚采用C30微膨胀自流性细石混凝土浇筑柱底空隙，可采用压力灌浆，应确保密实。
2. 结构安装：钢架安装顺序为先安装靠近山墙的有柱间支撑的两榀钢架，而后安装其他钢架。头两榀钢架安装完毕后，再调整两榀钢架间的水平系杆、柱间支撑及屋面水平支撑的垂直度及水平度，待调整正确后方锁定支撑，而后安装其他钢架。
3. 钢柱吊装：钢柱吊至基础短柱顶面后，采用经纬仪进行校正。结构吊（安）装时应采取有效措施确保结构的稳定，并防止产生过大变形。结构安装完成后，应详细检查运输、安装过程中涂层的擦伤，并补刷油漆，对所有的连接螺栓应一检查，以防漏拧或松动。不得在构件上加焊非设计要求的其他构件。
4. 钢架在施工中及时安装支撑，在安装和房屋使用过程中如遇台风，必要时应增设临时拉杆和缆风绳进行充分固定。

九、钢结构涂装
1. 本工程的所有构件均采用热镀锌防锈处理，应符合《金属覆盖层 钢铁制件热浸镀锌层 技术要求及试验方法》（GB/T 13912-2020）相关要求。镀锌前后，构件上不得有裂纹、夹层、烧伤及其他影响强度的缺陷。镀锌后的增重应达到6%~13%，镀层平均厚度一般不小于55μm（材料壁厚大于3mm不小于70μm、大于6mm时不小于85μm、小于1.5mm时，应不小于45μm）。外壁表面不得有漏镀。外表面应光洁，每米长度内只允许出现一处长度不超过100mm非包容面局部粗糙表面，最大突起高度不得大于2mm，并不影响安装。
2. 局部焊接部位，对应对构件表面进行打磨、除锈和涂装。除锈等级不低于Sa2或St2，涂装应采用相匹配的防锈底漆，涂装遍数不少于二底二面，且涂层程度及涂装施工环境应满足现行《钢结构工程施工质量验收标准》（GB 50205-2020）中的要求。

十、钢结构维护
钢结构使用过程中，应根据使用情况（如涂料材料使用年限，结构使用环境条件等），定期对结构进行必要维护（如对钢结构重新进行涂装，更换损坏构件等），以确保使用过程中的结构安全。

十一、其他
1. 本工程施工时，应与相关设备、建筑等其他专业密切配合，以免返工，在钢结构连接凸部、有毛刺等有可能影响薄膜安装的部位缠旧胶带予以保护。
2. 施工中发现与设计有关的技术问题，应及时通知设计单位洽商解决，不得擅自修改设计。
3. 材料表中为理论数量，实际加工时适当增加余量。
4. 雨季施工时应采取相应的施工技术措施。
5. 未尽事宜应按照现行施工及验收规范、规程的有关规定进行施工。

过梁做法表

截面:宽(墙宽)×高	混凝土强度等级	架立筋	底筋	箍筋	门窗洞口宽度
BX180	C30	2Φ10	2Φ12	φ6@200	≤1200

过梁的支座长度≥250；
当洞顶与结构梁（板）底的距离小于上述各类过梁的高度时，过梁须与结构梁（板）浇成整体

角焊缝的最小焊角尺寸h_f

较厚焊件厚度/mm	手工焊接h_f/mm	埋弧焊接h_f/mm
<4	4	3
5~7	4	3
8~11	5	4
12~16	6	5
17~21	7	6
22~26	8	7
27~36	9	8

角焊缝的最大焊角尺寸h_f

较薄焊件的厚度/mm	最大焊角尺寸h_f/mm
4	5
5	6
6	7
8	10
10	12
12	14
14	17

××市建筑设计研究院	审定		校对		工程名称	日光温室	图纸	结构设计说明	工程编号		阶段	施工图
	审核		设计负责人				名称				日期	2023.12
	项目负责人		设计人		项目名称				图号	结施-01	比例	1:150

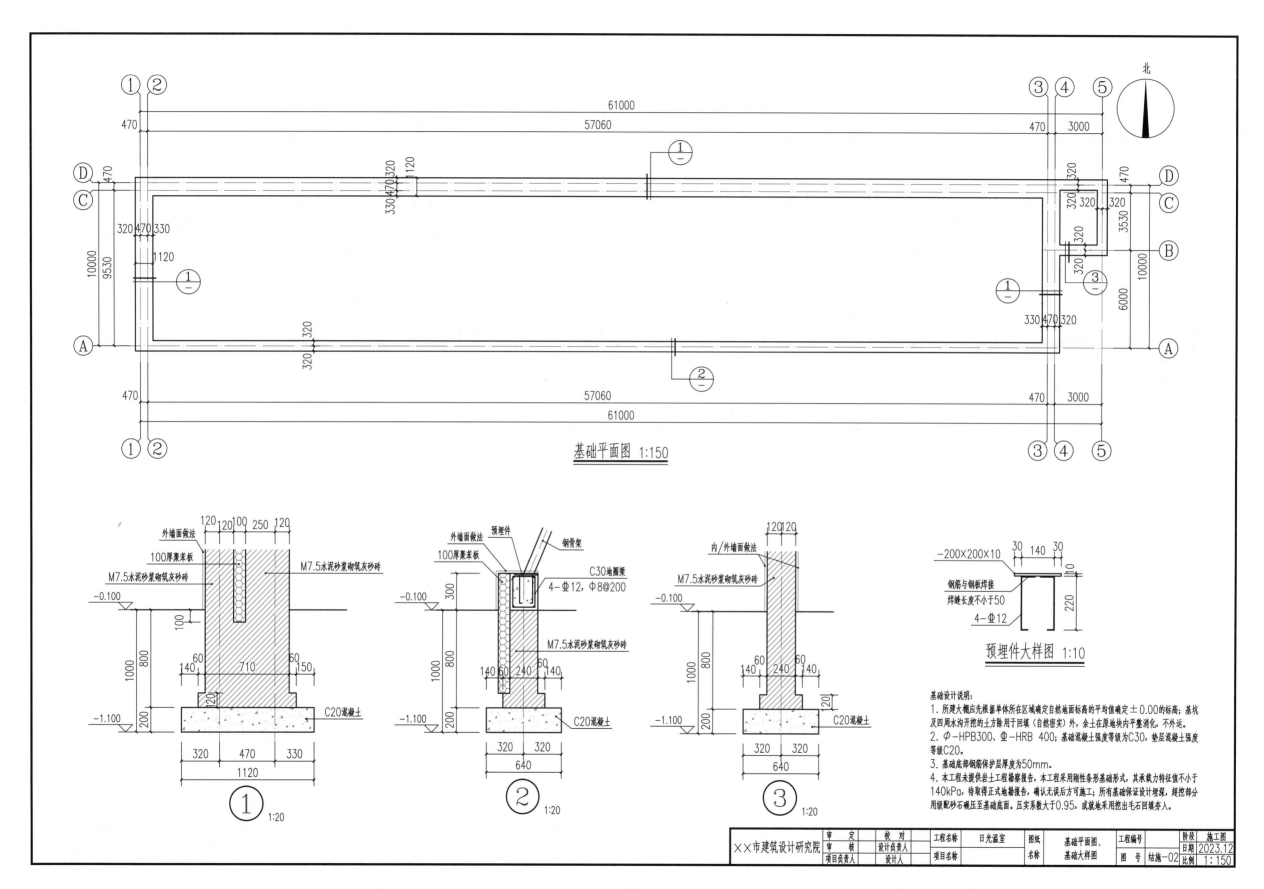

基础平面图 1:150

① 1:20

② 1:20

③ 1:20

预埋件大样图 1:10

基础设计说明:
1. 所建大棚应先根据单体所在区域确定自然地面标高的平均值确定±0.00的标高;基坑及四周水沟开挖的土方除用于回填(自然密实)外,余土在原地块内平整消化,不外运。
2. Φ—HPB300、Φ—HRB 400;基础混凝土强度等级为C30,垫层混凝土强度等级C20。
3. 基础底部钢筋保护层厚度为50mm。
4. 本工程未提供岩土工程勘察报告,本工程采用刚性条形基础形式,其承载力特征值不小于140kPa,待取得正式地勘报告,确认无误后方可施工;所有基础保证设计埋深,超挖部分用级配砂石碾压至基础底面。压实系数大于0.95,或就地采用挖出毛石回填夯入。

××市建筑设计研究院	审 定	校 对	工程名称	日光温室	图纸	基础平面图、	工程编号		阶段	施工图
	审 核	设计负责人			名称	基础大样图			日期	2023.12
	项目负责人	设计	项目名称				图 号	结施—02	比例	1:150

51

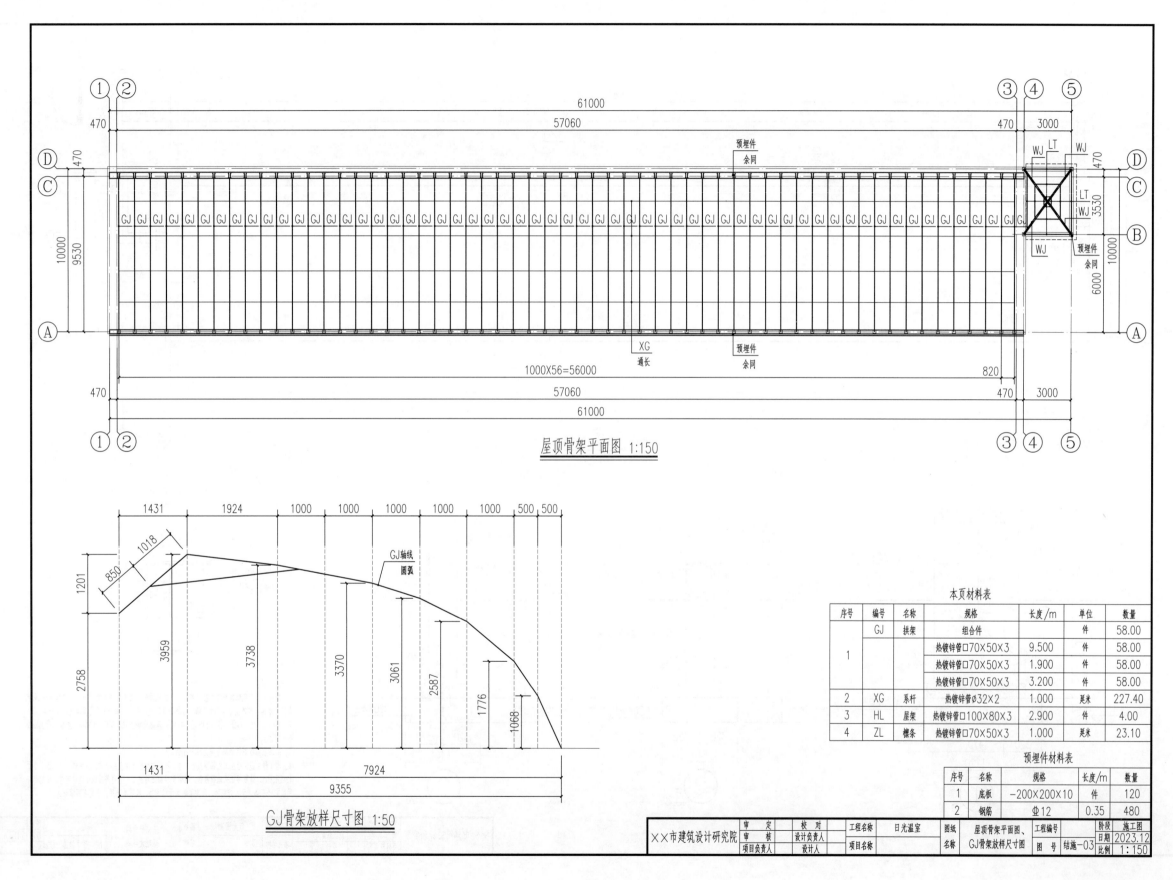

屋顶骨架平面图 1:150

GJ骨架放样尺寸图 1:50

本页材料表

序号	编号	名称	规格	长度/m	单位	数量
1	GJ	拱架	组合件		件	58.00
			热镀锌管□70×50×3	9.500	件	58.00
			热镀锌管□70×50×3	1.900	件	58.00
			热镀锌管□70×50×3	3.200	件	58.00
2	XG	系杆	热镀锌管∅32×2	1.000	延米	227.40
3	HL	屋架	热镀锌管□100×80×3	2.900	件	4.00
4	ZL	檩条	热镀锌管□70×50×3	1.000	延米	23.10

预埋件材料表

序号	名称	规格	长度/m	数量
1	底板	−200×200×10	件	120
2	钢筋	Φ12	0.35	480

××市建筑设计研究院	审 定		校 对		工程名称	日光温室	图纸	屋顶骨架平面图、	工程编号		阶段	施工图
	审 核		设计负责人				名称	GJ骨架放样尺寸图	图 号	结施-03	日期	2023.12
	项目负责人		设 计 人		项目名称						比例	1:150

52

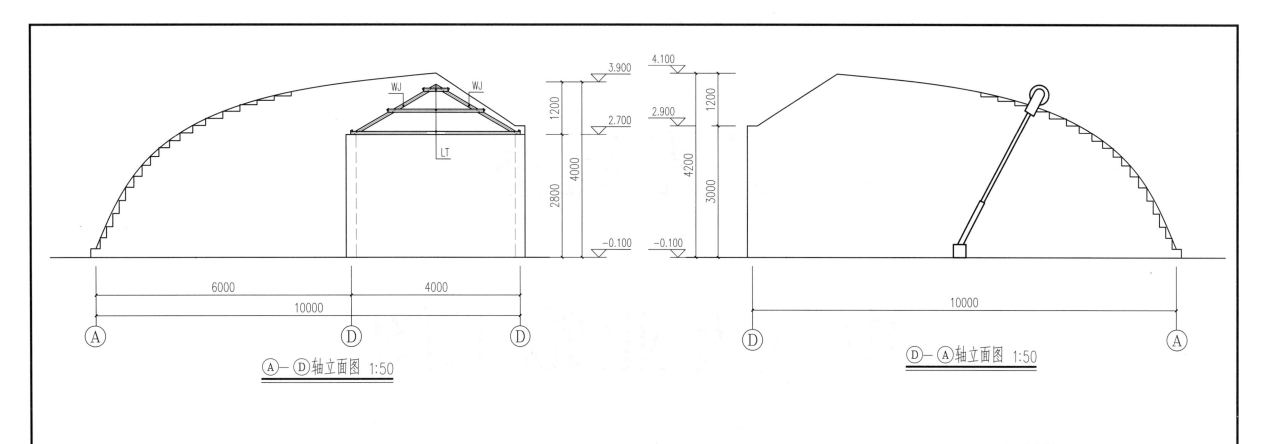

Ⓐ—Ⓓ轴立面图 1:50

Ⓓ—Ⓐ轴立面图 1:50

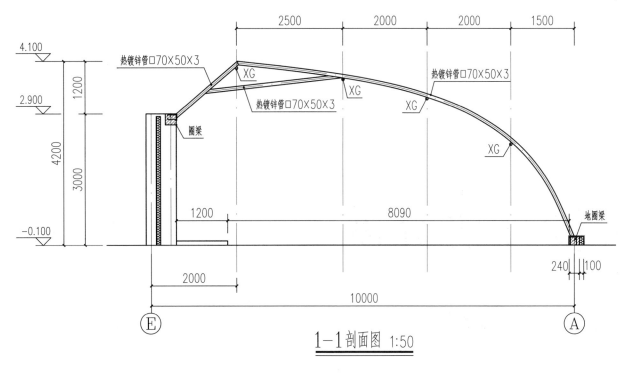

1—1剖面图 1:50

钢结构材料表

序号	编号	名称	规格	长度/m	单位	数量	单重/kg	总重/kg
1	GJ	拱架	组合件		件	58.00		
			热镀锌管□70×50×3	9.500	件	58.00	51.01	2958.32
			热镀锌管□70×50×3	1.900	件	58.00	10.20	591.66
			热镀锌管□70×50×3	3.200	件	58.00	17.18	996.49
2	XG	系杆	热镀锌管∅32×2	1.000	英米	227.40	1.48	336.55
3	WJ	屋架	热镀锌管□100×80×3	2.900	件	4.00	23.77	95.06
4	LT	檩条	热镀锌管□70×50×3	1.000	英米	23.10	5.64	130.26
5			总用钢量					5108.34
6			单位面积用钢量/(kg/m²)					8.31

注：1. 以上材料要求采用热镀锌材料；材料长度按中心线长度计算，下料加工应以实际长度为准。
2. 型钢外形符号：圆管∅、方管或矩管□、角钢∠、扁钢或板件—、槽钢 [；或代号：方管F、矩管J、圆管Y、C型钢C。

预埋件材料表

序号	名称	规格	长度/m	单重/kg	数量	总重/kg
1	底板	−200×200×10	1.00	3.14	120	376.80
2	钢筋	Φ12	0.35	0.3108	480	149.18
3		合计				525.98
4		单位面积用钢量/(kg/m²)				0.86

××市建筑设计研究院	审　定		校　对		工程名称	日光温室	图纸名称	立面图、剖面图、钢结构材料表	工程编号		阶段	施工图
	审　核		设计负责人								日期	2023.12
	项目负责人		设计人		项目名称				图　号	结施—04	比例	1:50

日光温室

电气专业施工图

××市建筑设计研究院

二〇二三年十二月

图 纸 目 录

建设单位				工程编号		
工程名称	日光温室			子 项		
序号	图号	图 纸 名 称		图 幅	版次	备 注
1	电施-01	电气设计说明		A3	1	
2	电施-02	配电平面图、AC系统图		A3	1	
3						
4						
5						
6						
7						
8						
9						
10						
11						
12						
13						
14						
15						
16						
17						
18						
19						
20						
21						
22						
23						
24						
25						
专 业	电气	项目负责人		未盖出图专用章无效		
设计阶段	施工图	专业负责人				
编制日期	2023.12	编制人				

××市建筑设计研究院	审 定		校 对		工程名称	日光温室	图纸		目 录	工程编号		阶段	施工图
	审 核		设计负责人				名称					日期	2023.12
	项目负责人		设 计		项目名称					图 号	电施-00	比例	1:150

电气设计说明

一、工程设计概况

1. 日光温室。

2. 建筑总面积为614.92m²，1层，建筑高度为4.200m，火灾危险性生产类别:蔬菜种植，对防火无要求。

二、设计依据

1. 《温室电气布线设计规范》JB/T 10296-2013。

2. 《供配电系统设计规范》GB 50052-2009。

3. 《民用建筑电气设计标准》GB 51348-2019。

4. 《建筑物防雷设计规范》GB 50057-2010。

5. 其他有关的国家及地方现行规程规范。

三、设计内容

1. 温室低压供电系统。

2. 大棚卷被系统。

四、用电负荷性质

按三级负荷设计。

五、电源情况

由园区配电室（现场确定）引来1路220/380V电源。

六、供电方式

本工程的低压系统采用TN-S接地系统;采用放射式与树干式相结合的供配电方式。

七、计量

配置DTS634型三相电子式有功能电能表用于计量三相有功电能，符合《电测量设备（交流）特殊要求 第21部分:静止式有功电能表（A级、B级、C级、D级和E级)》（GB/T 17215.321-2021）的技术要求。

八、配电及管线

1. 配电采用2路YJV₂₂-5×6mm²交联聚氯乙烯铠装绝缘电缆直接埋地引至配电箱，后再分配。

2. 室内外电缆均采用埋地铺设（铺砂铺砖保护）。

3. 室内导线强电采用聚氯乙烯绝缘导线穿线槽（管）在梁、柱明敷，导线截面详见各系统图，弱电采用金属线槽（PVC管）在梁、柱明敷。

九、照明系统

植物生产不考虑。

十、防雷、接地

1. 本工程根据计算预计雷击次数（次/a）0.0261，达不到第三类防雷。

2. 本建筑物采用总等电位联结。总等电位板由紫铜板制成，应将所有进出建筑的金属管道、电缆钢铠外皮、建筑物内各种竖向金属管等进行联结。等电位联结均采用等电位卡子，禁止在金属管道上焊接。具体做法参见国标图集《等电位联结安装》（15D502）。

3. 用电、配电、控制设备的金属外壳、金属构架等凡正常不带电而当绝缘破坏有可能呈现电压的一切电气设备金属外壳均应可靠接地。

十一、电气安全

1. 电源进线箱进温室的前端设备箱设有过电压保护的电涌保护装置。

2. 配电照明线路施工中应严格按照国家标准规定的线色选线，L1（黄），L2（绿），L3（红），N（浅蓝），不得混用。配电箱及插座的接地线（PE）应为浅绿带黄花的铜芯导线。

3. 日用插座设有漏电保护，采用防溅安全型。

十二、电气节能

1. 照明灯采用高效灯具和节能灯，如直管日光灯采用T5或T8型节能灯，配电子镇流器。

2. 照明功率密度值为5，光源显色指数Ra≥60，灯具效率参见灯具效率表。电气照明应满足《建筑照明标准》的要求（GB 50034-2013）。

3. 供配电线路在条件允许时尽量走捷径，尽可能降低线路损失。

十三、所订购的电器设备及材料应是符合IEC标准和中国国家标准的合格货品，并具有国家级检测中心检测合格的合格证书（3C认证)，供电产品和消防产品应具有入网许可证。

十四、电气设备安装参照《电气设备在压型钢板、夹芯板上安装》（06SD702-5）相关安装方法。未尽事宜，按国家施工验收规范及标准进行施工，施工过程中应与土建施工密切配合。

十五、本建筑为农业生产设施，禁止雷雨天气在棚内躲雨或操作（门口应悬挂警示牌）。

荧光灯灯具的效率表

灯具出口形式	开敞式	保护罩（玻璃或塑料）		隔栅
		透明	磨砂、棱镜	
灯具效率	75%	65%	55%	60%

一般图例说明

代号	含义	代号	含义	代号	含义
SC	穿焊接钢管敷设	FC	穿管地板内或埋地暗敷	CT	穿电缆托盘敷设
PC	穿阻燃塑料硬管暗敷	WC	穿管墙内暗敷	MR	穿金属线槽敷设
CC	顶板内暗敷	WS	沿墙（柱）面明敷	⤴	线路引上
CE	沿天棚或顶板面敷设	CLC	暗敷在柱内	⤴	由下（上）引至
SCE	沿天棚吊顶内敷设			⤵	线路引下

一般支线穿管表

穿管导线<BV2.5>根数	2	3~4
钢管(SC)直径	Ø20	Ø20
穿管导线<BV2.5>根数	2~3	3~4
PVC管（PC）管径	Ø16	Ø20
穿管终端线<TP/TV/TD>根数	1~2	3~4
PVC管管径(PC)	Ø20	Ø25

相线与PE保护线关系表

相线的截面积S/mm²	保护导体的最小截面积SP/mm²
S≤16	S
16<S≤35	16
35<S≤400	S/2

	审 定		校 对		工程名称	日光温室	图纸		电气设计说明	工程编号		阶段	施工图
××市建筑设计研究院	审 核		设计负责人				名称					日期	2023.12
	项目负责人		设计人		项目名称					图 号	电施-01	比例	1:150

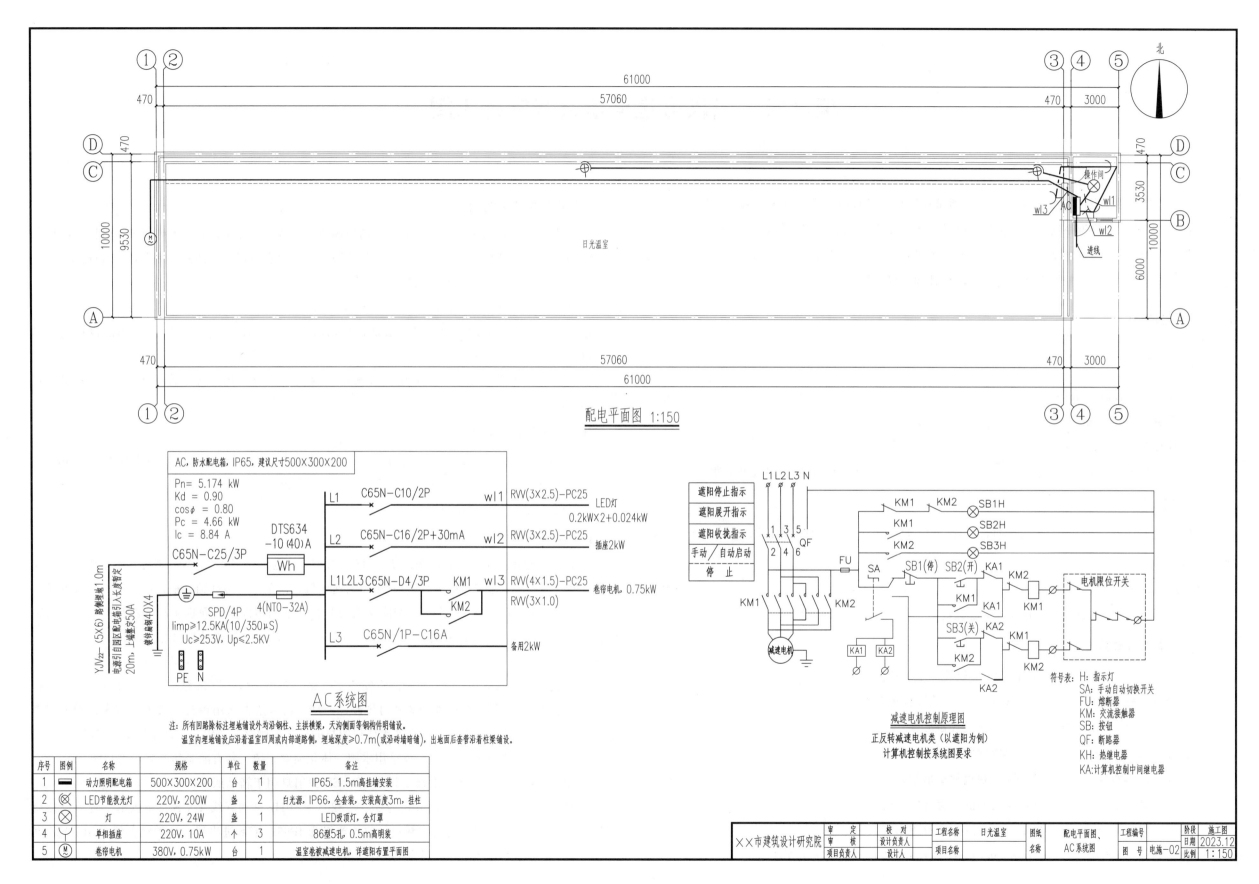

配电平面图 1:150

AC系统图

AC，防水配电箱，IP65，建议尺寸500×300×200

Pn= 5.174 kW
Kd = 0.90
cosφ = 0.80
Pc = 4.66 kW
Ic = 8.84 A

C65N-C25/3P

DTS634-10(40)A
Wh

L1   C65N-C10/2P   wl1   RV(3X2.5)-PC25   LED灯 0.2kWX2+0.024kW

L2   C65N-C16/2P+30mA   wl2   RV(3X2.5)-PC25   插座2kW

L1L2L3 C65N-D4/3P   KM1   wl3   RV(4X1.5)-PC25   卷帘电机 0.75kW
                     KM2   RV(3X1.0)

L3   C65N/1P-C16A   备用2kW

SPD/4P
Iimp≥12.5KA(10/350μS)
Uc≥253V，Up≤2.5KV

4(NTO-32A)

PE N

YJV22-(5X6) 防侧型埋深1.0m
电源引自园区配电箱引入长度暂定
20m，上端定定50A
袋钢镀锌40X4

注：所有回路除标注埋地铺设外均沿柱、主拱横梁，天沟侧面等钢构件明设。
温室内埋地铺设应沿着温室四周或内部道路侧，埋地深度≥0.7m(或沿砖墙暗埋)，出地面后套管沿着柱梁铺设。

减速电机控制原理图
正反转减速电机类(以遮阳为例)
计算机控制按系统图要求

L1 L2 L3 N

遮阳停止指示
遮阳展开指示
遮阳收拢指示
手动/自动启动
停 止

KM1   KM2   SB1H
KM1   SB2H
KM2   SB3H

QF
FU
SA   SB1(停) SB2(开) KA1   KM2   电机限位开关

KM1   KM2

减速电机

KA1 KA2

SB3(关) KA2   KM1
              KM2

KA2

符号表：H: 指示灯
SA: 手动自动切换开关
FU: 熔断器
KM: 交流接触器
SB: 按钮
QF: 断路器
KH: 热继电器
KA:计算机控制中间继电器

序号	图例	名称	规格	单位	数量	备注
1	▬	动力照明配电箱	500×300×200	台	1	IP65，1.5m高挂墙安装
2	⊗	LED节能投光灯	220V，200W	盏	2	白光源，IP66，全套装，安装高度3m，挂柱
3	⊗	灯	220V，24W	盏	1	LED吸顶灯，含灯罩
4	⊻	单相插座	220V，10A	个	3	86型5孔，0.5m高明装
5	Ⓜ	卷帘电机	380V，0.75kW	台	1	温室卷被减速电机，详遮阳布置平面图

××市建筑设计研究院	审 定		校 对		工程名称	日光温室	图纸	配电平面图、	工程编号		阶段	施工图
	审 核		设计负责人				名称	AC系统图	日期	2023.12		
	项目负责人		设计人		项目名称				图 号	电施-02	比例	1:150

57

项目四、圆拱形连栋塑料温室施工图

圆拱形连栋塑料温室的主要特点是屋顶为圆拱形结构，设置电动卷膜开窗。温室设置外遮阳、内遮阳系统；风机湿帘降温系统；活动苗床；喷灌等。温室跨度大，空间较好，适合育苗、花卉等作物生产。项目设计按照热带地区沿海的气候特点及荷载（三亚）条件进行设计，仅供参考。其他地区应根据当地的实际情况和荷载条件进行功能设计和结构计算。

4.1 工程概况

(1) 性能参数

① 抗风载荷　$1.3kN/m^2$；

② 抗雪载荷　$0kN/m^2$；

③ 吊挂载荷　$0.15kN/m^2$；

④ 地震　根据《农业温室结构设计标准》GB/T 51424—2022规定，塑料温室可不考虑。

(2) 几何参数

跨度方向长 8m×7=56m，开间方向长：4m×10间=40m，单座面积为：$2240m^2$。肩高3m，顶高4.8m，外遮阳高5.3m。

(3) 温室结构

屋顶采用圆拱结构，骨架采用热镀锌低碳钢材。

(4) 温室结构参数

① 主立柱　采用120mm×60mm×3mm热镀锌矩形管。

② 山墙抗风柱　采用120mm×60mm×3mm热镀锌矩形管。

③ 拱杆　采用50mm×50mm×2mm热镀锌矩形管。

④ 腹杆　采用 ϕ32mm×1.6mm热镀锌圆管。

⑤ 横梁　采用60mm×60mm×2mm热镀锌矩形管。

⑥ 山墙围梁　采用60mm×60mm×2mm热镀锌矩形管。

⑦ 柱间支撑　采用50mm×50mm×2mm热镀锌矩形管。

⑧ 温室基础　采用规格为900mm×900mm×900mm的C30混凝土独立基础。

(5) 温室的覆盖材料

① 顶部　温室顶部采用厚度0.15mm的薄膜覆盖，含卷膜开窗，开窗内侧设置40目防虫网。

② 四周　温室四周采用厚度0.15mm的薄膜覆盖，含卷膜开窗，开窗内侧设置40目防虫网。

③ 卡槽　采用1.0mm厚的热镀锌大卡槽。

④ 卡簧　采用 Φ2mm碳素钢丝，镀塑层厚度0.08~0.10mm。

⑤ 门　温室南北墙面中部各设一扇推拉移动门，规格约为2.2m×2.2m。选用热镀锌钢管框架，覆盖薄膜。

⑥ 屋面排水方式　屋面天沟有组织排水排至两侧地面排水沟，落水管采用PVC塑料管，直径 Φ110mm。

(6) 温室的通风系统

① 顶部通风　温室屋顶两侧设电动式卷膜窗，能自由停留在任意高度，卷膜开窗宽度1.8m。

② 侧墙通风　温室四周墙面设电动式卷膜窗，能自由停留在任意高度，卷膜开窗宽度2.2m。

凡开窗处均设置40目防虫网。

(7) 温室配套设施

① 内、外遮阳系统（齿轮齿条传动）　行程3.88m，电机功率0.75kW。系统基本组成包括：外遮阳骨架（内遮阳采用温室框架）、控制箱及减速电机、齿条副、传动轴、推拉杆、幕线与幕布等。

② 风机-湿帘降温系统　风机-湿帘降温系统是利用水的蒸发降温原理实现降温目的。湿帘安装在温室的北端，风机安装在温室南端。湿帘厚0.15m，高1.8m。风机外形尺寸1380mm×1380mm×400mm，排风量44500m^3/h。

③ 移动苗床　温室共7跨，每跨温室安装4条宽1.75m、高0.75m移动苗床。苗床支架及支脚采用焊接连接。苗床网片及构件全部采用热镀锌处理。苗床边框采用铝合金边框。苗床柱脚采用膨胀螺栓与内部道路连接，苗床所用铁件无任何明显的锐角毛刺存在，钢材全部采用Q235B钢材。

④ 喷灌系统　温室内的育苗灌溉采用水肥一体化喷灌系统，具有灌溉和施肥双重功能。

⑤ 温室内照明　温室走道上设2只200WLED投射灯用于辅助照明。

⑥ 供配电及接地　温室供电方式为380V/220V、50Hz三相五线 TN-S 系统供电。进户设接地装置。控制柜采用温室专用电气控制柜，防护等级为IP65，下部进出线。动力设备线采用RVV聚氯乙烯绝缘护套铜芯软线沿柱、梁穿 PC 管明敷设。

4.2　建筑专业施工图

详见图纸设计部分（本书 62～69 页）。图中标高单位为 m，其他单位均为 mm。

4.3　结构专业施工图

详见图纸设计部分（本书 72～82 页）。图中标高单位为 m，其他单位均为 mm。

4.4　给排水专业施工图

详见图纸设计部分（本书 85～88 页）。图中标高单位为 m，其他单位均为 mm。

4.5　电气专业施工图

详见图纸设计部分（本书 92～95 页）。图中标高单位为 m，其他单位均为 mm。

圆拱形连栋塑料温室

建筑专业施工图

××市建筑设计研究院

二〇二三年十二月

图 纸 目 录

建设单位				工程编号		
工程名称		圆拱形连栋塑料温室		子 项		
序号	图 号	图 纸 名 称		图 幅	版次	备 注
1	建施-01	建筑设计说明、室内外做法表、门窗表		A3	1	
2	建施-02	平面图		A3	1	
3	建施-03	屋顶平面图		A3	1	
4	建施-04	内保温(遮阳)平面图		A3	1	
5	建施-05	外遮阳平面图		A3	1	
6	建施-06	立面图		A3	1	
7	建施-07	剖面图		A3	1	
8	建施-08	苗床平面图		A3	1	
9						
10						
11						
12						
13						
14						
15						
16						
17						
18						
19						
20						
21						
22						
23						
24						
25						

专 业	建 筑	项目负责人		未盖出图专用章无效
设计阶段	施工图	专业负责人		
编制日期	2023.12	编 制 人		

××市建筑设计研究院	审 定		校 对		工程名称	圆拱顶连栋塑料温室	图纸 名称	目录	工程编号		阶段	施工图
	审 核		设计负责人								日期	2023.12
	项目负责人		设计人		项目名称				图 号	建施-00	比例	1:150

建筑设计说明

1 设计依据
1.1 甲方提出的设计要求。
1.2 经甲方认可的建筑单体的设计方案。
1.3 《连栋温室结构》JB/T 10288-2001。
1.4 《温室防虫网设计安装规范》GB/T 19791-2005。
1.5 《温室覆盖材料安装与验收规范 塑料薄膜》NY/T 1966-2010。
1.6 国家现行相关的建筑规范、法规。注：该项目为农业大棚设计项目(不属于市政工程及房屋建筑工程项目,按照农业大棚设计标准规范执行)。

2 项目概况
2.1 项目名称：圆拱形连栋塑料温室。
2.2 建设地点：三亚市。
2.3 建筑功能：本工程为蔬菜种植简易大棚构筑物。
2.4 建筑规模：建筑(轴线)面积2016.00m²。
2.5 建筑类型：农业设施。
2.6 建筑层数：一层。
2.7 建筑高度：5.3m(外遮阳高度)。
2.8 结构形式：轻钢结构。
2.9 防火等级：农业设施无要求。

3 设计标高
3.1 本工程±0.000的绝对标高值参见总平面图并结合现场情况确定,室内路面与室外高差0.1m。
3.2 标高除特殊注明为结构标高外,其余均为建筑完成面标高,单位为米(m),尺寸标注以毫米(mm)为单位。

4 选用图集
4.1 国标系列图集。
4.2 选用图集不论采用全部详图或局部节点,均按图集的有关说明处理。

5 工程做法
5.1 墙体工程
5.1.1 大棚坎墙为防水布,高度详见立面标注,坎墙上方为轻钢结构。各立面覆盖0.15mm厚大棚塑料薄膜(含卷膜),通风口采用40目全新料防虫网,安装幅宽为净宽度+0.3m。 优质卡簧,镀铝锌大卡槽(厚度为1.0mm,可卡双层卡簧)固定。
5.1.2 大棚钢结构部分详见结构图纸。
5.2 屋面工程
5.2.1 本工程屋面为锯齿形屋面,覆盖0.15mm厚大棚塑料薄膜,安装幅宽为净宽度+0.3m,薄膜采用优质卡簧、镀铝锌大卡槽(厚度为1.0mm,可卡双层卡簧)固定。
5.2.2 本工程屋面采用天沟有组织排水,天沟排水坡度0.25%,双侧排水,雨水管的公称直径均为DN100,材料为白色硬质PVC塑料。
5.3 门窗工程：设有2樘自制热镀锌钢管推拉门,防虫网覆盖,洞口尺寸详见门窗表。
5.4 内装修工程：无。

6 无障碍设计
本工程为简易大棚构筑物,日常无残障人士出入,不做无障碍设计。

7 防火设计
农业设施(蔬菜种植大棚)无要求。

8 其他施工注意事项
8.1 本工程建筑图纸应与结构等专业图纸密切配合,如遇有图纸矛盾时,应及时与设计人员联系。
8.2 施工中发现与设计有关的技术问题,应及时通知设计单位洽商解决,不得擅自修改设计。
8.3 施工中应严格执行国家各项施工质量验收规范。

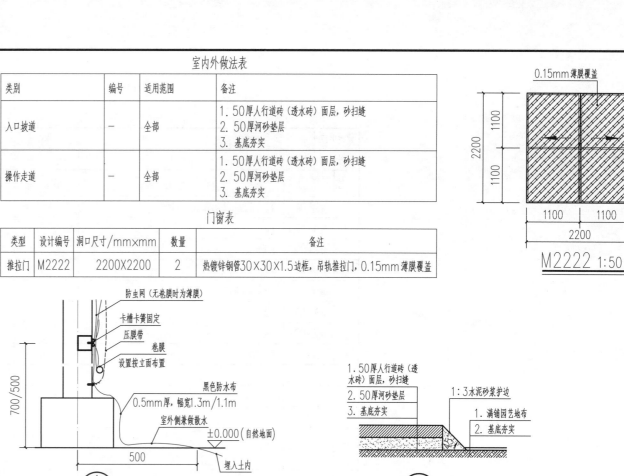

室内外做法表

类别	编号	适用范围	备注
入口坡道	—	全部	1. 50厚人行道砖(透水砖)面层,砂扫缝 2. 50厚河砂垫层 3. 基底夯实
操作走道	—	全部	1. 50厚人行道砖(透水砖)面层,砂扫缝 2. 50厚河砂垫层 3. 基底夯实

门窗表

类型	设计编号	洞口尺寸/mm×mm	数量	备注
推拉门	M2222	2200×2200	2	热镀锌钢管30×30×1.5边框,吊轨推拉门,0.15mm薄膜覆盖

M2222 1:50

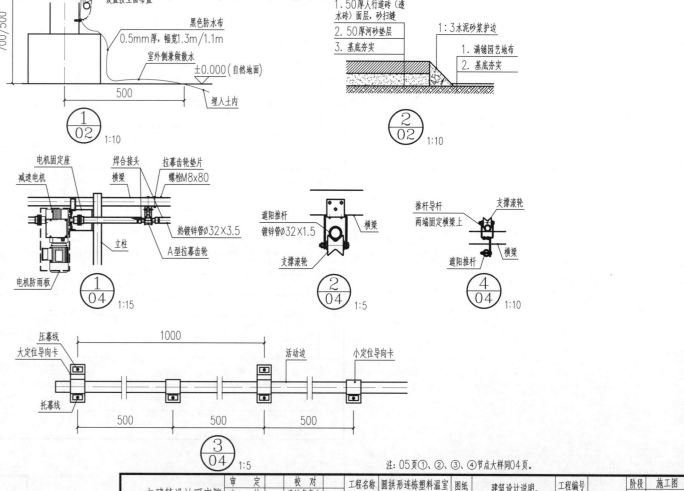

注：05页①、②、③、④节点大样同04页。

	审 定		校 对		工程名称	圆拱形连栋塑料温室	图纸		工程编号		阶段	施工图
××市建筑设计研究院	审 核		设计负责人				名称	建筑设计说明、室内外做法表、门窗表			日期	2023.12
	项目负责人		设 计 人		项目名称		图 号	建施-01			比例	1:150

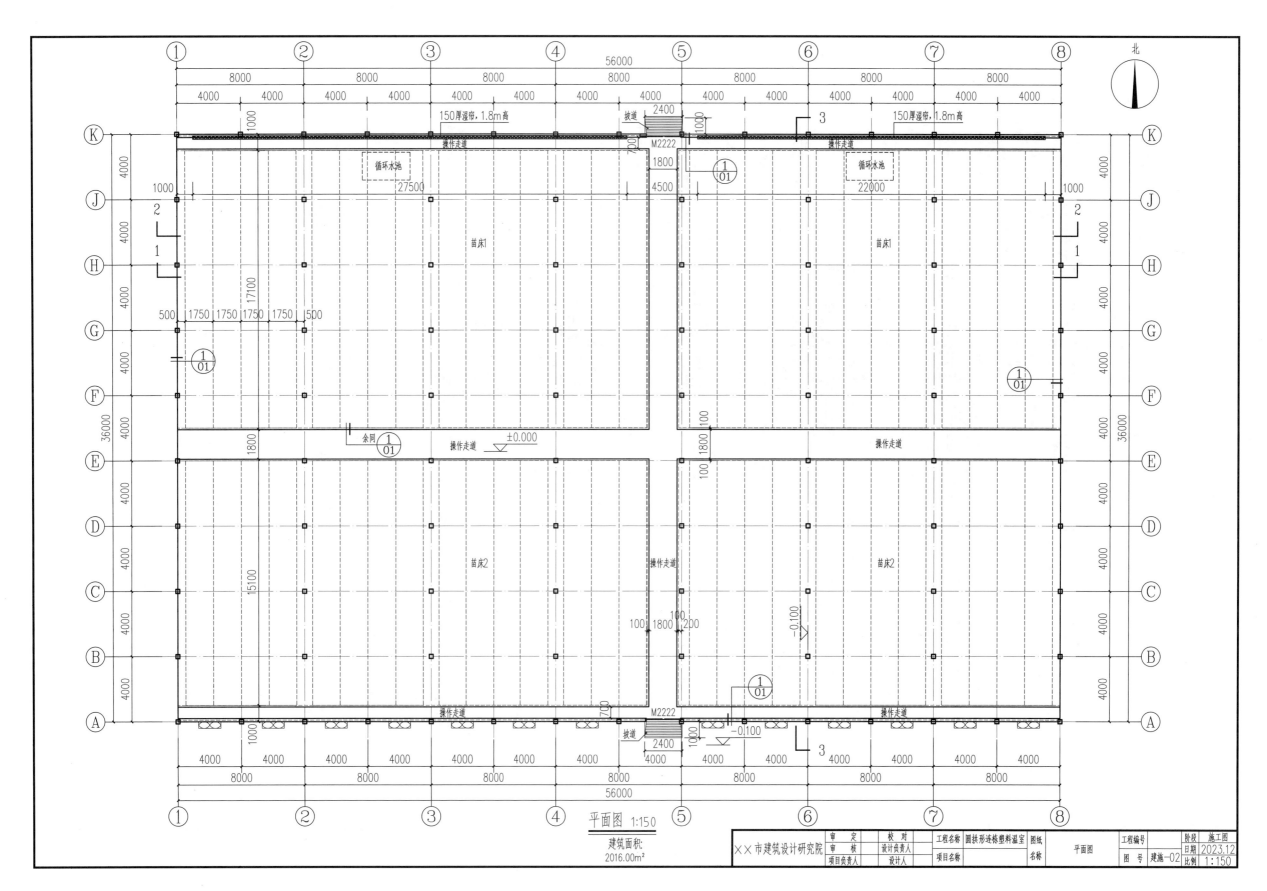

平面图 1:150

建筑面积:
2016.00m²

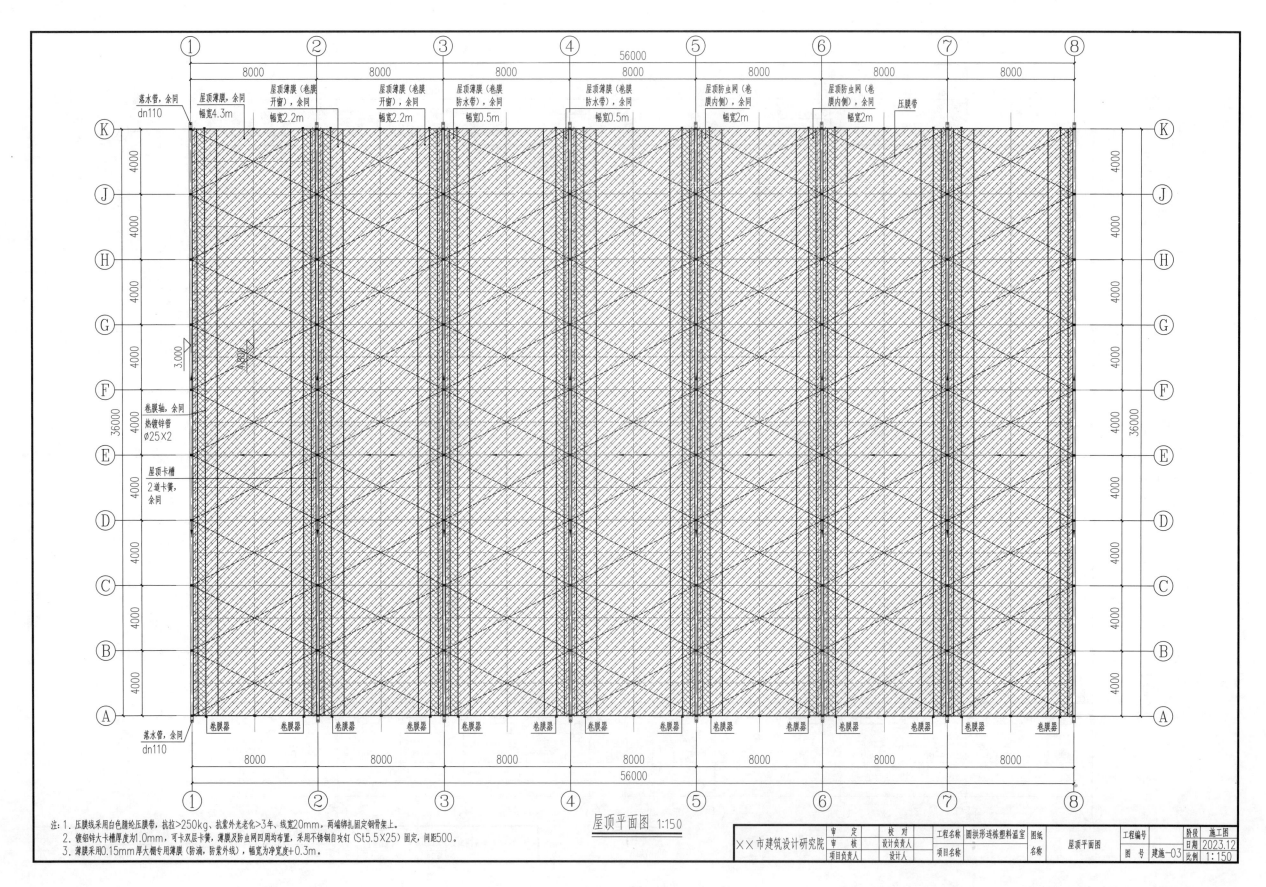

屋顶平面图 1:150

注：1. 压膜线采用白色腈纶压膜带，抗拉>250kg，抗紫外光老化>3年、线宽20mm，两端绑扎固定钢骨架上。
2. 镀铝锌大卡槽厚度为1.0mm，可卡双层卡簧，薄膜及防虫网四周均布置，采用不锈钢自攻钉（St5.5×25）固定，间距500。
3. 薄膜采用0.15mm厚大棚专用薄膜（防滴，防紫外线），幅宽为净宽度+0.3m。

╳╳市建筑设计研究院	审　定		校　对		工程名称	圆拱形连栋塑料温室	图纸		屋顶平面图	工程编号		阶段	施工图
	审　核		设计负责人							日期	2023.12
	项目负责人		设计人		项目名称		名称			图　号	建施-03	比例	1:150

64

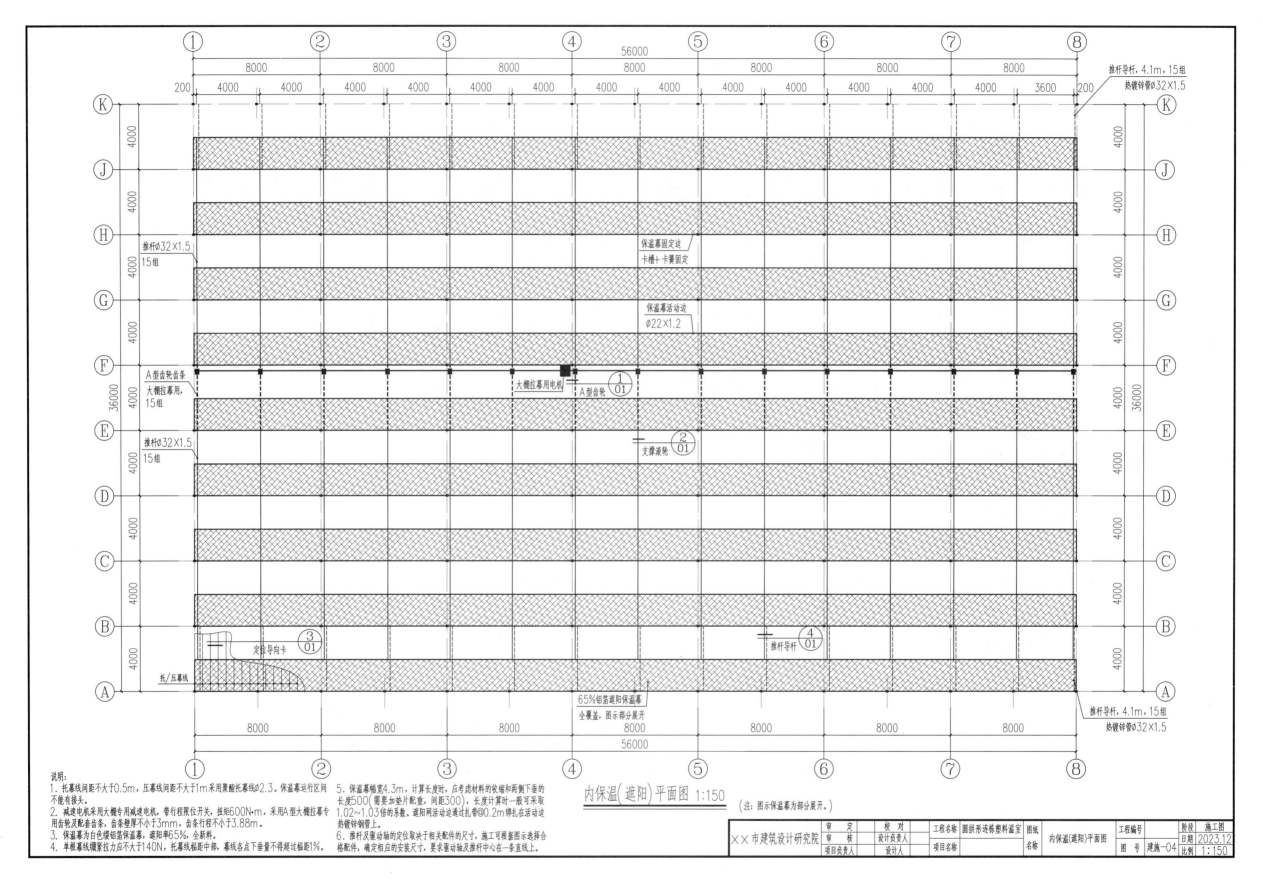

内保温（遮阳）平面图 1:150

（注：图示保温幕为部分展开。）

说明:
1. 托幕线间距不大于0.5m，压幕线间距不大于1m采用聚酯托幕线∅2.3。保温幕运行区间不能有接头。
2. 减速电机采用大棚专用减速电机，带行程限位开关，扭矩600N·m，采用A型大棚专用齿轮及配套齿条，齿条壁厚不小于3mm，齿条行程不小于3.88m。
3. 保温幕为白色缀铝箔保温幕，遮阳率65%，全新料。
4. 单根幕线缀紧拉力应不大于140N，托幕线槽距中部，幕线各点下垂量不得超过槽距1%。

5. 保温幕幅宽4.3m，计算长度时，应考虑材料的收缩和两侧下垂的长度500（需要加垫片配重，间距300），长度计算时一般可采取1.02~1.03倍的系数。遮阳网活动边通过扎带@0.2m绑扎在活动边热镀锌钢管上。
6. 推杆及驱动轴的定位取决于相关配件的尺寸，施工可根据图示选择合格配件，确定相应的安装尺寸，要求驱动轴及推杆中心在一条直线上。

××市建筑设计研究院	审 定		校 对		工程名称	圆拱形连栋塑料温室	图纸		内保温(遮阳)平面图	工程编号		阶段	施工图
	审 核		设计负责人				名称					日期	2023.12
	项目负责人		设计人		项目名称			图 号	建施-04			比例	1:150

65

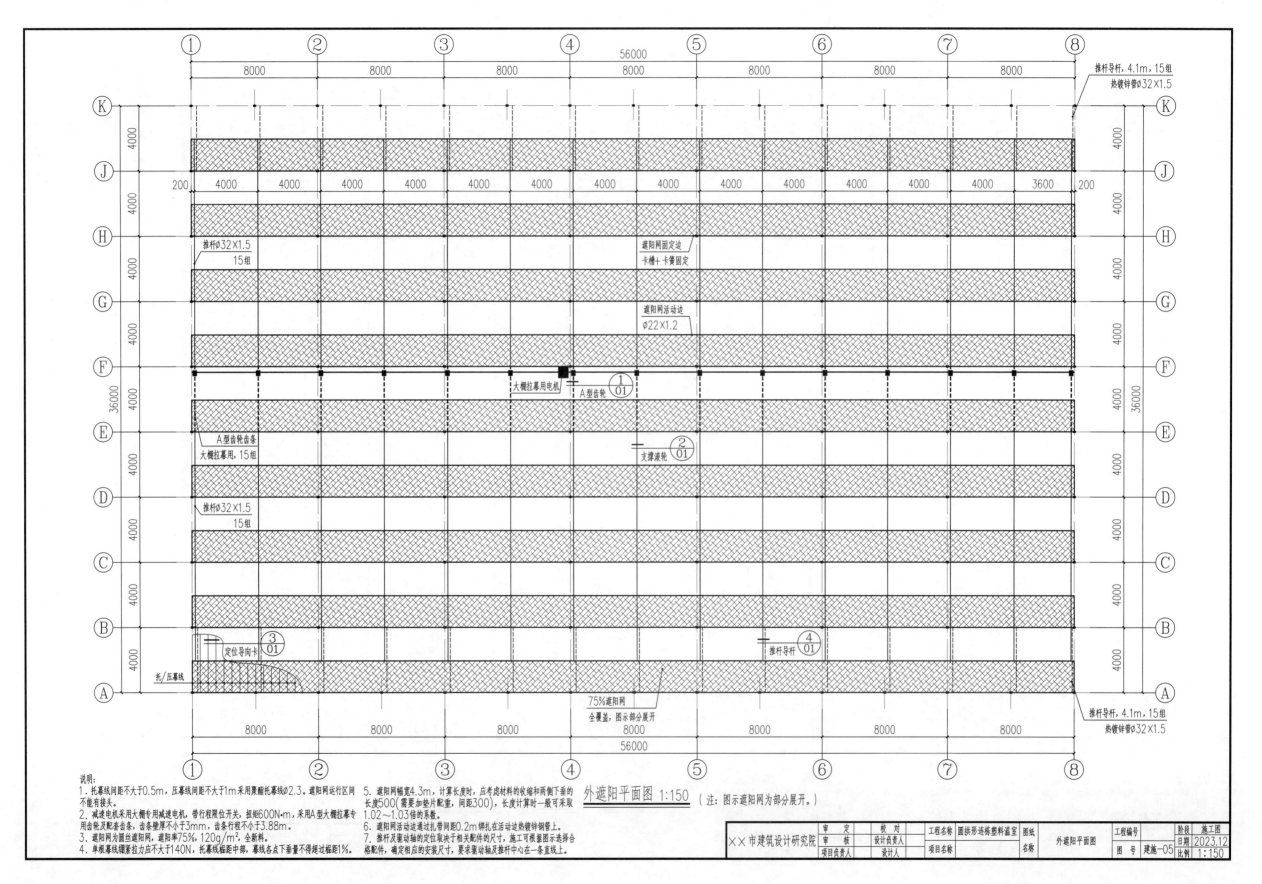

外遮阳平面图 1:150 （注：图示遮阳网为部分展开。）

说明：
1. 托幕线间距不大于0.5m，压幕线间距不大于1m采用聚酯托幕线∅2.3。遮阳网运行区间不能有接头。
2. 减速电机采用大棚专用减速电机，带行程限位开关，扭矩600N·m，采用A型大棚拉幕专用齿轮及配套齿条，齿条壁厚不小于3mm，齿条行程不小于3.88m。
3. 遮阳网为圆丝遮阳网，遮阳率75%，120g/m²，全新料。
4. 单根幕线绷紧拉力应不大于140N，托幕线幕距中部，幕线各点下垂量不得超过幅距1%。
5. 遮阳网幅宽4.3m，计算长度时，应考虑材料的收缩和两侧下垂的长度500（需要加垫片配重，间距300），长度计算时一般可采取1.02~1.03倍的系数。
6. 遮阳网活动边通过扎带间距0.2m绑扎在活动边热镀锌钢管上。
7. 推杆及驱动轴的定位取决于相关配件的尺寸，施工可根据图示选择合格配件，确定相应的安装尺寸，要求驱动轴及推杆中心在一条直线上。

××市建筑设计研究院	审　定		校　对		工程名称	圆拱形连栋塑料温室	图纸		工程编号		阶段	施工图
	审　核		设计负责人		项目名称		名称	外遮阳平面图			日期	2023.12
	项目负责人		设计人				图　号	建施-05			比例	1:150

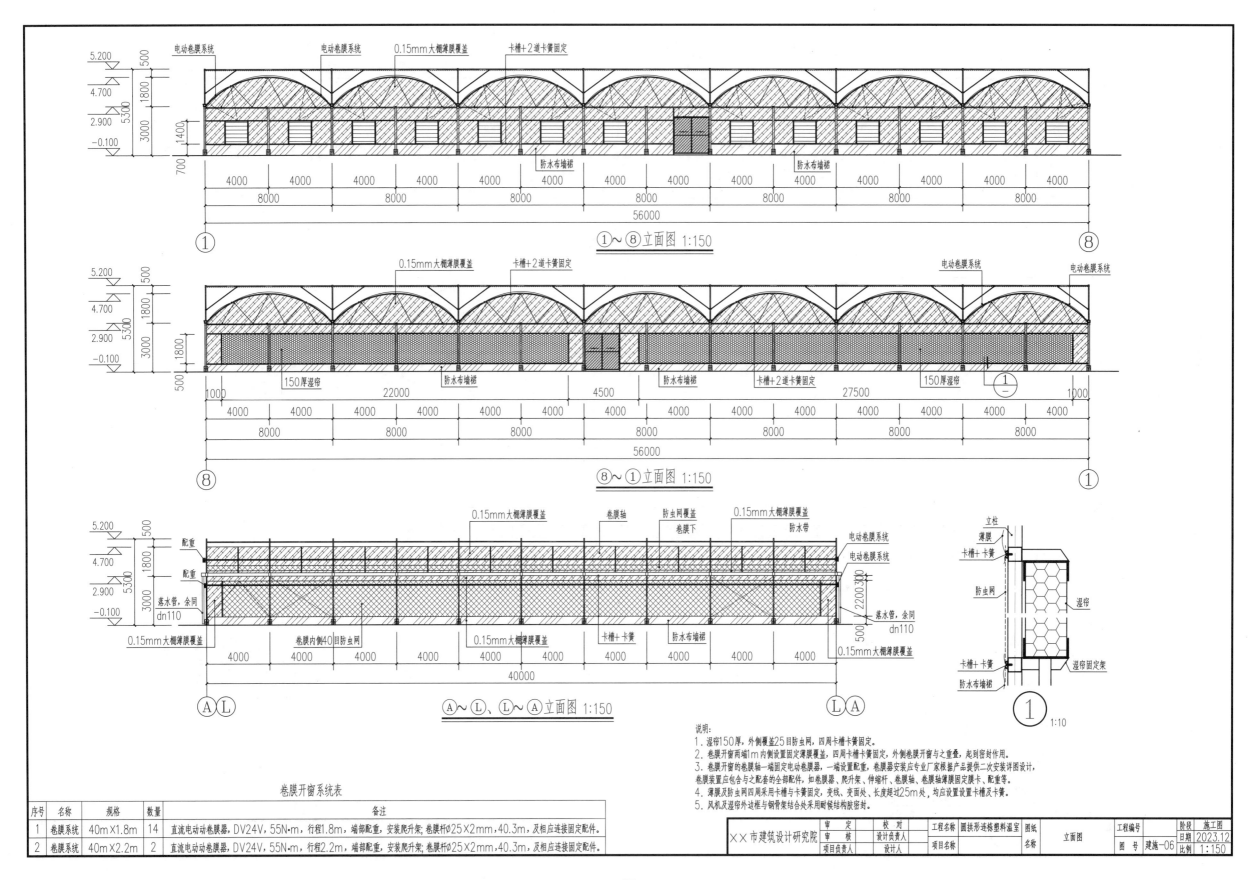

①~⑧立面图 1:150

⑧~①立面图 1:150

Ⓐ~Ⓛ、Ⓛ~Ⓐ立面图 1:150

1 1:10

说明：
1. 湿帘150厚，外侧覆盖设置25目防虫网，四周卡槽卡簧固定。
2. 卷膜开窗两端1m内侧固定薄膜覆盖，四周卡槽卡簧固定，外侧卷膜开窗与之重叠，起到密封作用。
3. 卷膜开窗的卷膜轴一端固定电动卷膜器，一端设置配重，卷膜器安装应由专业厂家根据产品提供二次安装详图设计，卷膜装置应包含与之配套的全部配件，如卷膜器、爬升架、伸缩杆、卷膜轴、卷膜轴薄膜固定膜卡、配重等。
4. 薄膜及防虫网四周采用卡槽与卡簧固定，变线、变面处、长度超过25m处，均应设置卡槽及卡簧。
5. 风机及防虫网外边框与钢骨架结合处采用耐候结构胶密封。

卷膜开窗系统表

序号	名称	规格	数量	备注
1	卷膜系统	40m×1.8m	14	直流电动卷膜器，DV24V，55N·m，行程1.8m，端部配重，安装爬升架；卷膜杆Φ25×2mm，40.3m，及相应连接固定配件。
2	卷膜系统	40m×2.2m	2	直流电动卷膜器，DV24V，55N·m，行程2.2m，端部配重，安装爬升架；卷膜杆Φ25×2mm，40.3m，及相应连接固定配件。

××市建筑设计研究院	审 定		校 对		工程名称	圆拱形连栋塑料温室	图纸		立面图	工程编号		阶段	施工图
	审 核		设计负责人									日期	2023.12
	项目负责人		设计人		项目名称		名称			图 号	建施-06	比例	1:150

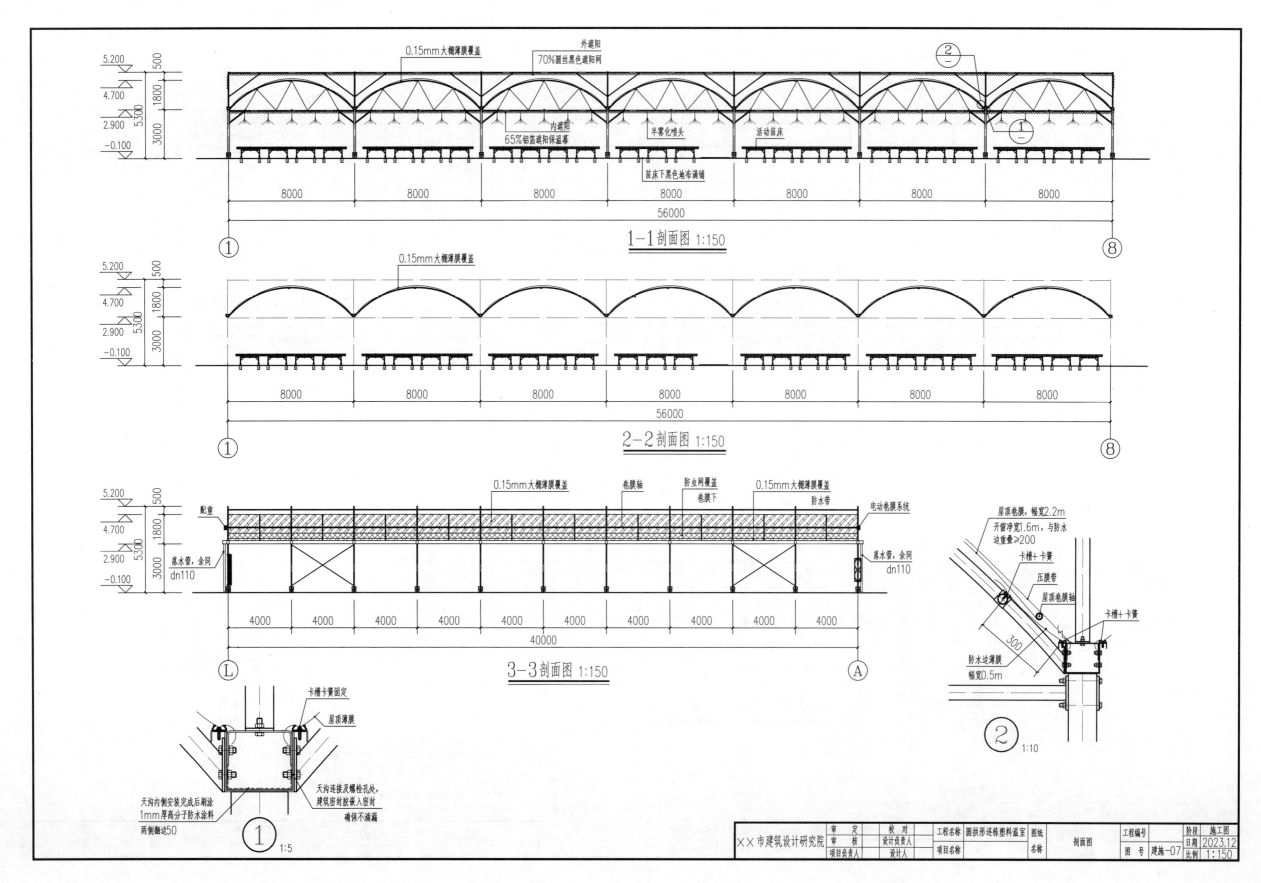

0.15mm大棚薄膜覆盖
外遮阳
70%圆丝黑色遮阳网

内遮阳
65%铝箔遮阳保温幕
半雾化喷头
活动苗床

苗床下黑色地布满铺

5.200
4.700
2.900
-0.100

500
1800
3000
5300

8000　8000　8000　8000　8000　8000　8000
56000

1-1 剖面图 1:150

① ⑧

0.15mm大棚薄膜覆盖

5.200
4.700
2.900
-0.100

500
1800
3000
5300

8000　8000　8000　8000　8000　8000　8000
56000

2-2 剖面图 1:150

① ⑧

0.15mm大棚薄膜覆盖
卷膜轴
防虫网覆盖
卷膜下
0.15mm大棚薄膜覆盖
防水带
电动卷膜系统

配重

落水管，余同
dn110

落水管，余同
dn110

5.200
4.700
2.900
-0.100

500
1800
3000
5300

4000　4000　4000　4000　4000　4000　4000　4000　4000　4000
40000

3-3 剖面图 1:150

Ⓛ Ⓐ

屋顶卷膜，幅宽2.2m
开窗净宽1.6m，与防水
边重叠≥200

卡槽＋卡簧
压膜带
屋顶卷膜轴

卡槽＋卡簧

防水边薄膜
幅宽0.5m

300

②
1:10

卡槽卡簧固定
屋顶薄膜

天沟内侧安装完成后刷涂
1mm厚高分子防水涂料

天沟连接及螺栓孔处，
建筑密封胶嵌入密封
确保不滴漏

两侧翻边50

①
1:5

××市建筑设计研究院
审　定
校　对
工程名称　圆拱形连栋塑料温室
图纸
名称　剖面图
工程编号
阶段　施工图
日期　2023.12
审　核
设计负责人
图　号　建施-07
比例　1:150
项目负责人
设计人
项目名称

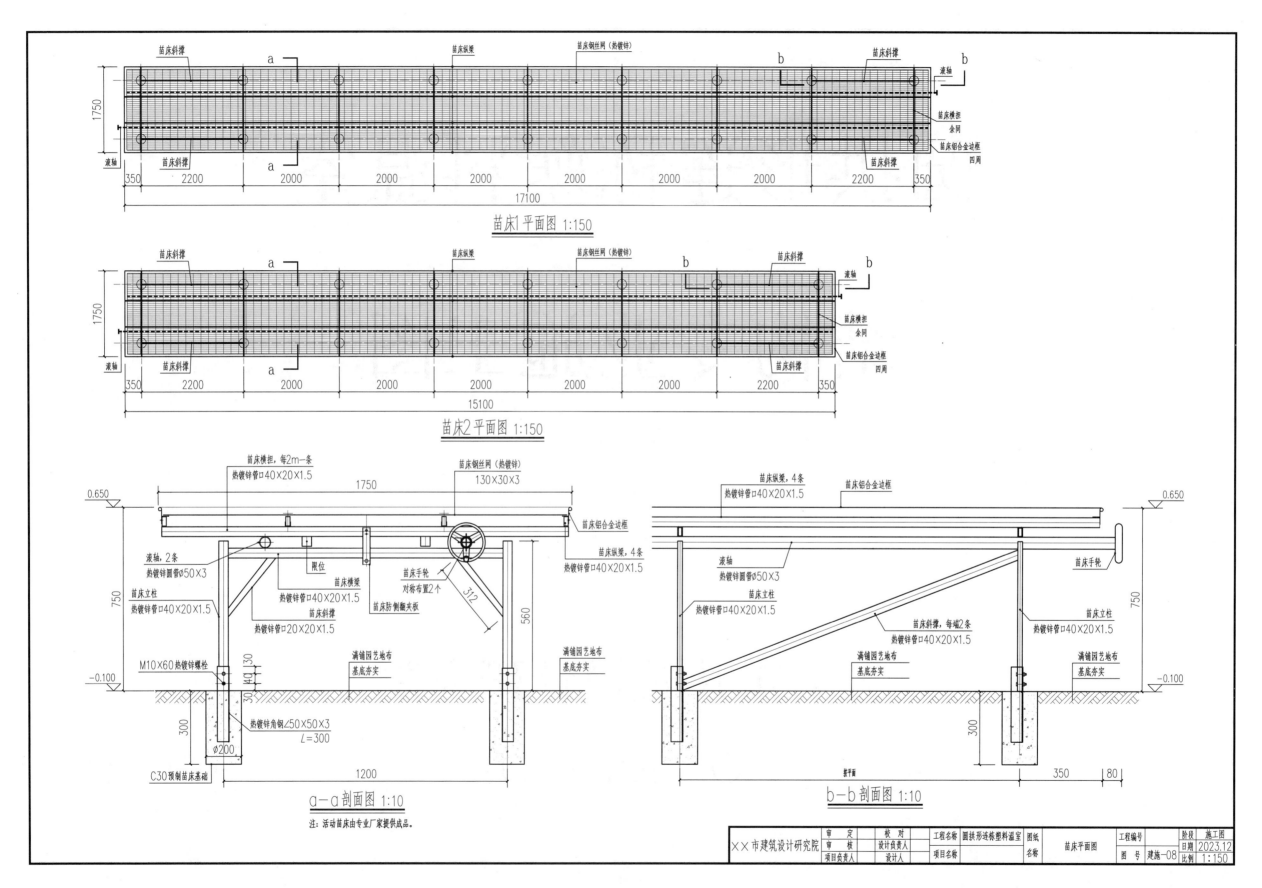

苗床1平面图 1:150

苗床2平面图 1:150

a—a 剖面图 1:10

注：活动苗床由专业厂家提供成品。

b—b 剖面图 1:10

╳╳市建筑设计研究院	审　定		校　对		工程名称	圆拱形连栋塑料温室	图纸名称	苗床平面图	工程编号		阶段	施工图
	审　核		设计负责人								日期	2023.12
	项目负责人		设计人		项目名称				图　号	建施—08	比例	1:150

69

圆拱形连栋塑料温室

结构专业施工图

××市建筑设计研究院

二○二三年十二月

图 纸 目 录

建设单位				工程编号		
工程名称	圆拱形连栋塑料温室			子 项		

专 业	结 构	项目负责人		未盖出图专用章无效
设计阶段	施工图	专业负责人		
编制日期	2023.12	编 制 人		

XX市建筑设计研究院 | 审 定 | 校 对 | 工程名称 圆拱形连栋塑料温室 | 图纸 | 目录 | 工程编号 | 阶段 施工图
审 核 | 设计负责人 | | 日期 2023.12
项目负责人 | 设计人 | 项目名称 | 名称 | | 图 号 结施-00 | 比例 1:150

结构设计说明

一、设计依据

1. 《农业温室结构荷载规范》GB/T 51183-2016。
2. 《种植塑料大棚工程技术规范》GB/T 51057-2015。
3. 《农业温室结构设计标准》GB/T 51424-2022。

参考以下规范：
1. 《建筑结构荷载规范》GB 50009-2012。
2. 《建筑地基基础设计规范》GB 50007-2011。
3. 《砌体结构设计规范》GB 50003-2011。
4. 《钢结构设计标准》GB 50017-2017。
5. 《冷弯薄壁型钢结构技术规范》GB 50018-2002。
6. 《门式刚架轻型房屋钢结构技术规范》GB 51022-2015。
7. 《钢结构工程施工质量验收标准》GB 50205-2020。
8. 《金属覆盖层 钢铁制件热浸镀锌层 技术要求及试验方法》GB/T 13912-2020。
9. 《混凝土结构工程施工质量验收规范》GB 50204-2015。

二、工程概况

1. 本工程采用结构体系
本工程为圆拱形连栋塑料温室，轻钢结构，位于三亚市。地上1层，顶高4.8m（外遮阳高5.3m），设计使用年限20年（主体钢结构），结构重要性系数0.9。

2. 暂未提供的岩土勘察报告，设计地基承载力特征值要求≥120kPa，施工时应复核，如有不符，应通知设计修改。

3. 设计荷载参数
(1)风荷载
按《农业温室结构荷载规范》基本风压1.3kN/m²（钢结构部分，不含覆盖），场地地面粗糙度B类，风压高度变化系数u_z=0.81，风荷载分项系数1.0。
(2)其他荷载
① 屋面恒载：0.20kN/m²，活载：0.10kN/m²；
② 雪荷载：0kN/m²；
③ 地震：根据《农业温室结构设计标准》（GB/T 51424-2022）规定，塑料温室可不考虑。

4. 结构刚度控制指标
① 变形指标：主跨挠度控制值为L/150，立柱柱顶水平位移值为H/60；
② 长细比：主要构件200，拱杆220，其他构件及支撑为250。

5. 未经技术鉴定或未经设计许可不得改变结构设计用途和使用环境。

三、计算软件
中国建筑科学研究院PKPM结构计算软件2010版。

四、材料

1. 结构用钢牌号为Q235B。Q235B钢材力学性能及碳硫磷等含量的合格保证必须满足《碳素结构钢》（GB/T 700-2006）的规定。选用钢材还应符合下列规定：
① 钢材的屈服强度实测值与抗拉强度实测值的比值不应大于0.85；
② 钢材应有明显的屈服台阶，且伸长率应大于20%；
③ 钢材应有良好的可焊性和合格的冲击韧性；
④ 镀锌钢绞线的抗拉强度为1470N/mm²。

2. 焊条
① 自动或半自动焊时，采用H08A或H08MnA焊丝，其性能应符合《熔化焊用钢丝》（GB/T 14957-1994）的规定。手工焊时，采用E4303、E5003型焊条，其性能应符合《非合金钢及细晶粒钢焊条》（GB/T 5117-2012）及《热强钢焊条》（GB/T 5118-2012）的规定。
② 焊接钢筋用焊条按下表选用

焊接形式			
	钢筋与型钢	钢筋搭接焊、绑条焊	钢筋剖口焊
HRB400级	E43	E50	E55

3. 螺栓
① 高强度螺栓应采用10.9S大六角头承压型高强度螺栓。其技术条件须符合《钢结构用高强度大六角头螺栓》（GB/T 1228-2006）、《钢结构用高强度大六角头螺母》（GB/T 1229-2006）、《钢结构用高强度垫圈》（GB/T 1230-2006）、《钢结构用高强度大六角头螺栓、大六角螺母、垫圈技术条件》（GB/T 1231-2006）的规定。
② 普通螺栓应符合现行国家标准《六角头螺栓 C级》（GB 5780-2016）。

4. 钢筋
钢筋强度标准值应具有不小于95%的保证率。钢筋进场时，应按国家现行标准的规定抽取试件作屈服强度、抗拉强度、伸长率、弯曲性能和重量偏差检验，检验结果应符合相应标准的规定。钢筋焊接应符合《钢筋焊接及验收规程》（JGJ 18-2012）的相关要求。

5. 混凝土
① 混凝土强度等级（图纸中有注明的除外）见下表。

部位	混凝土强度等级	抗渗等级	备注
基础	C30		
柱	C30		
垫层	C20		
圈梁	C30		

② 混凝土保护层 基础混凝土的保护层厚度不小于40mm，柱为30mm。

6. 砌体
① ±0.000以下墙身采用MU10水泥砖砌，M7.5水泥砂浆砌筑。±0.000以上墙身采用MU7.5水泥砖砌，M5水泥砂浆砌筑。
② 砌体施工质量应达到B级，符合《砌体结构工程施工质量验收规范》（GB 50203-2011）的规定。

五、钢材制作

1. 本图中的钢结构构件必须在有资质的、具有专门机械设备的建筑金属加工厂加工制作。
2. 钢结构构件应严格按照国家《钢结构工程施工质量验收标准》（GB 50205-2020）进行制作。
3. 除地脚栓或图面有注明者外，钢结构构件上螺栓钻孔直径均比螺栓直径大1.5~2.0mm。

六、焊接

① 焊接时应选择合理的焊接工艺及焊接顺序，以减小钢结构中产生的焊接应力和焊接变形；
② 组合H型钢因焊接产生的变形应以机械或火焰矫正调直，具体做法应符合GB50205的相关规定；
③ 构件角焊缝厚度范围详见"焊接详图"；
④ 图中未注明的角焊缝焊脚尺寸按焊角尺寸选用。

七、钢结构的运输、检验、堆放

① 在运输及吊装过程中应采取措施防止构件变形和损坏。
② 结构安装前应对构件进行全面检查：如构件的数量、长度、垂直度，安装接头处螺栓孔之间的尺寸是否符合设计要求等。
③ 构件堆放场地应事先平整夯实，并做好四周排水。
④ 构件堆放时，应先放置枕木垫平，不宜直接将构件放置于地面上。

八、钢结构安装

① 柱脚及基础锚栓 应在混凝土柱上用墨线及经纬仪将各中心线弹出，用水准仪将标高引测到锚栓上。基础底板及锚栓尺寸经复验符合《钢结构工程施工质量验收标准》（GB 50205-2020）要求且基础混凝土强度等级达到设计强度等级的70%后方可进行钢结构安装。钢底板用调整螺母进行水平度的调整。待结构形成空间单元且经检测、校核几何尺寸无误后，柱脚采用C30微膨胀自流性细石混凝土浇筑柱底空隙，可采用压力灌浆，应确保密实。
② 结构安装 应先安装靠近山墙的有柱间支撑的两榀钢架，而后安装其他钢架。头两榀钢架安装完毕后，再调整两榀钢架间的水平系杆、柱间支撑及屋面水平支撑的垂直度及水平度，待调整正确后方可锁定支撑，而后安装其他钢架。

③ 钢柱吊装 钢柱吊至基础短柱顶面后，采用经纬仪校正。结构吊（安）装时应采取有效措施确保结构的稳定，并防止产生过大变形。结构安装完成后，应详细检查运输、安装过程中涂层的擦伤，并补刷油漆。对所有的连接螺栓应逐一检查，以防漏防或松动。不得在构件上加焊非设计要求的其他构件。
④ 钢架在施工中应及时安装支撑，在安装和房屋使用过程中如遇台风，必要时增设临时拉杆和缆风绳进行充分固定。

九、钢结构涂装

① 本工程的所有构件均采用热镀锌防锈处理，应符合《金属覆盖层 钢铁制件热浸镀锌层 技术要求及试验方法》（GB/T 13912-2020）的相关要求。镀锌前后，构件上不得有裂缝、夹层、烧伤及其他影响强度的缺陷。镀锌后的增重应达到6%~13%，镀层平均厚度一般不小于55μm（材料壁厚大于3mm应不小于70μm、大于6mm时应不小于85μm、小于1.5mm时，应不小于45μm）。外壁表面不得漏镀。外表面应光洁，每米长度内只允许出现一处长度不超过100mm非包容面局部粗糙表面，最大突起高度不得大于2mm，并不得影响安装。
② 局部焊接部位，应对焊接处构件表面进行打磨、除锈和涂装。除锈等级不低于Sa2或St2，涂装应采用氟碳漆，涂装遍数不少于二底二面，且涂层厚度及涂装施工环境应满足现行《钢结构工程施工质量验收标准》（GB 50205-2020）中的要求。

十、钢结构维护
钢结构使用过程中，应根据使用情况（如涂料材料使用年限、结构使用环境条件等），定期对结构进行必要维护（如对钢结构重新进行涂装，更换损坏构件等），以确保使用过程中的结构安全。

十一、其他

① 本工程施工时，应与相关设备、建筑等其他专业密切配合，以免返工，在钢结构连接凸出部、有毛刺等有可能影响薄膜安装的部位缠旧膜予以保护，薄膜安装质量按照《大棚覆盖材料安装与验收规范 塑料薄膜》（NY/T 1996）执行。
② 雨季施工时应采取防锈的施工技术措施。
③ 施工中发现与设计有关的技术问题，应及时通知设计单位洽商解决，不得擅自修改设计。
④ 材料表中为理论数量，实际加工量应适当增加余量。
⑤ 未尽事宜应按照现行施工及验收规范、规程的有关规定进行施工。

角焊缝的最小焊角尺寸h_f		
较厚焊件厚度/mm	手工焊接h_f/mm	埋弧焊接h_f/mm
<4	4	3
5~7	4	3
8~11	5	4
12~16	6	5
17~21	7	6
22~26	8	7
27~36	9	8

角焊缝的最大焊角尺寸h_f	
较薄焊件的厚度/mm	最大焊角尺寸h_f/mm
4	5
5	6
6	7
8	10
10	12
12	14
14	17

XX市建筑设计研究院 审定 校对 工程名称 圆拱形连栋塑料温室 图纸名称 结构设计说明 工程编号 阶段 施工图
审核 设计负责人 日期 2023.12
项目负责人 设计人 项目名称 图号 结施-01 比例 1:150

钢结构主要材料表

序号	名称	编号	规格	长度/m	单位	数量	单重/kg	合重/kg
一、立柱								
1	主立柱	Z1	□120×60×3	2.800	件	80.00	22.946	1835.68
2	山墙抗风柱	Z2	□120×60×3	2.690	件	14.00	22.045	308.62
3	门柱	MZ	□50×50×2	3.400	件	2.00	10.234	20.47
4	抗风柱连接板		−280×60×3/−150×60×3		件	14.00	0.608	8.51
5	小计							2173.28
二、天沟								
1	中天沟	TG	−490×2.0	4.000	件	72.00	30.772	2215.58
2	边天沟	DTG	−490×2.0	0.400	件	16.00	3.077	49.24
3	天沟连接板		−380×3.0	0.140	件	80.00	1.253	100.23
4	小计							2365.05
三、各种横梁、杆								
1	山墙围梁	DWL	□60×60×2	1.000	延米	215.20	3.642	783.76
2	风机立柱	FJ	□60×60×2	1.400	件	26.00	5.099	132.57
3	湿帘立柱	SL	□60×60×2	1.800	件	4.00	6.556	26.22
4	门梁	MHL	□60×60×2	2.200	件	2.00	8.012	16.02
5	侧墙围梁	CWL	□60×60×2	4.000	件	36.00	14.568	524.45
6	侧墙竖撑	CSC	□50×50×2	2.200	件	4.00	6.631	26.52
7	风机湿帘固定角钢		∠50×50×5	1.000	延米	24.08	3.925	94.51
8	小计							1604.06
四、骨架斜撑部分								
1	柱间支撑	ZJZC	□50×50×2	4.650	件	32.00	14.015	448.48
2	屋面支撑	WMZC	∅32×1.6	5.800	件	28.00	6.960	194.88
3	小计							643.36
五、屋面构件部分								
1	主屋架	ZG	组合件详见大样			70.00		
	拱杆		□50×50×2	8.850	件	70.00	26.674	1867.17
	腹杆		∅32×1.6	10.680	延米	70.00	12.816	897.12
	加强撑		□60×60×2	1.200	件	112.00	4.370	489.48
	横梁		□60×60×2	8.000	件	70.00	29.136	2039.52
2	副屋拱	FG	□50×50×2	8.850	件	63.00	26.674	1680.46
3	屋脊系杆	ZXG	∅42×1.5	1.000	延米	504.00	1.498	754.99
4	屋侧系杆	XG	∅32×1.6	2.000	件	504.00	2.400	1209.60
5	拱杆端部连接板		−110×140×5		件	266.00	0.604	160.66
6	横梁/加强撑端部连接板		−140×60×10		件	252.00	0.659	166.07
7	加强撑角钢		∠50×50×5	0.100	件	112.00	0.393	43.96
8	腹杆抱箍		−320×40×2.5		件	490.00	0.251	122.99
9	系杆连接板		−180×40×2.5		件	1064.00	0.141	150.02
10	∅6U型螺栓级∅42抱箍				件	203.00	0.323	65.57
11	小计							9647.62

序号	名称	编号	规格	长度/m	单位	数量	单重/kg	合重/kg
六、外遮阳部分								
1	外遮阳立柱	WLZ	□60×60×2	2.170	件	80.00	7.903	632.25
2	外遮阳柱间斜撑	WZZC	∅32×1.6	4.300	件	32.00	5.160	165.12
3	外遮阳边横梁	WBHL	□80×60×2	8.000	件	14.00	34.160	478.24
4	外遮阳中横梁	WHL	□60×60×2	8.000	件	56.00	29.136	1631.62
5	外遮阳横梁支撑	WHLC	∅32×1.6	2.400	件	140.00	2.880	403.20
6	外遮阳纵梁	WZL	□50×50×2	4.000	件	72.00	12.040	866.88
7	外遮阳副纵梁	WFZL	∅42×1.5	1.000	延米	252.00	1.498	377.50
8	外遮阳柱连接板		−276×140×3		件	80.00	0.910	72.80
9	外遮阳立柱底板		−120×60×5		件	80.00	0.283	22.64
10	外遮阳梁连接板		−120×60×5		件	284.00	0.283	80.37
11	横梁支撑抱箍1		−320×40×2.5		件	152.00	0.251	38.15
12	横梁支撑抱箍2		−360×40×2.5		件	28.00	0.283	7.92
13	横梁支撑抱箍3		−180×40×2.5		件	120.00	0.141	16.92
14	小计							4793.61
七、汇总								
1	项目总用钢量/kg							21226.99
2	总轴线面积/m²							2016.00
3	平均用钢量/(kg/m²)							10.53
4	主体平均用钢量/(kg/m²)							8.15
5	外遮阳平均用钢量/(kg/m²)							2.38

注：1. 以上材料要求采用热镀锌材料；材料长度按中心线长度计算，下料加工应以实际长度为准。

注：2. 型钢外形符号：圆管∅、方管或矩管□、角钢∠、扁钢或板件−、槽钢［；或代号：方管F、矩管J、圆管Y、C型钢C。

锚栓预埋件材料表   注：表中材料需要全部热浸镀锌处理(钢筋锚栓除外)。

序号	名称	编号	规格	长度/m	单位	数量	单重/kg	合重/kg
1	锚栓		4−M16×1500 (Φ16)	1.5	件	94	9.468	889.992
2	箍筋		Φ8	0.55	件	564	0.217	122.529
3	底板		−200×200×12		件	94	3.768	354.192
4	加劲板		−40×150×5		件	376	0.236	88.736
5	垫板		−40×40×10		件	376	0.126	47.376
6	合计		kg					1502.825
7	锚栓预埋件平均用钢量/(kg/m²)							0.745

××市建筑设计研究院	审 定		校 对		工程名称	圆拱形连栋塑料温室	图纸	钢结构主要材料表	工程编号		阶段	施工图
	审 核		设计负责人				名称				日期	2023.12
	项目负责人		设计人		项目名称				图 号	结施−02	比例	1:150

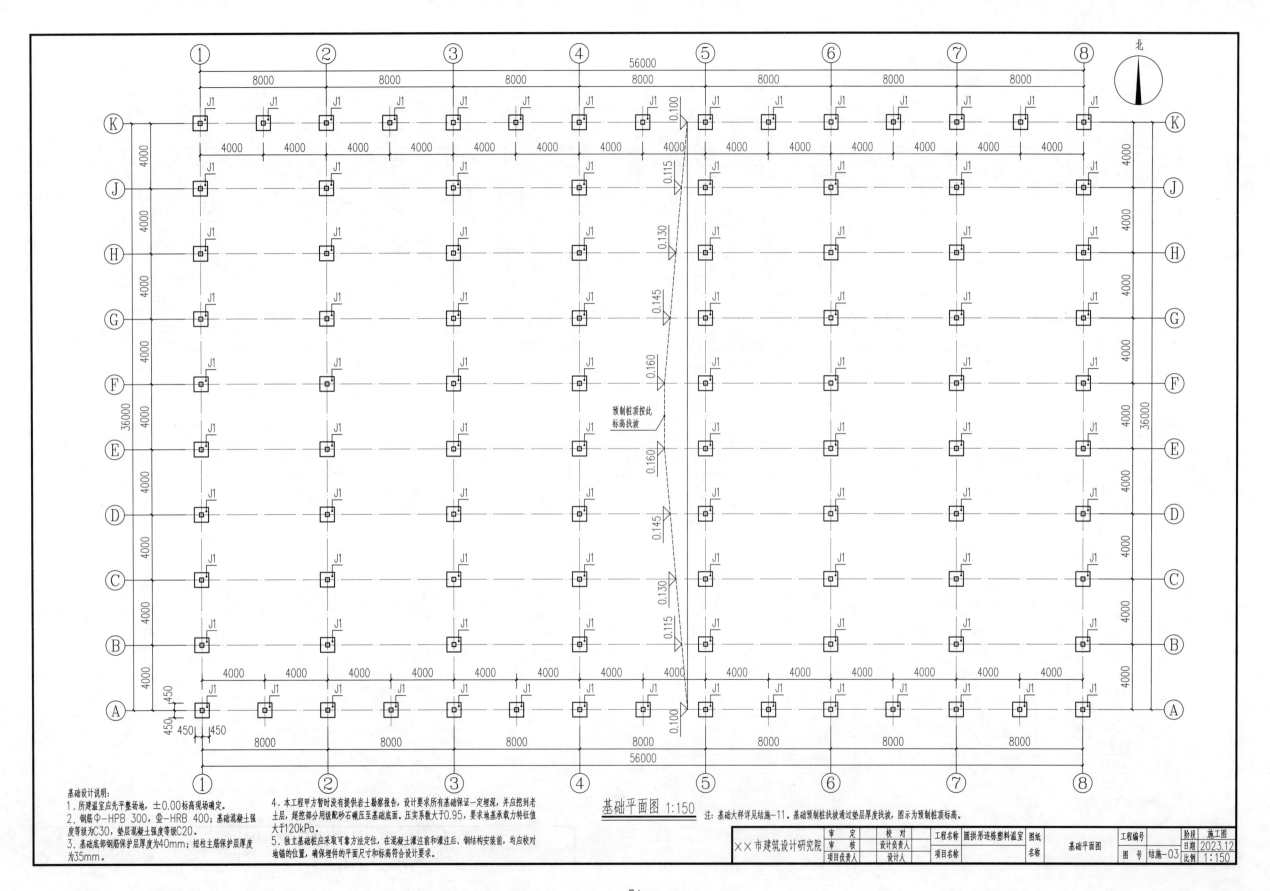

基础平面图 1:150

注：基础大样详见结施-11。基础预制桩找坡通过垫层厚度找坡，图示为预制桩顶标高。

基础设计说明：
1. 所建温室应先平整场地，±0.00标高现场确定。
2. 钢筋Φ-HPB 300，Φ-HRB 400；基础混凝土强度等级为C30，垫层混凝土强度等级C20。
3. 基础底部钢筋保护层厚度为40mm；短柱主筋保护层厚度为35mm。

4. 本工程甲方暂时没有提供岩土勘察报告，设计要求所有基础保证一定埋深，并应挖到老土层，超挖部分用级配砂石碾压至基础底面。压实系数大于0.95，要求地基承载力特征值大于120kPa。
5. 独立基础应采取可靠方法定位，在混凝土灌注前和灌注后、钢结构安装前，均应校对地锚的位置，确保埋件的平面尺寸和标高符合设计要求。

××市建筑设计研究院	审 定		校 对		工程名称	圆拱形连栋塑料温室	图纸		基础平面图	工程编号		阶段	施工图
	审 核		设计负责人									日期	2023.12
	项目负责人		设计人		项目名称		名称			图 号	结施-03	比例	1:150

74

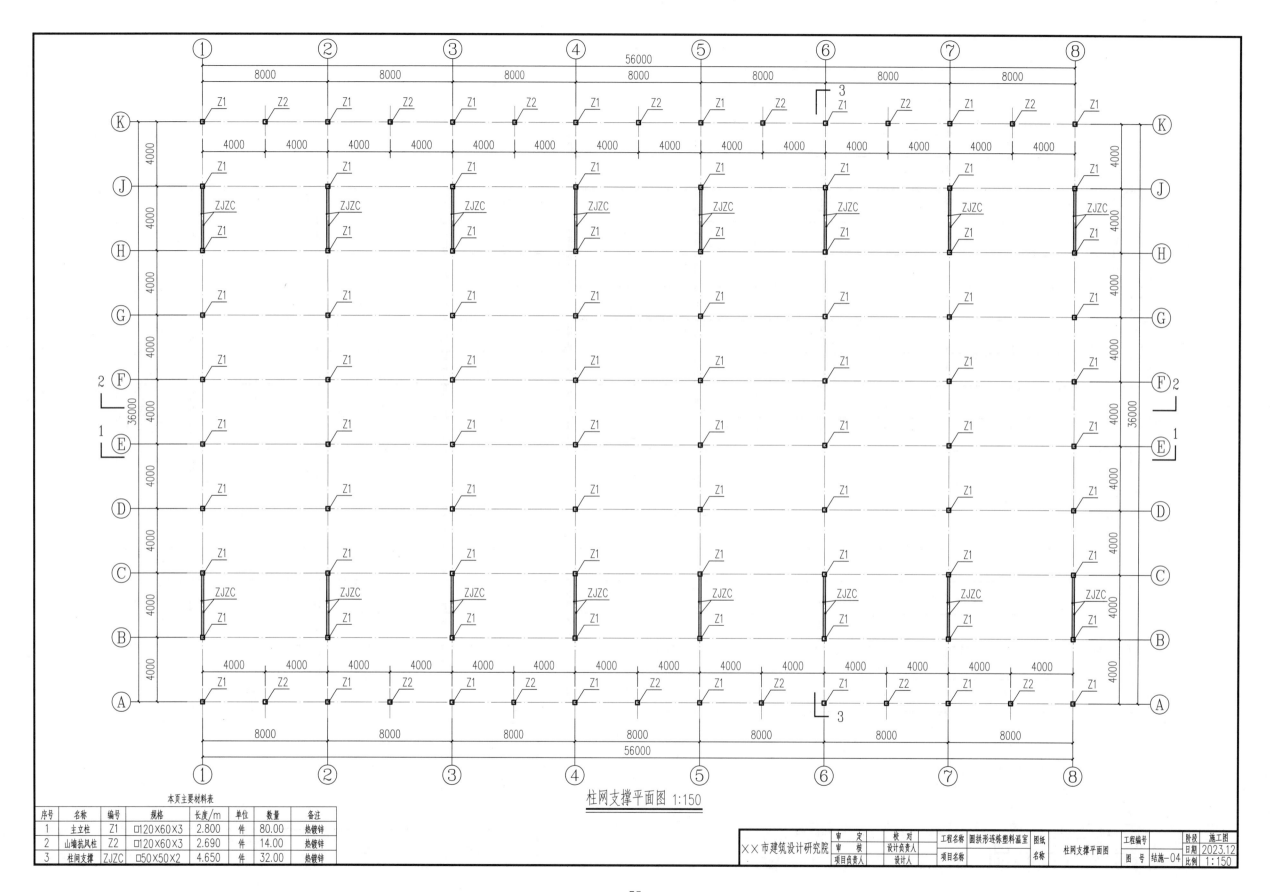

柱网支撑平面图 1:150

本页主要材料表

序号	名称	编号	规格	长度/m	单位	数量	备注
1	主立柱	Z1	□120×60×3	2.800	件	80.00	热镀锌
2	山墙抗风柱	Z2	□120×60×3	2.690	件	14.00	热镀锌
3	柱间支撑	ZJZC	□50×50×2	4.650	件	32.00	热镀锌

××市建筑设计研究院	审 定		校 对		工程名称	圆拱形连栋塑料温室	图纸		柱网支撑平面图		工程编号		阶段	施工图
	审 核		设计负责人		项目名称		名称						日期	2023.12
	项目负责人		设计人								图 号	结施-04	比例	1:150

75

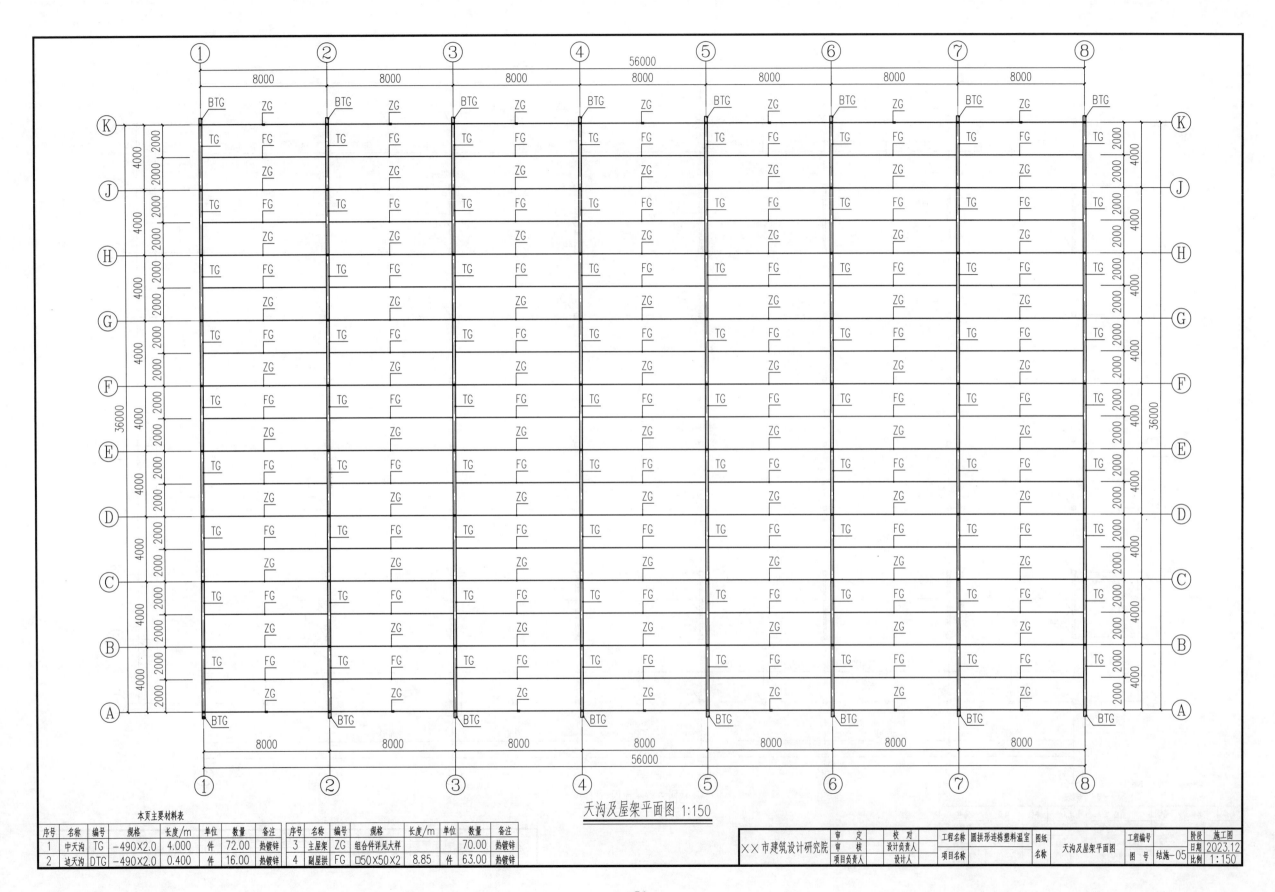

天沟及屋架平面图 1:150

本页主要材料表

序号	名称	编号	规格	长度/m	单位	数量	备注	序号	名称	编号	规格	长度/m	单位	数量	备注
1	中天沟	TG	-490×2.0	4.000	件	72.00	热镀锌	3	主屋架	ZG	组合件详见大样			70.00	热镀锌
2	边天沟	DTG	-490×2.0	0.400	件	16.00	热镀锌	4	副屋拱	FG	□50×50×2	8.85	件	63.00	热镀锌

	审 定	校 对	工程名称	圆拱形连栋塑料温室	图纸		工程编号		阶段	施工图
××市建筑设计研究院	审 核	设计负责人			名称	天沟及屋架平面图			日期	2023.12
	项目负责人	设计人	项目名称				图 号	结施-05	比例	1:150

76

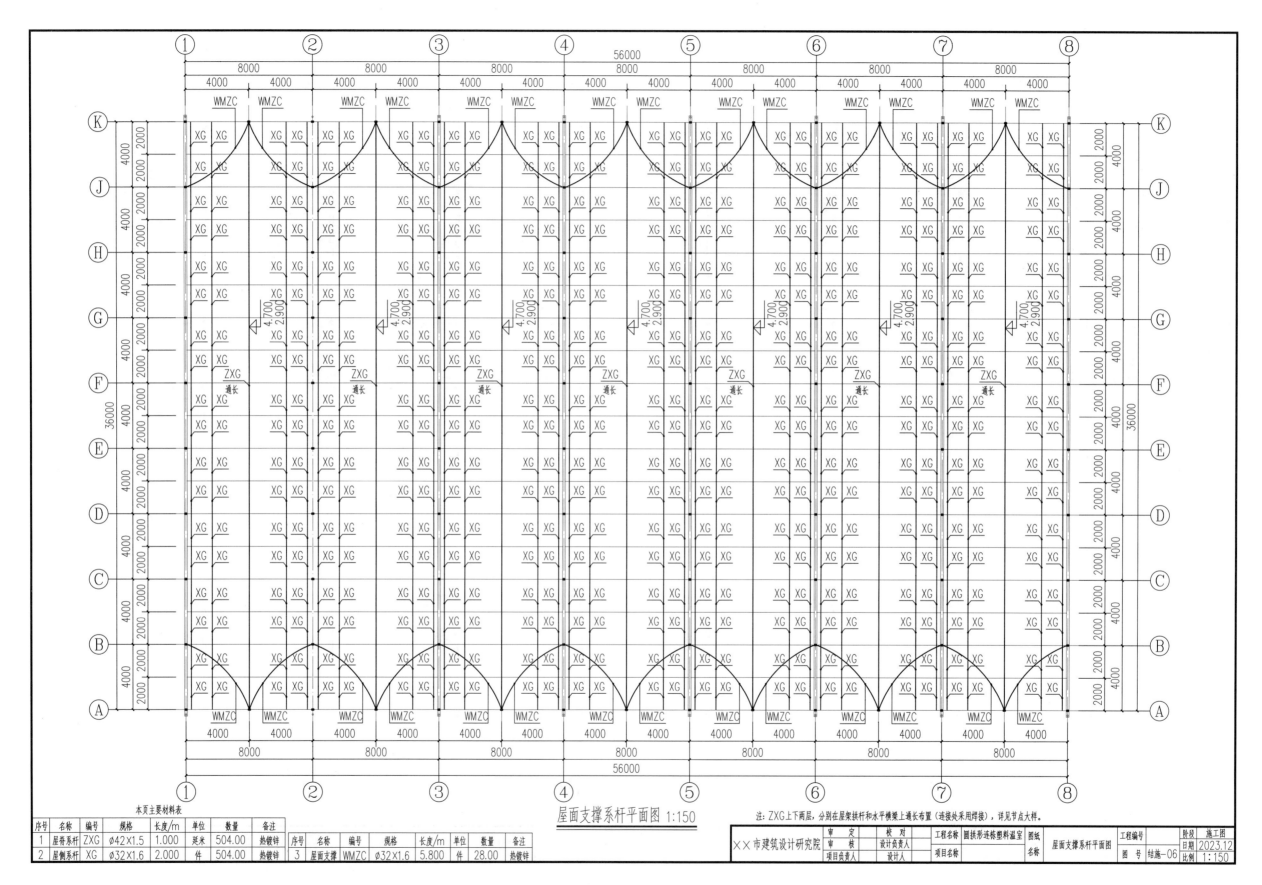

屋面支撑系杆平面图 1:150

注: ZXG上下两层, 分别在屋架拱杆和水平横梁上通长布置(连接处采用焊接), 详见节点大样。

本页主要材料表

序号	名称	编号	规格	长度/m	单位	数量	备注	序号	名称	编号	规格	长度/m	单位	数量	备注
1	屋脊系杆	ZXG	Ø42×1.5	1.000	延米	504.00	热镀锌								
2	屋侧系杆	XG	Ø32×1.6	2.000	件	504.00	热镀锌	3	屋面支撑	WMZC	Ø32×1.6	5.800	件	28.00	热镀锌

××市建筑设计研究院	审定		校对		工程名称	圆拱形连栋塑料温室	图纸	屋面支撑系杆平面图	工程编号	
	审核		设计负责人						阶段	施工图
	项目负责人		设计人		项目名称		名称		日期	2023.12
								图号 结施-06	比例	1:150

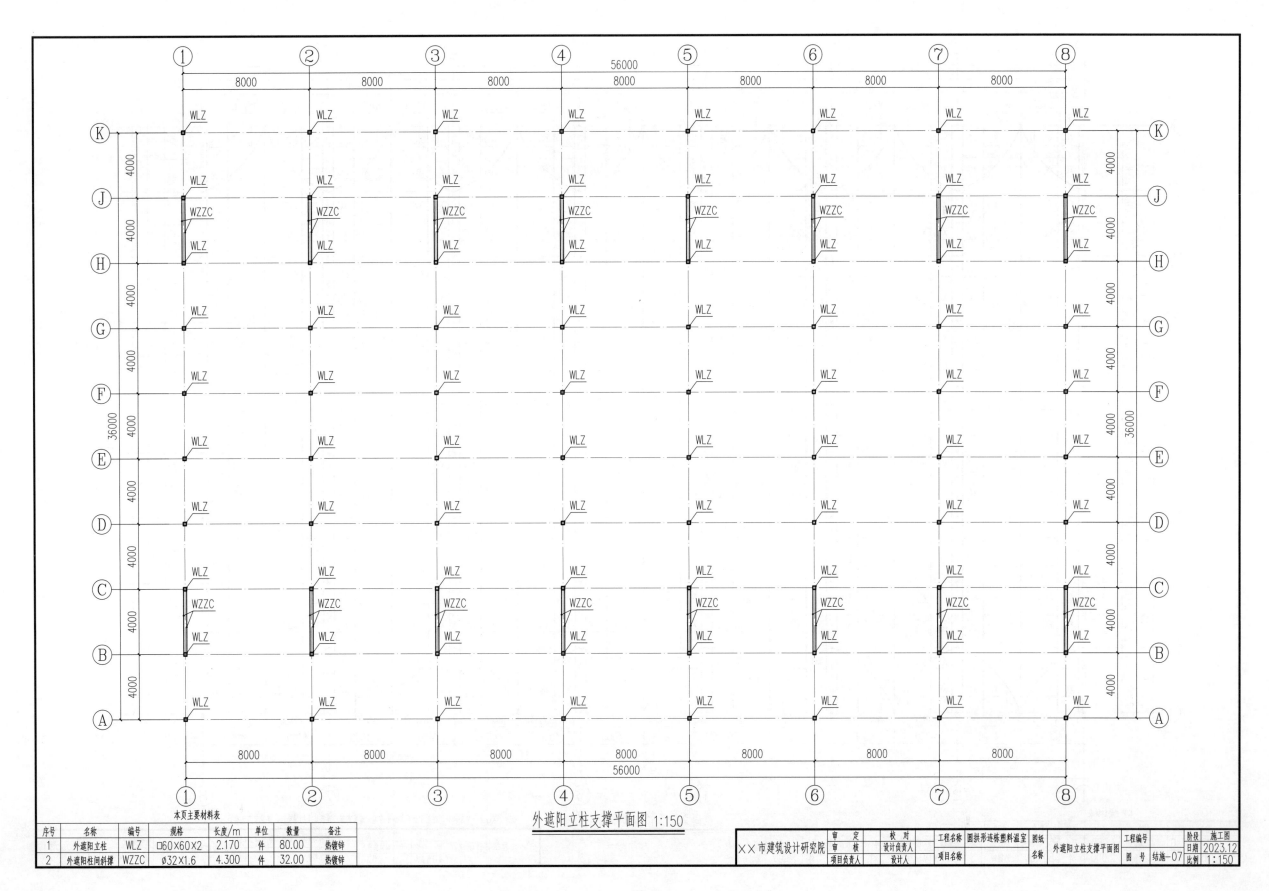

外遮阳立柱支撑平面图 1:150

本页主要材料表

序号	名称	编号	规格	长度/m	单位	数量	备注
1	外遮阳立柱	WLZ	□60×60×2	2.170	件	80.00	热镀锌
2	外遮阳柱间斜撑	WZZC	∅32×1.6	4.300	件	32.00	热镀锌

✕✕市建筑设计研究院	审定		校对		工程名称	圆拱形连栋塑料温室	图纸		工程编号		阶段	施工图
	审核		设计负责人								日期	2023.12
	项目负责人		设计人		项目名称		名称	外遮阳立柱支撑平面图	图号	结施-07	比例	1:150

78

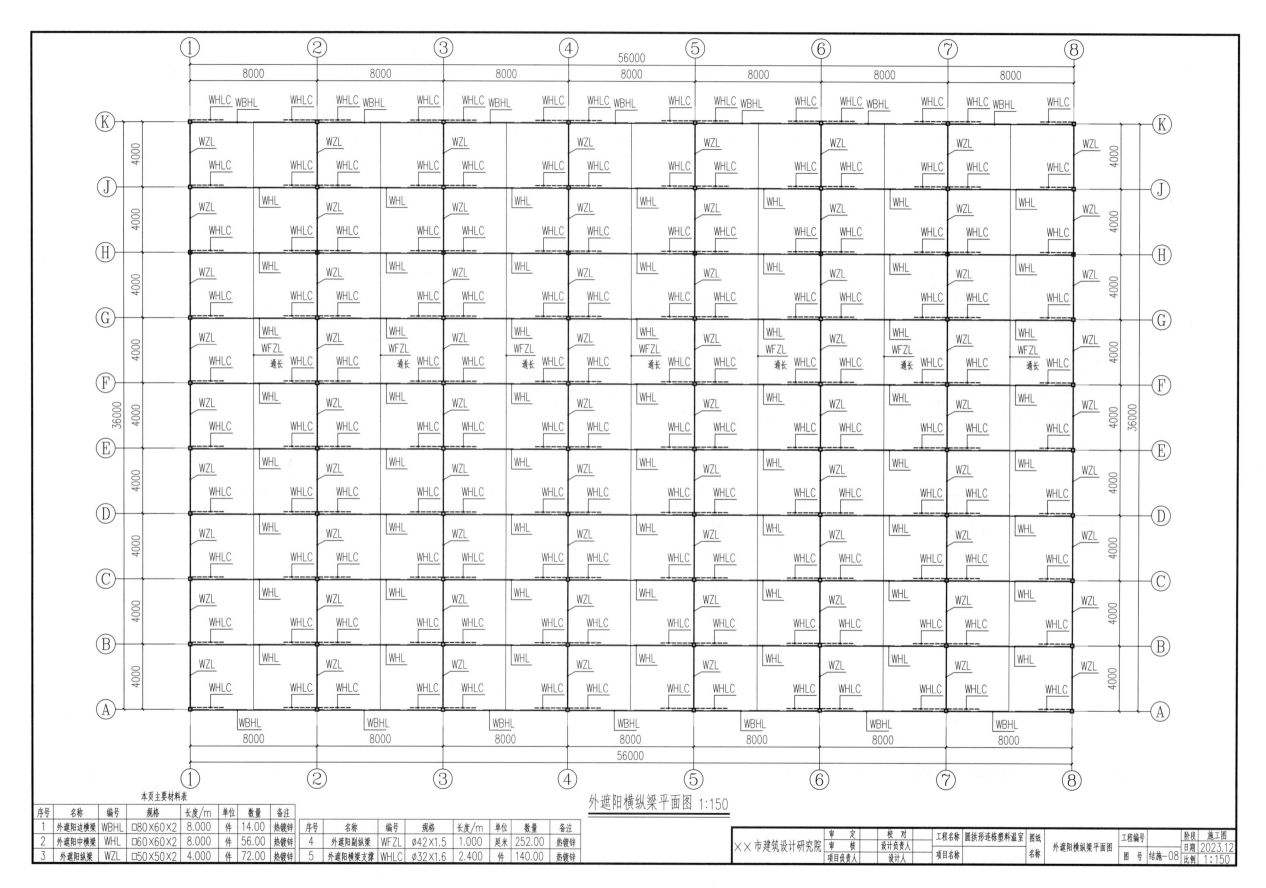

外遮阳横纵梁平面图 1:150

本页主要材料表

序号	名称	编号	规格	长度/m	单位	数量	备注	序号	名称	编号	规格	长度/m	单位	数量	备注
1	外遮阳边横梁	WBHL	□80×60×2	8.000	件	14.00	热镀锌								
2	外遮阳中横梁	WHL	□60×60×2	8.000	件	56.00	热镀锌	4	外遮阳副纵梁	WFZL	ϕ42×1.5	1.000	延米	252.00	热镀锌
3	外遮阳纵梁	WZL	□50×50×2	4.000	件	72.00	热镀锌	5	外遮阳横梁支撑	WHLC	ϕ32×1.6	2.400	件	140.00	热镀锌

	审　定		校　对		工程名称	圆拱形连栋塑料温室	图纸		工程编号		阶段	施工图
××市建筑设计研究院	审　核		设计负责人					外遮阳横纵梁平面图			日期	2023.12
	项目负责人		设计人		项目名称		名称		图号	结施-08	比例	1:150

79

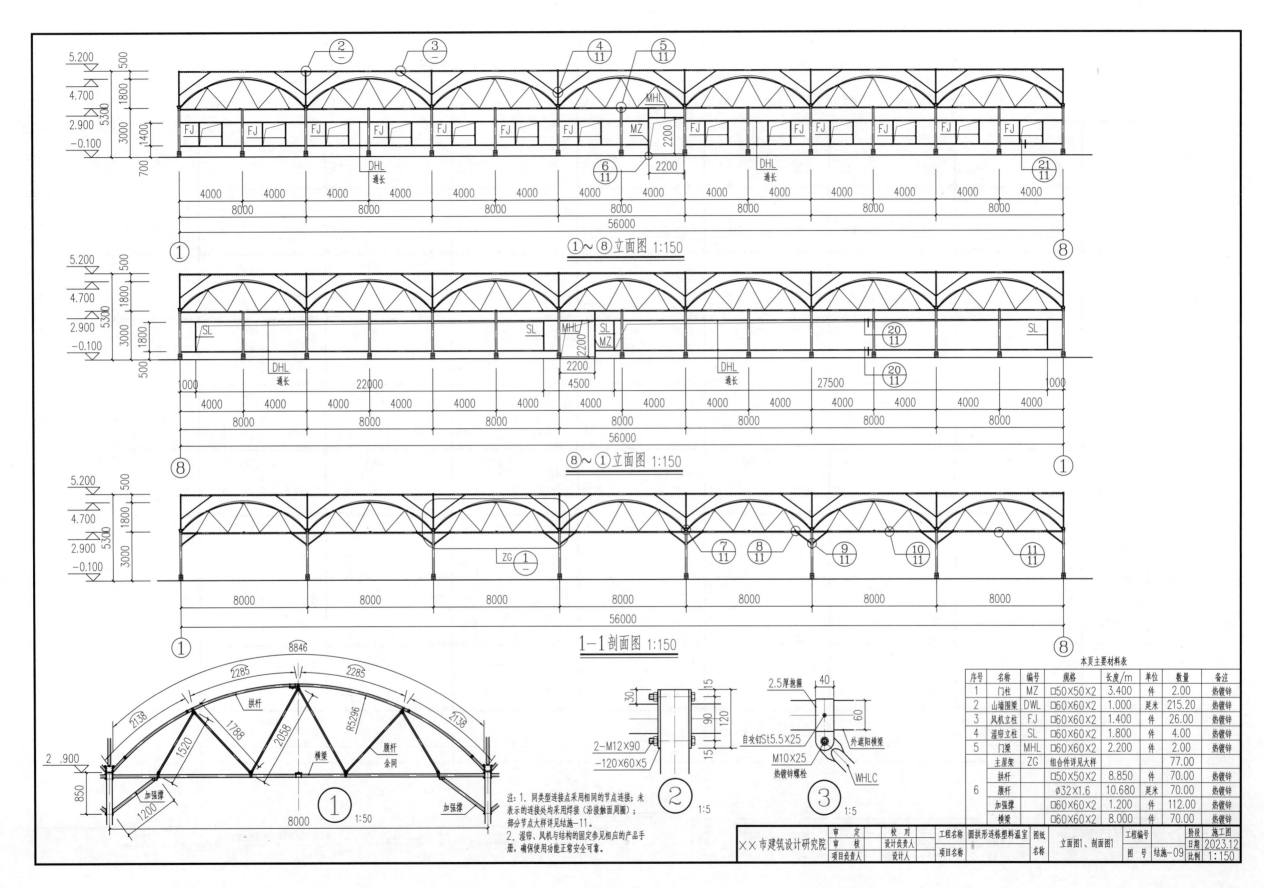

①～⑧立面图 1:150

⑧～①立面图 1:150

1—1剖面图 1:150

① 1:50

② 1:5

③ 1:5

注：1. 同类型连接点采用相同的节点连接；未
表示的连接处处均采用焊接（沿接触面周圈）；
部分节点大样详见结施-11。
2. 湿帘、风机与结构的固定参见相应的产品手
册，确保使用功能正常安全可靠。

本页主要材料表

序号	名称	编号	规格	长度/m	单位	数量	备注
1	门柱	MZ	□50×50×2	3.400	件	2.00	热镀锌
2	山墙围梁	DWL	□60×60×2	1.000	延米	215.20	热镀锌
3	风机立柱	FJ	□60×60×2	1.400	件	26.00	热镀锌
4	湿帘立柱	SL	□60×60×2	1.800	件	4.00	热镀锌
5	门梁	MHL	□60×60×2	2.200	件	2.00	热镀锌
	主屋架	ZG	组合件详见大样			77.00	
6	拱杆		□50×50×2	8.850	件	70.00	热镀锌
	腹杆		Ø32×1.6	10.680	延米	70.00	热镀锌
	加强撑		□60×60×2	1.200	件	112.00	热镀锌
	横梁		□60×60×2	8.000	件	70.00	热镀锌

××市建筑设计研究院

审 定　　校 对　　工程名称　圆拱形连栋塑料温室　图纸　立面图1、剖面图1　工程编号　　阶段　施工图
审 核　　设计负责人　　　　　　　　　　　　　　名称　　　　　　　　图 号　结施-09　日期　2023.12
项目负责人　设计人　　项目名称　　　　　　　　　　　　　　　　　　　　　　　　　比例　1:150

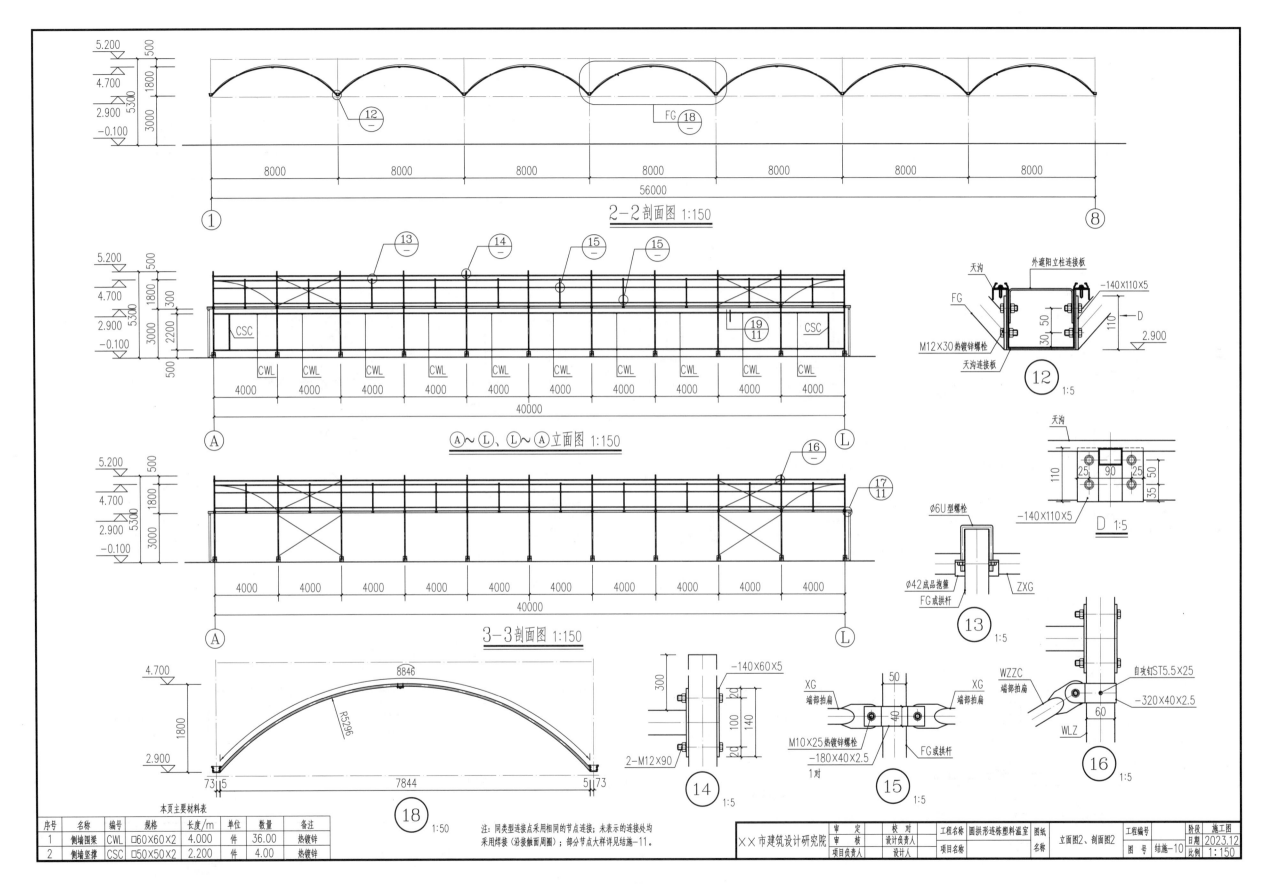

2-2剖面图 1:150

�863~⑥、⑥~�863立面图 1:150

3-3剖面图 1:150

本页主要材料表

序号	名称	编号	规格	长度/m	单位	数量	备注
1	侧墙围檩	CWL	□60×60×2	4.000	件	36.00	热镀锌
2	侧墙竖撑	CSC	□50×50×2	2.200	件	4.00	热镀锌

注：同类型连接点采用相同的节点连接；未表示的连接处均采用焊接（沿接触面周圈）；部分节点大样详见结施-11。

XX市建筑设计研究院

审定		校对		工程名称	圆拱形连栋塑料温室	图纸名称	立面图2、剖面图2	工程编号		阶段	施工图
审核		设计负责人								日期	2023.12
项目负责人		设计人		项目名称				图号	结施-10	比例	1:150

81

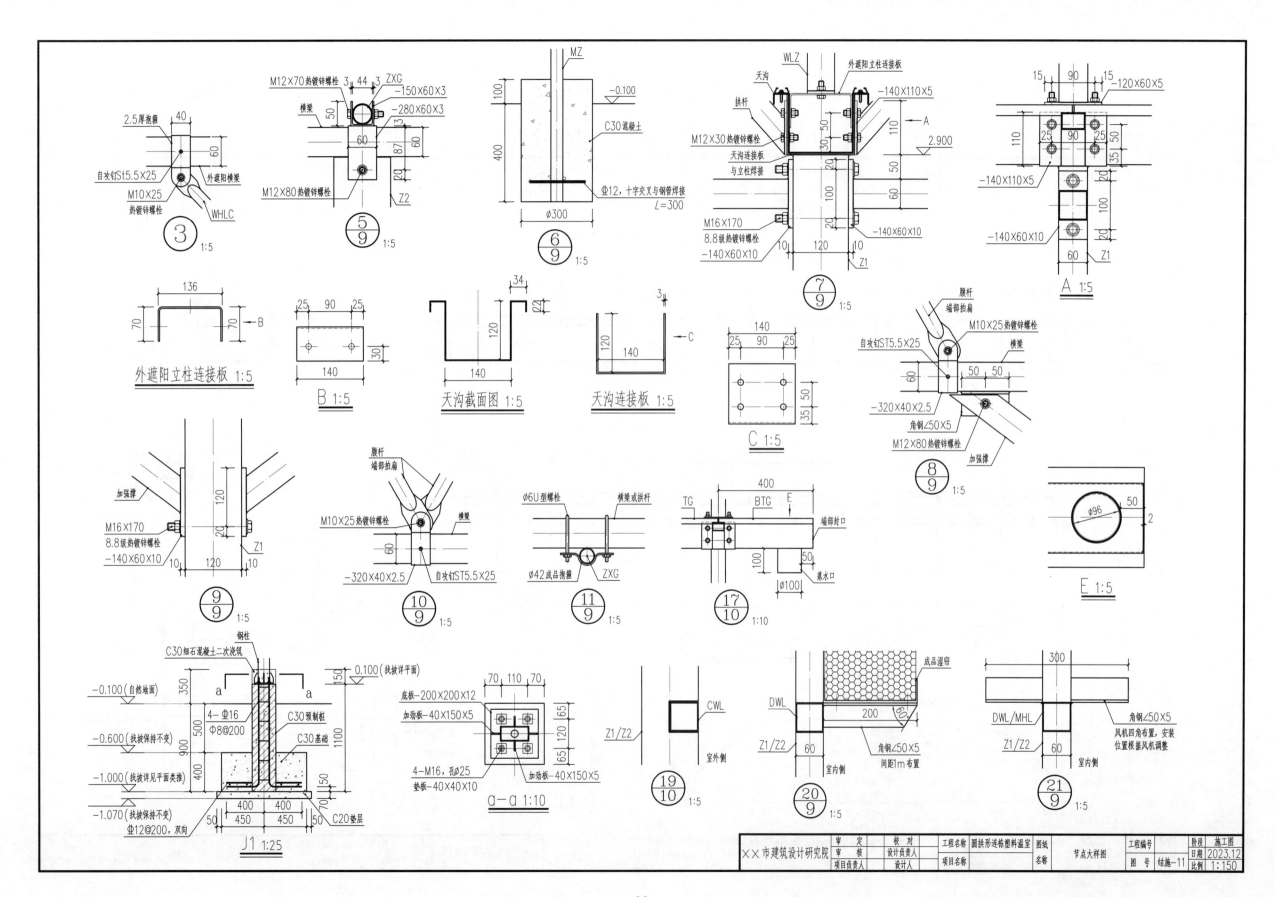

圆拱形连栋塑料温室

给排水专业施工图

××市建筑设计研究院

二〇二三年十二月

图 纸 目 录

✕✕市建筑设计研究院	审 定		校 对		工程名称	圆拱形连栋塑料温室	图纸 名称	目录	工程编号		阶段	施工图
	审 核		设计负责人								日期	2023.12
	项目负责人		设 计 人		项目名称						图 号	水施-00 比例 1:150

84

给排水设计说明

一、工程概况

本工程为植物生产设施。轴线面积为2016.00m²，建筑层数为一层，建筑高度5.30m，为圆拱形连栋塑料温室，建设地点为三亚市。

二、设计内容

主要包括：给水、灌溉系统、湿帘给排水系统。

三、设计依据

1.《温室灌溉系统设计规范》NY/T 2132-2012。
2.《建筑给水排水设计规范》GB 50015-2019。
3.《节水灌溉技术规范》SL 207-98。
4.《喷灌工程技术规范》GB/T 50085-2007。
5. 甲方提供的相关条件要求、建筑专业提供的条件图。

四、设计说明

1. 给水系统

① 给水水源　本园区给水管网的引入1条dn110PVC-U灌溉给水管。

② 给水方式　本工程用水由园区泵房，压力为0.40MPa。

③ 灌溉最高日用水量为6.72m³/d，用水主要为生产用水。

④ 灌溉系统最大工作压力为0.40MPa。配水管网的试验压力为0.8MPa，降温系统最大工作压力为0.4MPa。配水管网的试验压力为0.8MPa。

2. 手提式灭火器的配置设计

由于本工程为植物生产性建筑，生产对象为植物，生产过程无易燃、可燃物，且植物生产日常定时浇水、生产人员少等所有生产过程对防火有利，因此本工程不考虑配置灭火器。

3. 节能设计

① 所有给水器具均选用节水型洁具及其配件，给水龙头均选用陶瓷片密封节水型龙头。

② 雨水利用　室外地面铺砌采用透水砖，室外绿化地面低于道路10cm，雨水通过透水路面和绿地回渗地下，补充地下水量减少雨水外排量。

五、施工说明

1. 给水系统

① 管道安装高程　除特殊说明外，给水管以管中心计，排水管以管内底计。

② 尺寸单位　除特殊说明外，标高为米(m)，其余为毫米(mm)。

③ 给排水管道穿过现浇板、屋顶、剪力墙、柱子等处，均应预埋套管，有防水要求处应焊有防水翼环。套管尺寸给水管一般比安装管大二档，排水管一般比安装管大一档。

④ 给水采用PVC-U给水塑料管，承插粘结。

⑤ 管道试压　给水管试验压力为0.8MPa。观察接头部位不应有漏水现象，10min内压降不得超过0.02MPa，水压试验步骤按《建筑给水排水及采暖工程施工质量验收规范》GB 50242-2002的规定执行。粘结连接的管道，水压试验应在粘结连接24h后进行。

2. 灌溉系统

① 倒挂式喷灌。

② 湿帘供回水系统。

③ 喷淋降温系统。

3. 其他

① 图中所注尺寸除楼层标高以米(m)计外，其余以毫米(mm)计。

② 本图所注排水管标高为管底标高，其余管线标高为管中心线标高。

③ 管道穿过洁净室墙壁、楼板和顶棚时应设套管，管道与套管之间应采取可靠的密封措施。

④ 当图中未注明坡度时，排水横支管排水坡度采用如下值：DN50采用0.035，DN75采用0.025，DN100采用0.02，DN150采用0.01。

⑤ 本图所注管径尺寸为公称尺寸，相对塑料管尺寸见厂家说明。

⑥ 除本设计说明外，施工中还应遵守《建筑给水排水及采暖工程施工质量验收规范》GB 50242-2002施工。

塑料管外径与公称直径对照表

公称直径	DN15	DN20	DN25	DN32	DN40	DN50	DN70	DN80	DN100	DN150
外径	De20	De25	De32	De40	De50	De63	De75	De90	De110	De160
	dn20	dn25	dn32	dn40	dn50	dn63	dn75	dn90	dn110	dn160

×× 市建筑设计研究院	审定 / 审核 / 项目负责人	校对 / 设计负责人 / 设计人	工程名称 圆拱形连栋塑料温室 / 项目名称	图纸名称 给排水设计说明	工程编号 / 图号 水施-01	阶段 施工图 / 日期 2023.12 / 比例 1:150

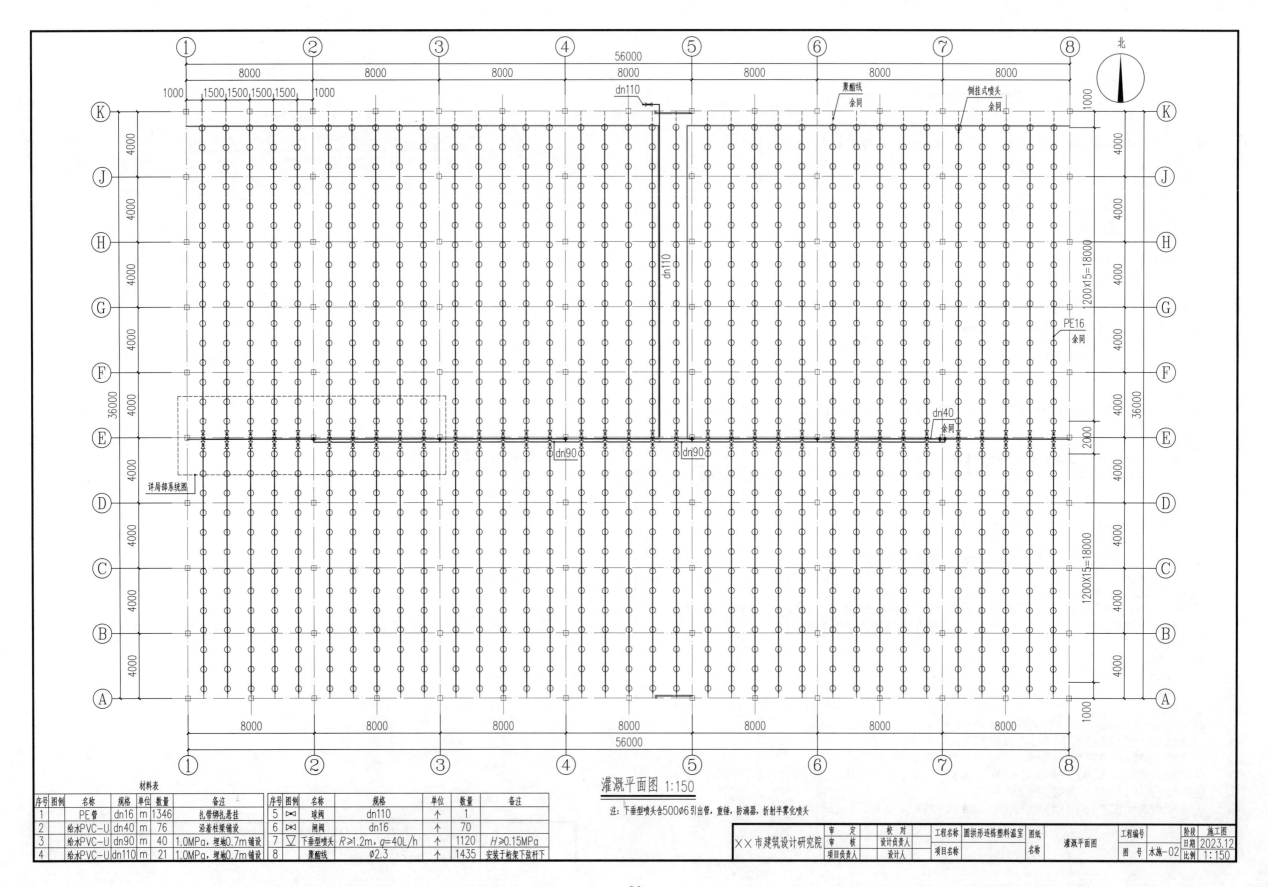

灌溉平面图 1:150

注：下垂型喷头含500ф6引出管，重锤，防滴器，折射半雾化喷头

材料表

序号	图例	名称	规格	单位	数量	备注	序号	图例	名称	规格	单位	数量	备注
1		PE管	dn16	m	1346	扎带绑扎悬挂	5	⋈	球阀	dn110	个	1	
2		给水PVC-U	dn40	m	76	沿着柱梁铺设	6	⋈	闸阀	dn16	个	70	
3		给水PVC-U	dn90	m	40	1.0MPa，埋地0.7m铺设	7	▽	下垂型喷头	R≥1.2m，q=40L/h	个	1120	H≥0.15MPa
4		给水PVC-U	dn110	m	21	1.0MPa，埋地0.7m铺设	8		聚酯线	ф2.3	个	1435	安装于桁架下弦杆下

		审 定		校 对		工程名称	圆拱形连栋塑料温室	图纸		灌溉平面图		工程编号		阶段	施工图
××市建筑设计研究院		审 核		设计负责人										日期	2023.12
		项目负责人		设计人		项目名称			名称			图号	水施-02	比例	1:150

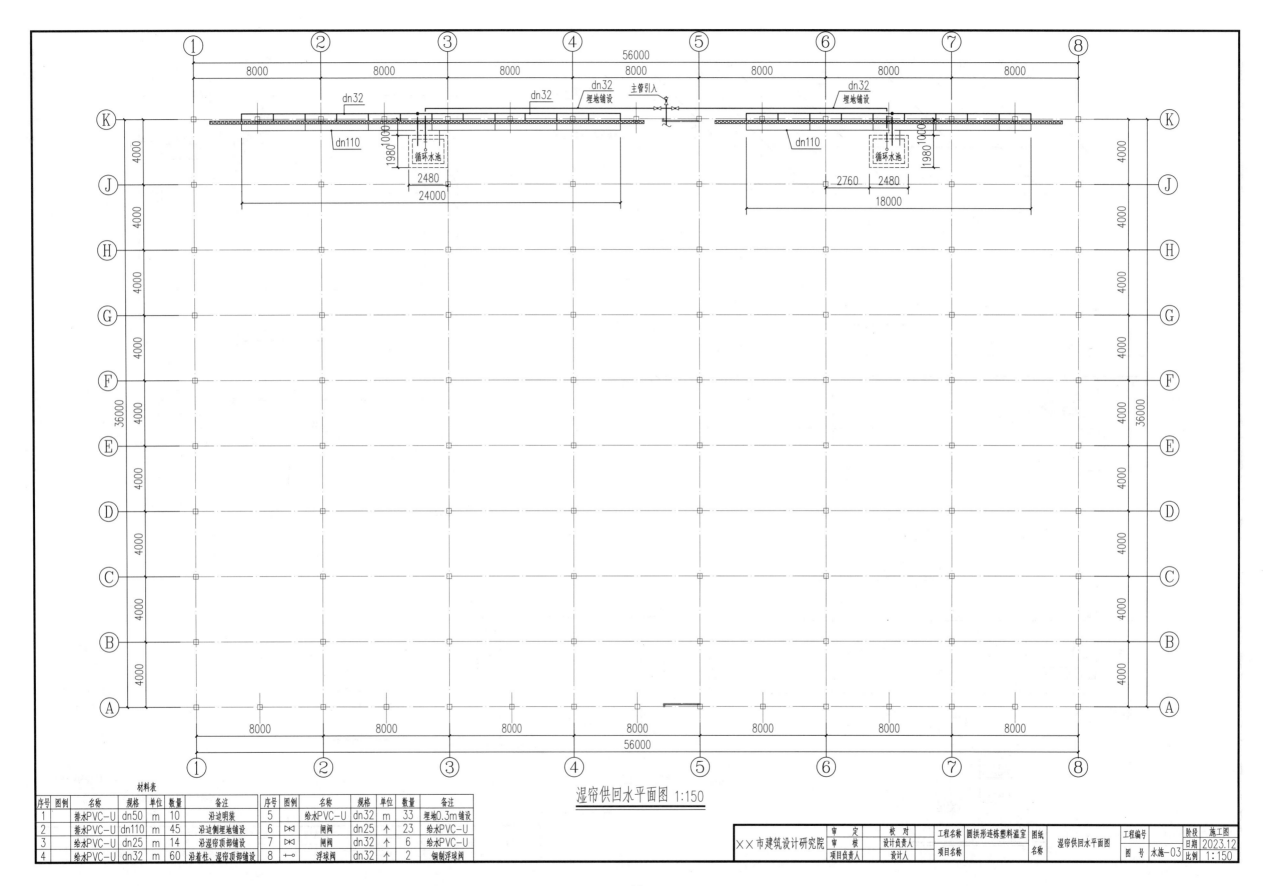

湿帘供回水平面图 1:150

材料表

序号	图例	名称	规格	单位	数量	备注	序号	图例	名称	规格	单位	数量	备注
1		排水PVC-U	dn50	m	10	沿边明装	5		给水PVC-U	dn32	m	33	埋地0.3m铺设
2		排水PVC-U	dn110	m	45	沿边侧埋地铺设	6	⋈	闸阀	dn25	个	23	给水PVC-U
3		给水PVC-U	dn25	m	14	沿湿帘顶部铺设	7	⋈	闸阀	dn32	个	6	给水PVC-U
4		给水PVC-U	dn32	m	60	沿着柱、湿帘顶部铺设	8	↦	浮球阀	dn32	个	2	铜制浮球阀

××市建筑设计研究院	审 定		校 对		工程名称	圆拱形连栋塑料温室	图纸	湿帘供回水平面图	工程编号		阶段	施工图
	审 核		设计负责人				名称				日期	2023.12
	项目负责人		设计人		项目名称				图 号	水施-03	比例	1:150

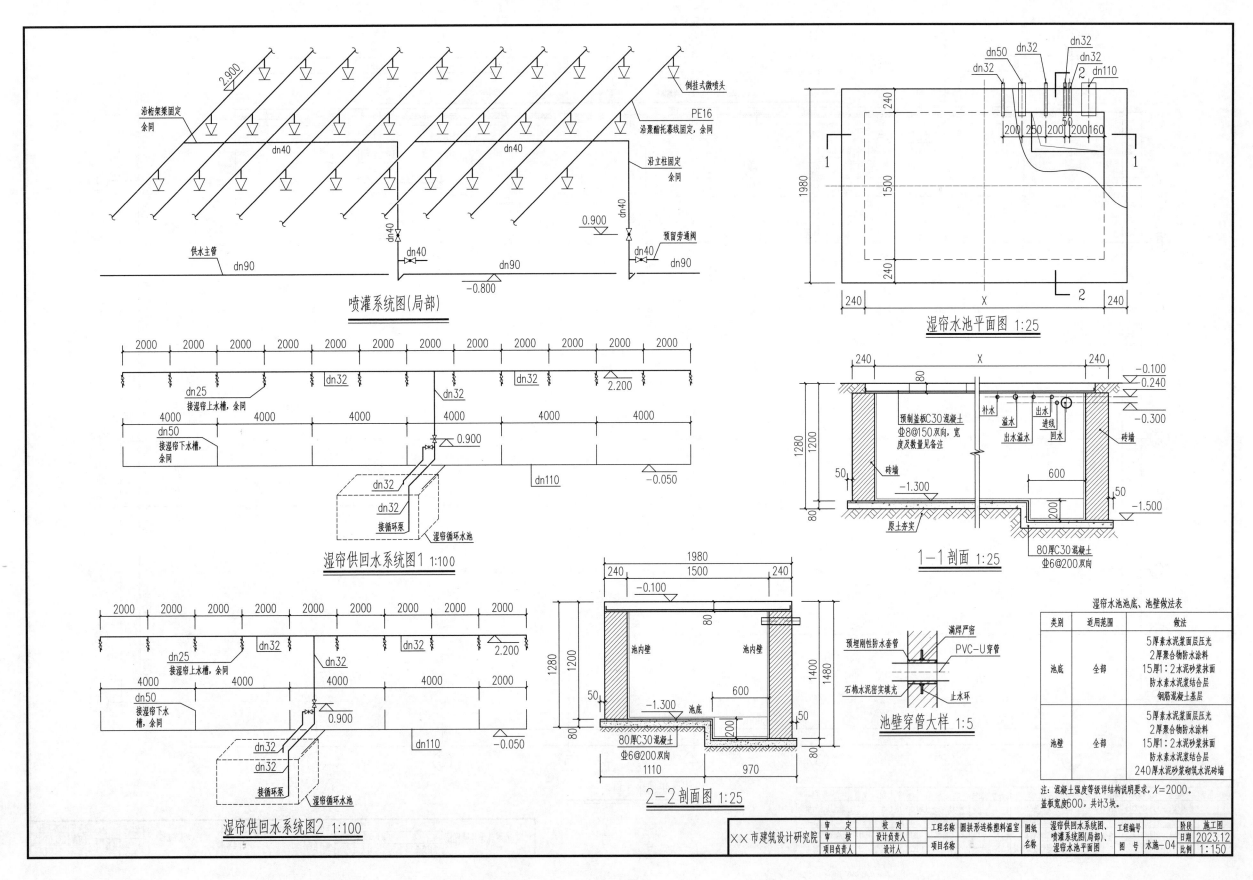

喷灌系统图(局部)

湿帘供回水系统图1 1:100

湿帘供回水系统图2 1:100

湿帘水池平面图 1:25

1—1剖面 1:25

2—2剖面图 1:25

池壁穿管大样 1:5

湿帘水池池底、池壁做法表

类别	适用范围	做法
池底	全部	5厚水泥浆面层压光 2厚聚合物防水涂料 15厚1:2水泥砂浆抹面 防水素水泥浆结合层 钢筋混凝土基层
池壁	全部	5厚水泥浆面层压光 2厚聚合物防水涂料 15厚1:2水泥砂浆抹面 防水素水泥浆结合层 240厚水泥砂浆砌筑水泥砖墙

注：混凝土强度等级详结构说明要求，X=2000。
盖板宽度600，共计3块。

XX市建筑设计研究院

审 定		校 对		工程名称	圆拱形连栋塑料温室	图纸名称	湿帘供回水系统图、喷灌系统图(局部)、湿帘水池平面图	工程编号		阶段	施工图
审 核		设计负责人								日期	2023.12
项目负责人		设计人		项目名称				图 号	水施—04	比例	1:150

圆拱形连栋塑料温室

电气专业施工图

××市建筑设计研究院

二〇二三年十二月

图 纸 目 录

建设单位				工程编号			
工程名称	圆拱形连栋塑料温室			子 项			
序号	图号	图 纸 名 称		图幅	版次	备 注	
1	电施-01	电气设计说明		A3	1		
2	电施-02	系统图		A3	1		
3	电施-03	配电平面图1		A3	1		
4	电施-04	配电平面图2		A3	1		
5	电施-05	防雷接地平面图		A3	1		
6							
7							
8							
9							
10							
11							
12							
13							
14							
15							
16							
17							
18							
19							
20							
21							
22							
23							
24							
25							

专 业	电 气	项目负责人		未盖出图专用章无效
设计阶段	施工图	专业负责人		
编制日期	2023.12	编 制 人		

	审 定		校 对		工程名称	圆拱形连栋塑料温室	图纸	目录	工程编号		阶段	施工图
××市建筑设计研究院	审 核		设计负责人				名称				日期	2023.12
	项目负责人		设计人		项目名称				图 号	电施-00	比例	1:150

电气设计说明

一、工程设计概况
1. 圆拱形连栋塑料温室。
2. 建筑总面积为2016.00m²，1层，建筑高度为5.300m，火灾危险性生产类别：蔬菜种植，对防火无要求。

二、设计依据
1. 《温室电气布线设计规范》JB/T 10296-2013。
2. 《供配电系统设计规范》GB 50052-2009。
3. 《民用建筑电气设计标准》GB 51348-2019。
4. 《建筑物防雷设计规范》GB 50057-2010。
5. 其他有关的国家及地方现行规程规范。

三、设计内容
1. 温室低压供电系统。
2. 温室防雷接地系统。
3. 温室遮阳系统。

四、用电负荷性质
按三级负荷设计。

五、电源情况
由园区配电室（现场确定）引来1路220/380V电源。

六、供电方式
本工程的低压系统采用TN-S接地系统，采用放射式与树干式相结合的供配电方式。

七、计量
配置DTS634型三相电子式有功能电能表用于计量三相有功电能，符合《电测量设备（交流） 特殊要求 第21部分：静止式有功电能表（A级、B级、C级、D级和E级）》（GB/T 17215.321-2021）的技术要求。

八、配电及管线
1. 配电采用2路YJV22-5×6mm²交联聚氯乙烯铠装绝缘电缆直接埋地引至配电箱，后再分配。
2. 室内外电缆均采用埋地铺设（铺砂铺砖保护）。
3. 室内导线强电采用聚氯乙烯绝缘导线穿线槽（管）在梁、柱内敷，导线截面详见各系统图，弱电采用金属线槽（PVC管）在梁、柱明敷。

九、照明系统
植物生产不考虑。

十、防雷、接地
1. 本工程根据计算预计雷击次数（次/a）0.0405，按三类防雷建筑物设置防雷。
2. 本工程采用上部遮阳网的金属骨架作为接闪器，凡突出屋面的所有金属构件、金属通风管等均与钢屋架相连。
3. 利用钢柱作为引下线，引下线间距不大于25m。引下线在室外地面下1m处引出一根-40x4热镀锌扁钢，扁钢伸出室外，距外墙皮的距离不小于1.5m。
4. 利用-40x4热镀锌扁钢将各独立基础连接成闭合接地网。将电源的重复接地、保护接地及天面防雷接地进行联合接地，焊接采用双面焊接。
5. 整个接地电阻不大于4Ω，如达不到此电阻，可另设人工接地体与本建筑基础接地极相连。
6. 本建筑物采用总等电位联结，总等电位板由紫铜板制成，应将所有进出建筑的金属管道、电缆钢铠外皮、建筑物内各种坚向金属管等进行联结。等电位联结均采用等电位卡子，禁止在金属管道上焊接。具体做法参见国标图集《等电位联结安装》（15D502）。
7. 用电、配电、控制设备的金属外壳、金属构架等凡正常不带电而当绝缘损坏有可能呈现电压的一切电气设备金属外壳均应可靠接地。

十一、电气安全
1. 电源进线箱进楼的前端设备箱设有过电压保护的电涌保护装置。
2. 所选用的SPD要采用省防雷技术服务中心认可的产品。
3. 配电照明线路施工中应严格按照国家标准规定的色色选用，L1（黄），L2（绿），L3（红），N（浅蓝），不得混用。配电箱及插座的接地线（PE）应为浅绿带黄花的铜芯导线。
4. 日用插座设有漏电保护，采用防溅安全型。

十二、电气节能
1. 照明灯采用高效灯具和节能灯，如直管日光灯采用T5或T8型节能灯，配电子镇流器。
2. 照明功率密度值为 5， 光源显色指数Ra≥60，灯具效率参见灯具效率表。 电气照明应满足《建筑照明标准》的要求（GB 50034-2013）。
3. 供配电线路在条件允许时尽量走捷径，尽可能降低线路损失。

十三、
所订购的电器设备及材料应是符合IEC标准和中国国家标准的合格货品，并具有国家级检测中心检测合格的合格证书（3C认证），供电产品和消防产品应具有入网许可证。

十四、
电气设备安装参照《电气设备在压型钢板、夹芯板上安装》（06SD702-5）相关安装方法。未尽事宜，按国家施工验收规范及标准进行施工，施工过程中应与土建施工密切配合。

十五、
本建筑为农业生产设施，禁止雷雨天气在棚内躲雨或操作（门口应悬挂警示牌）。

荧光灯灯具的效率表

灯具出口形式	开敞式	保护罩（玻璃或塑料）		隔栅
		透明	磨砂、棱镜	
灯具效率	75%	65%	55%	60%

一般图例说明

代号	含义	代号	含义	代号	含义
SC	穿焊接钢管敷设	FC	穿管地板内或埋地暗敷	CT	穿电缆托盘敷设
PC	穿阻燃料硬管暗敷设	WC	穿管墙内暗敷	MR	穿金属线槽敷设
CC	顶板内暗敷设	WS	沿墙（柱）面明敷	↗	线路引上
CE	沿天棚或顶板面敷设	CLC	暗敷在柱内	↗↗	由下（上）引至
SCE	沿天棚吊顶内敷设			↘	线路引下

一般支线穿管表

穿管导线〈BV2.5〉根数	2	3~4
钢管(SC)直径	Φ20	Φ20
穿管导线〈BV2.5〉根数	2~3	3~4
PVC管(PC)管径	Φ16	Φ20
穿管终端线〈TP/TV/TD〉根数	1~2	3~4
PVC管管径(PC)	Φ20	Φ25

相线与PE保护线关系表

相线的截面积S/mm²	保护导体的最小截面积SP/mm²
S≤16	S
16<S≤35	16
35<S≤400	S/2

<table>
<tr><td rowspan="4">XX市建筑设计研究院</td><td>审 定</td><td></td><td>校 对</td><td></td><td rowspan="2">工程名称</td><td rowspan="2">圆拱形连栋塑料温室</td><td>图纸</td><td rowspan="4">电气设计说明</td><td>工程编号</td><td></td><td>阶段</td><td>施工图</td></tr>
<tr><td>审 核</td><td></td><td>设计负责人</td><td></td><td>名称</td><td></td><td>日期</td><td>2023.12</td></tr>
<tr><td rowspan="2">项目负责人</td><td rowspan="2"></td><td rowspan="2">设计人</td><td rowspan="2"></td><td rowspan="2">项目名称</td><td rowspan="2"></td><td rowspan="2">名称</td><td rowspan="2">图 号</td><td>电施-01</td></tr>
<tr><td>比例</td><td>1:150</td></tr>
</table>

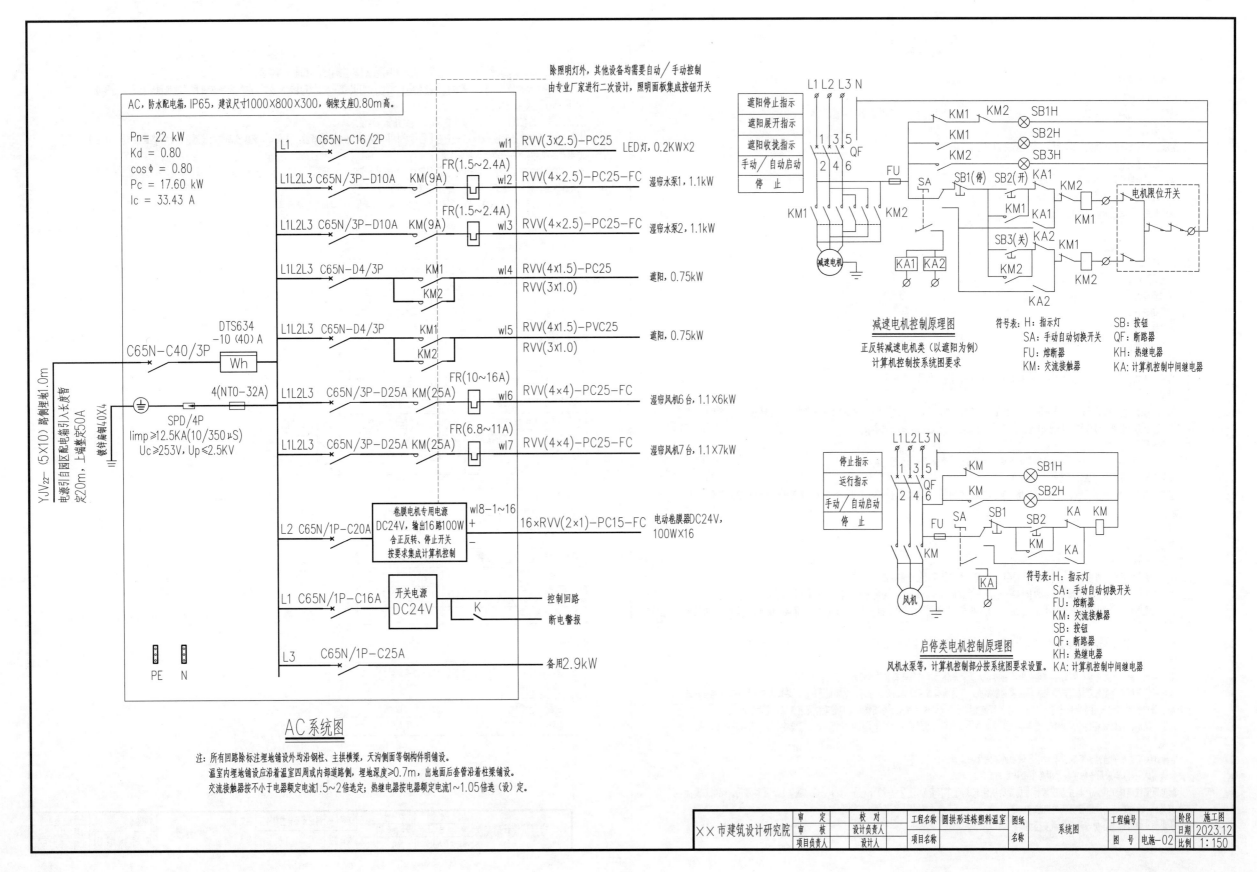

AC系统图

除照明灯外，其他设备均需要自动/手动控制
由专业厂家进行二次设计，照明面板集成按钮开关

AC，防水配电箱，IP65，建议尺寸1000×800×300，钢架支座0.80m高。

Pn= 22 kW
Kd= 0.80
cosφ = 0.80
Pc = 17.60 kW
Ic = 33.43 A

L1 C65N-C16/2P　wl1　RVV(3×2.5)-PC25　LED灯，0.2KW×2

L1L2L3 C65N/3P-D10A KM(9A) FR(1.5~2.4A) wl2 RVV(4×2.5)-PC25-FC 湿帘水泵1，1.1kW

L1L2L3 C65N/3P-D10A KM(9A) FR(1.5~2.4A) wl3 RVV(4×2.5)-PC25-FC 湿帘水泵2，1.1kW

L1L2L3 C65N-D4/3P KM1 wl4 RVV(4×1.5)-PC25 遮阳，0.75kW
KM2 RVV(3×1.0)

L1L2L3 C65N-D4/3P KM1 wl5 RVV(4×1.5)-PVC25 遮阳，0.75kW
KM2 RVV(3×1.0)

C65N-C40/3P

DTS634-10 (40) A Wh

4(NT0-32A)

L1L2L3 C65N/3P-D25A KM(25A) FR(10~16A) wl6 RVV(4×4)-PC25-FC 湿帘风机6台，1.1×6kW

L1L2L3 C65N/3P-D25A KM(25A) FR(6.8~11A) wl7 RVV(4×4)-PC25-FC 湿帘风机7台，1.1×7kW

SPD/4P
Iimp≥12.5KA(10/350μS)
Uc≥253V，Up≤2.5KV

卷膜电机专用电源
DC24V，输出16路100W
含正反转、停止开关
按要求集成计算机控制
wl8-1~16 + 16×RVV(2×1)-PC15-FC 电动卷膜器DC24V，100W×16 −

L2 C65N/1P-C20A

L1 C65N/1P-C16A 开关电源 DC24V K 控制回路
断电警报

L3 C65N/1P-C25A 备用2.9kW

YJV22-(5×10) 路侧埋地1.0m
电源引自园区配电箱引入长度暂定20m，上端整定50A
镀锌扁钢40×4

PE　N

减速电机控制原理图
正反转减速电机类（以遮阳为例）
计算机控制按系统图要求

L1 L2 L3 N

遮阳停止指示
遮阳展开指示
遮阳收拢指示
手动/自动启动
停　止

KM1 KM2 SB1H
KM1 SB2H
KM2 SB3H

QF FU SA SB1(停) SB2(开) KA1 KM2 电机限位开关
KM1 KA1 KM1
SB3(关) KA2 KM1
KM2

减速电机

KA1 KA2

符号表：H：指示灯　SB：按钮
SA：手动自动切换开关　QF：断路器
FU：熔断器　KH：热继电器
KM：交流接触器
KA：计算机控制中间继电器

启停类电机控制原理图
风机水泵等，计算机控制部分按系统图要求设置。

L1 L2 L3 N

停止指示
运行指示
手动/自动启动
停　止

KM SB1H
KM SB2H

QF FU SA SB1 SB2 KA KM
KM KA

风机

KA

符号表：H：指示灯
SA：手动自动切换开关
FU：熔断器
KM：交流接触器
SB：按钮
QF：断路器
KH：热继电器
KA：计算机控制中间继电器

注：所有回路除标注埋地铺设外均沿沿钢柱、主拱横梁，天沟侧面等钢构件明铺设。
温室内埋地铺设应沿着温室四周或内部道路侧，埋地深度≥0.7m，出地面后套管沿着柱梁铺设。
交流接触器按不小于电器额定电流1.5~2倍选定；热继电器按电器额定电流1~1.05倍选(设)定。

	审定		校对	工程名称	圆拱形连栋塑料温室	图纸		工程编号		阶段	施工图
	审核		设计负责人				系统图			日期	2023.12
××市建筑设计研究院	项目负责人		设计人	项目名称		名称		图号	电施-02	比例	1:150

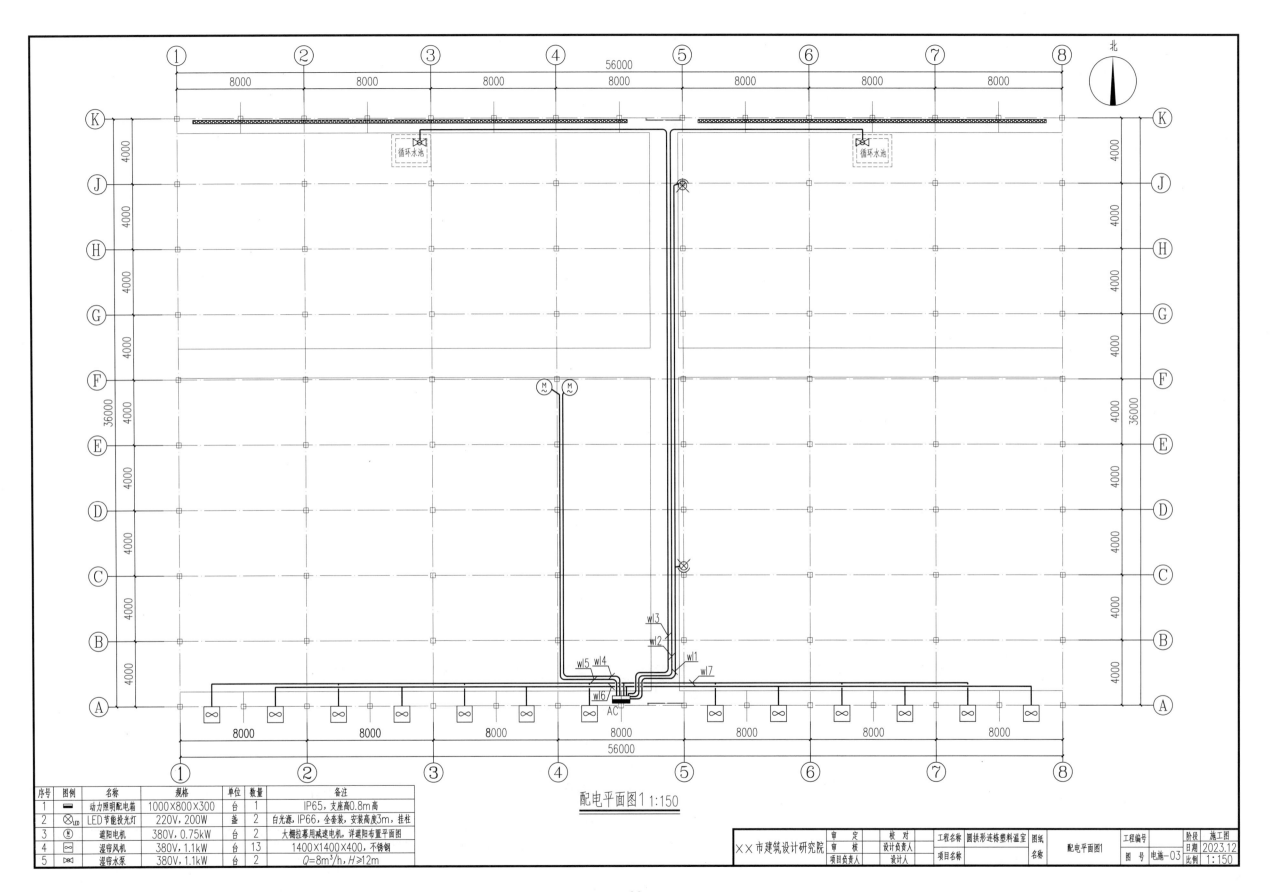

配电平面图1 1:150

序号	图例	名称	规格	单位	数量	备注
1	▭	动力照明配电箱	1000×800×300	台	1	IP65，支座高0.8m高
2	⊗LED	LED节能投光灯	220V、200W	盏	2	白光源，IP66，全套装，安装高度3m，挂柱
3	Ⓜ	遮阳电机	380V、0.75kW	台	2	大棚拉幕用减速电机，详遮阳布置平面图
4	⊠	湿帘风机	380V、1.1kW	台	13	1400×1400×400，不锈钢
5	⋈	湿帘水泵	380V、1.1kW	台	2	Q=8m³/h，H≥12m

××市建筑设计研究院

审 定		校 对		工程名称	圆拱形连栋塑料温室	图纸		工程编号		阶段	施工图
审 核		设计负责人				名称	配电平面图1			日期	2023.12
项目负责人		设计人		项目名称				图 号	电施—03	比例	1:150

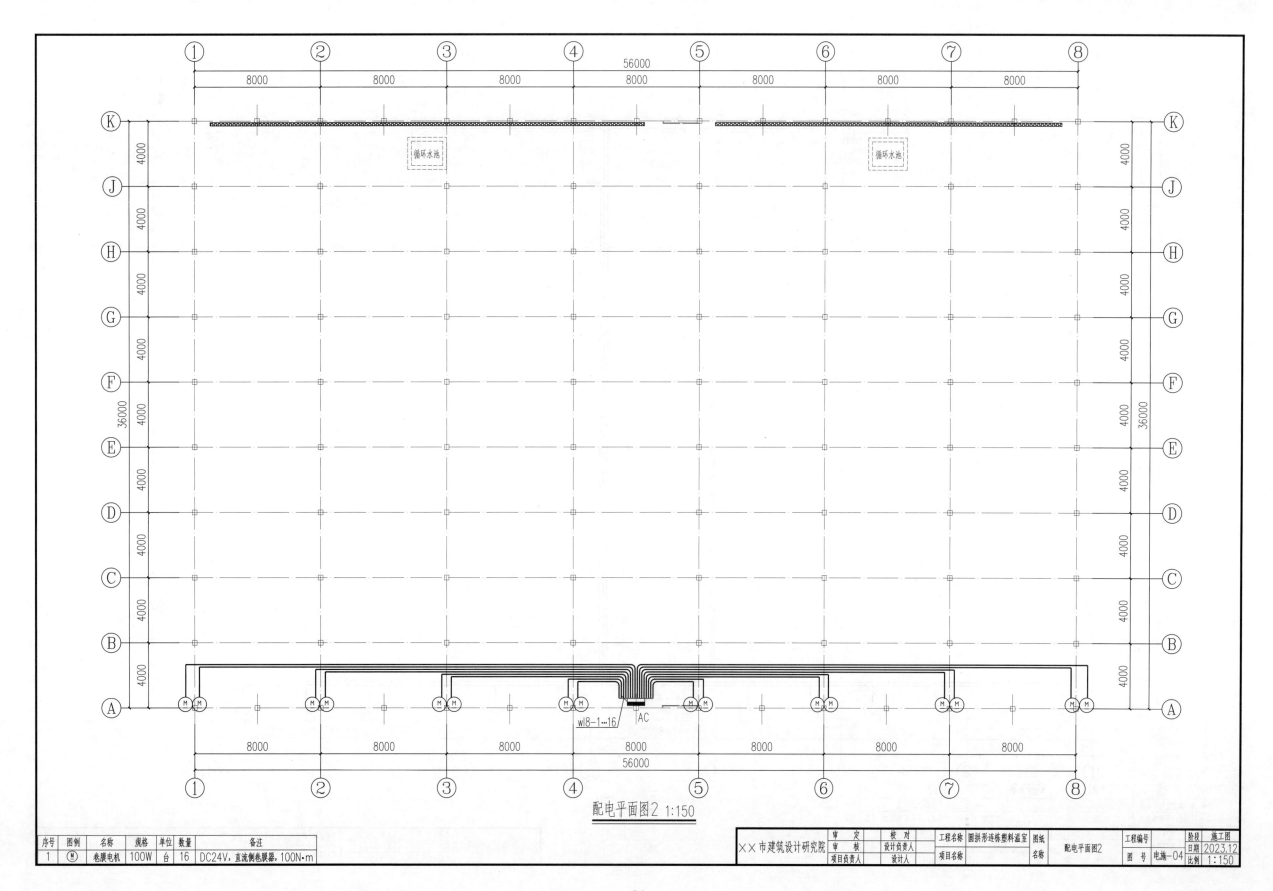

配电平面图2 1:150

序号	图例	名称	规格	单位	数量	备注
1	M	卷膜电机	100W	台	16	DC24V，直流侧卷膜器，100N·m

XX市建筑设计研究院	审 定		校 对		工程名称	圆拱形连栋塑料温室	图纸	配电平面图2	工程编号		阶段	施工图
	审 核		设计负责人				名称				日期	2023.12
	项目负责人		设计人		项目名称						图 号	电施-04	比例	1:150

94

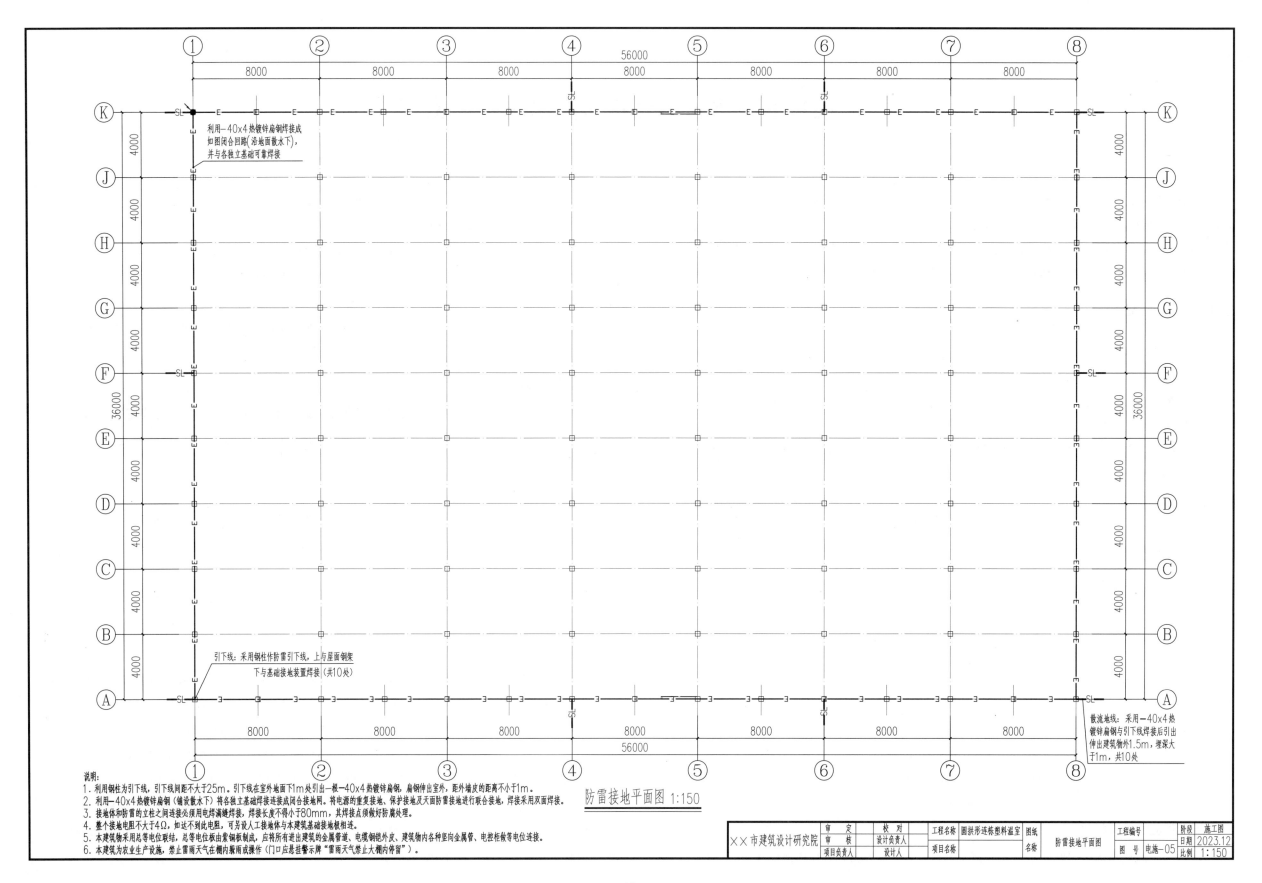

利用-40x4热镀锌扁钢焊接成
如图闭合回路(沿地面散水下),
并与各独立基础可靠焊接

引下线:采用钢柱作防雷引下线,上与屋面钢架
下与基础接地装置焊接(共10处)

散流地线:采用-40x4热
镀锌扁钢与引下线焊接后引出
伸出建筑物外1.5m,埋深大
于1m,共10处

防雷接地平面图 1:150

说明:
1. 利用钢柱为引下线,引下线间距不大于25m。引下线在室外地面下1m处引出一根-40x4热镀锌扁钢,扁钢伸出室外,距外墙皮的距离不小于1m。
2. 利用-40x4热镀锌扁钢(铺设散水下)将各独立基础焊接连接成闭合接地网。将电源的重复接地、保护接地及天面防雷接地进行联合接地,焊接采用双面焊接。
3. 接地体和防雷的立柱之间连接必须用电焊满缝焊接,焊接长度不得小于80mm,其焊接点须做好防腐处理。
4. 整个接地电阻不大于4Ω,如达不到此电阻,可另设人工接地体与本建筑基础接地板相连。
5. 本建筑物采用总等电位联结,总等电位板由紫铜板制成,应将所有进出建筑的金属管道、电缆钢铠外皮、建筑物内各种坚向金属管、电控柜做等电位连接。
6. 本建筑为农业生产设施,禁止雷雨天气在棚内聚雨或操作(门口应悬挂警示牌"雷雨天气禁止大棚内停留")。

ХХ市建筑设计研究院	审　定		校　对		工程名称	圆拱形连栋塑料温室	图纸		工程编号		阶段	施工图
	审　核		设计负责人		项目名称		名称	防雷接地平面图			日期	2023.12
	项目负责人		设计人						图　号	电施-05	比例	1:150

项目五、锯齿型连栋塑料温室施工图

锯齿型连栋塑料温室的主要特点是屋顶为锯齿型结构，设置电动卷膜开窗。温室设置外遮阳、内遮阳系统；风机湿帘降温系统；活动苗床；喷灌等。温室跨度大，空间较好，适合育苗、花卉等作物生产。项目设计按照热带地区沿海的气候特点及荷载（三亚）条件进行设计，仅供参考。其他地区应根据当地的实际情况和荷载条件进行功能设计和结构计算。

5.1 工程概况

(1) 性能参数

① 抗风载荷 $1.3kN/m^2$ ；

② 抗雪载荷 $0kN/m^2$ ；

③ 吊挂载荷 $0.15kN/m^2$ ；

④ 地震 根据《农业温室结构设计标准》GB/T 51424—2022 规定，塑料温室可不考虑。

(2) 几何参数

跨度方向长：8m×5＝40m，开间方向长：4m×8 间＝32m，单座面积1280m²；肩高 4m，顶高 5.8m，外遮阳高 6.3m。

(3) 温室结构

屋顶采用圆拱结构，骨架采用热镀锌低碳钢材。

(4) 温室结构参数

① 主立柱 采用 140mm×80mm×4mm 热镀锌矩形管。

② 拱杆 采用 40mm×40mm×2mm 热镀锌矩形管。

③ 腹杆 采用 30mm×30mm×1.5mm 热镀锌矩形管。

④ 桁架上下弦 采用 60mm×60mm×2mm 热镀锌矩形管。

⑤ 桁架腹杆 采用 30mm×3mm 热镀锌角钢。

⑥ 山墙围梁 采用 50mm×50mm×2mm 热镀锌矩形管。

⑦ 柱间支撑 采用 60mm×60mm×2mm 热镀锌矩形管。

⑧ 温室基础 采用规格为 1000mm×1000mm×1000mm C30 混凝土独立基础。

(5) 温室的覆盖材料

① 顶部 温室顶部采用厚度 0.15mm 薄膜覆盖，含卷膜开窗，开窗内侧设置 40 目防虫网。

② 四周 温室四周采用厚度 0.15mm 薄膜覆盖，含卷膜开窗，开窗内侧设置 40 目防虫网。

③ 卡槽 采用 1.0mm 厚的热镀锌大卡槽。

④ 卡簧 采用 70♯碳素钢丝 Φ2mm，镀塑层厚度 0.08～0.10mm。

⑤ 门 温室东西侧墙面中部各设一扇推拉移动门，规格约为 2.0m×2.2m。选用热镀锌钢管框架，覆盖薄膜。

⑥ 屋面排水方式 屋面天沟有组织排水排至两侧地面排水沟，落水管采用 PVC 塑料管，直径 Φ110mm。

(6) 温室的通风系统

① 顶部通风 温室屋顶两侧设电动式卷膜窗，能自由停留在任意高度，卷膜宽度 1.8m。

② 侧墙通风 温室四周墙面设电动式卷膜窗，能自由停留在任意高度，卷膜宽度 2.2m。凡开窗处装有 40 目防虫网。

(7) 温室配套设施

① 内、外遮阳系统（齿轮齿条传动） 齿条行程 3.88m，电机功率 0.75kW。系统基本组成包括：外遮阳骨架（内遮阳采用温室框架）、控制箱及减速电机、齿条副、传动轴、推拉杆、幕线与幕布等。

② 风机-湿帘降温系统 风机-湿帘降温系统是利用水的蒸发降温原理实现降温目的。湿帘安装在温室的北侧墙面，风机安装在温室南侧墙面。湿帘厚 0.15m，高 1.8m。风机外形尺寸 1380mm×1380mm×400mm，排风量 44500m³/h。

③ 移动苗床 温室共 5 跨，每跨温室安装 4 条宽 1.75m、高 0.75m 的移动苗床。苗床支架及支脚采用焊接连接。苗床网片及全部采用热镀锌处理。苗床边框采用铝合金边框。苗床柱脚采用膨胀螺栓与内部道路连接，苗床所用铁件无明显的锐角毛刺存在，钢材牌号为 Q235B。

④ 喷灌系统 温室内的育苗灌溉采用水肥一体化喷灌系统，具有灌溉和施肥双重功能。

⑤ 温室内照明 在温室走道上设 2 只 200W LED 投射灯作为辅助照明使用。

⑥ 供配电及接地 供电方式为 380V/220V、50Hz 三相五线 TN-S 系统供电。进户设接地装置。控制柜采用温室专用电气控制柜，防护等级为 IP65，下部进出线。动力设备线采用 RVV 聚氯乙烯绝缘护套铜芯软线沿柱、梁穿 PC 管明敷设。

5.2　建筑专业施工图

详见图纸设计部分（本书 100～107 页）。图中标高单位为 m，其他单位均为 mm。

5.3　结构专业施工图

详见图纸设计部分（本书 110～120 页）。图中标高单位为 m，其他单位均为 mm。

5.4　给排水专业施工图

详见图纸设计部分（本书 123～125 页）。图中标高单位为 m，其他单位均为 mm。

5.5　电气专业施工图

详见图纸设计部分（本书 128～131 页）。图中标高单位为 m，其他单位均为 mm。

锯齿型连栋塑料温室

建筑专业施工图

××市建筑设计研究院

二〇二三年十二月

图 纸 目 录

建设单位					工程编号			
工程名称	锯齿型连栋塑料温室				子 项			
序号	图 号	图 纸 名 称			图 幅	版次	备 注	
1	建施-01	建筑设计说明、室内外做法表、门窗表			A3	1		
2	建施-02	平面图			A3	1		
3	建施-03	屋面覆盖平面图			A3	1		
4	建施-04	外遮阳系统平面图			A3	1		
5	建施-05	内遮阳系统平面图			A3	1		
6	建施-06	立面图1、剖面图1			A3	1		
7	建施-07	立面图2、剖面图2			A3	1		
8	建施-08	苗床平面图			A3	1		
9								
10								
11								
12								
13								
14								
15								
16								
17								
18								
19								
20								
21								
22								
23								
24								
25								
专 业	建 筑	项目负责人		未盖出图专用章无效				
设计阶段	施工图	专业负责人						
编制日期	2023.12	编 制 人						

××市建筑设计研究院	审 定		校 对		工程名称	锯齿型连栋塑料温室	图纸	目录	工程编号		阶段	施工图
	审 核		设计负责人				名称				日期	2023.12
	项目负责人		设计人		项目名称				图 号	建施-00	比例	1:150

建筑设计说明

一、设计依据

1. 甲方提出的设计要求。
2. 经甲方认可的建筑单体设计方案。
3. 《连栋温室结构》JB/T 10288-2001。
4. 《温室防虫网设计安装规范》GB/T 19791-2005。
5. 《温室覆盖材料安装与验收规范 塑料薄膜》NY/T 1966-2010。
6. 国家现行相关的建筑规范、法规。注：该项目为农业大棚设计项目 (不属于市政工程及房屋建筑工程项目)，按照农业大棚设计标准规范执行。

二、项目概况

1. 项目名称：锯齿型连栋塑料温室。
2. 建设地点：海南省三亚市。
3. 建筑功能：本工程为蔬菜种植简易设施。
4. 建筑规模：建筑 (轴线) 面积1280.00m²。
5. 建筑类型：农业种植设施。
6. 建筑层数：一层。
7. 建筑高度：6.3m (外遮阳高度)。
8. 结构形式：轻钢结构。
9. 防火等级：农业种植设施无要求。

三、设计标高

1. 本工程±0.000的绝对标高值参见总平面图并结合现场情况确定，室内路面与室外高差0m。
2. 标高除特殊注明为结构标高外，其余均为建筑完成面标高，单位为米 (m)，尺寸标注单位为毫米 (mm)。

四、选用图集

1. 国标系列图集。
2. 选用图集不论采用全部详图或局部节点，均按图集的有关说明处理。

五、工程做法

(1) 墙体工程
① 大棚坎墙防水布，高度详见立面标注，坎墙上方为轻钢结构，各立面覆盖0.15mm厚大棚塑料薄膜 (含卷膜)，通风口采用40目全新料防虫网，安装幅宽为净宽度+0.3m。优质卡簧，镀铝锌大卡槽 (厚度为1.0mm，可卡双层卡簧) 固定。
② 大棚钢结构部分详见结构图纸。

(2) 屋面工程
① 本工程屋面为锯齿形屋面，覆盖0.15mm厚大棚塑料薄膜，安装幅宽为净宽度+0.3m，薄膜采用优质卡簧、镀铝锌大卡槽 (厚度为1.0mm，可卡双层卡簧) 固定。
② 本工程屋面采用有组织排水，天沟排水坡度0.25%，双侧排水，雨水管的外径均为dn110，材料为白色硬质PVC-U排水管。

(3) 门窗工程：设有3樘自制热镀锌钢管推拉门，薄膜覆盖，洞口尺寸详见门窗表。

(4) 内装修工程：无。

六、无障碍设计

本工程为简易大棚构筑物，日常无残障人士出入，不做无障碍设计。

七、防火设计

农业设施 (蔬菜种植大棚) 无要求。

八、其他施工注意事项

1. 本工程建筑图纸应与结构等专业图纸密切配合，如遇有图纸矛盾时，应及时与设计人员联系。
2. 施工中发现与设计有关的技术问题，应及时通知设计单位洽商解决，不得擅自修改设计。
3. 施工中应严格执行国家各项施工质量验收规范。

室内外做法表

类别	编号	适用范围	备注
入口坡道	—	全部	1. 50厚人行道砖 (透水砖) 面层，砂扫缝 2. 50厚河砂垫层 3. 原土整平压实
操作走道	—	全部	1. 50厚人行道砖 (透水砖) 面层，砂扫缝 2. 50厚河砂垫层 3. 原土整平压实
多功能操作区/苗床区	—	全部	1. 满铺园艺地布 2. 原土整平压实

门窗表

类型	设计编号	洞口尺寸	数量	备注
推拉门	M2020	2000mm×2000mm	1	热镀锌钢管30×30×1.5边框，吊轨推拉门，0.15mm薄膜覆盖
	M2424	2400mm×2400mm	2	热镀锌钢管30×30×1.5边框，吊轨推拉门，0.15mm薄膜覆盖

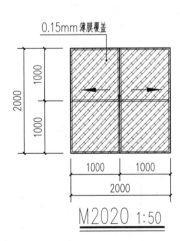

M2020 1:50

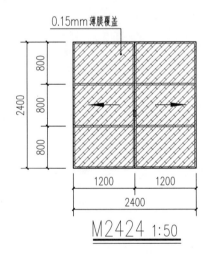

M2424 1:50

审 定		校 对		工程名称	锯齿型连栋塑料温室	图纸	建筑设计说明、	工程编号		阶段	施工图
审 核		设计负责人				名称	室内外做法表、门窗表			日期	2023.12
项目负责人		设计人		项目名称				图 号	建施-01	比例	1:150

XX市建筑设计研究院

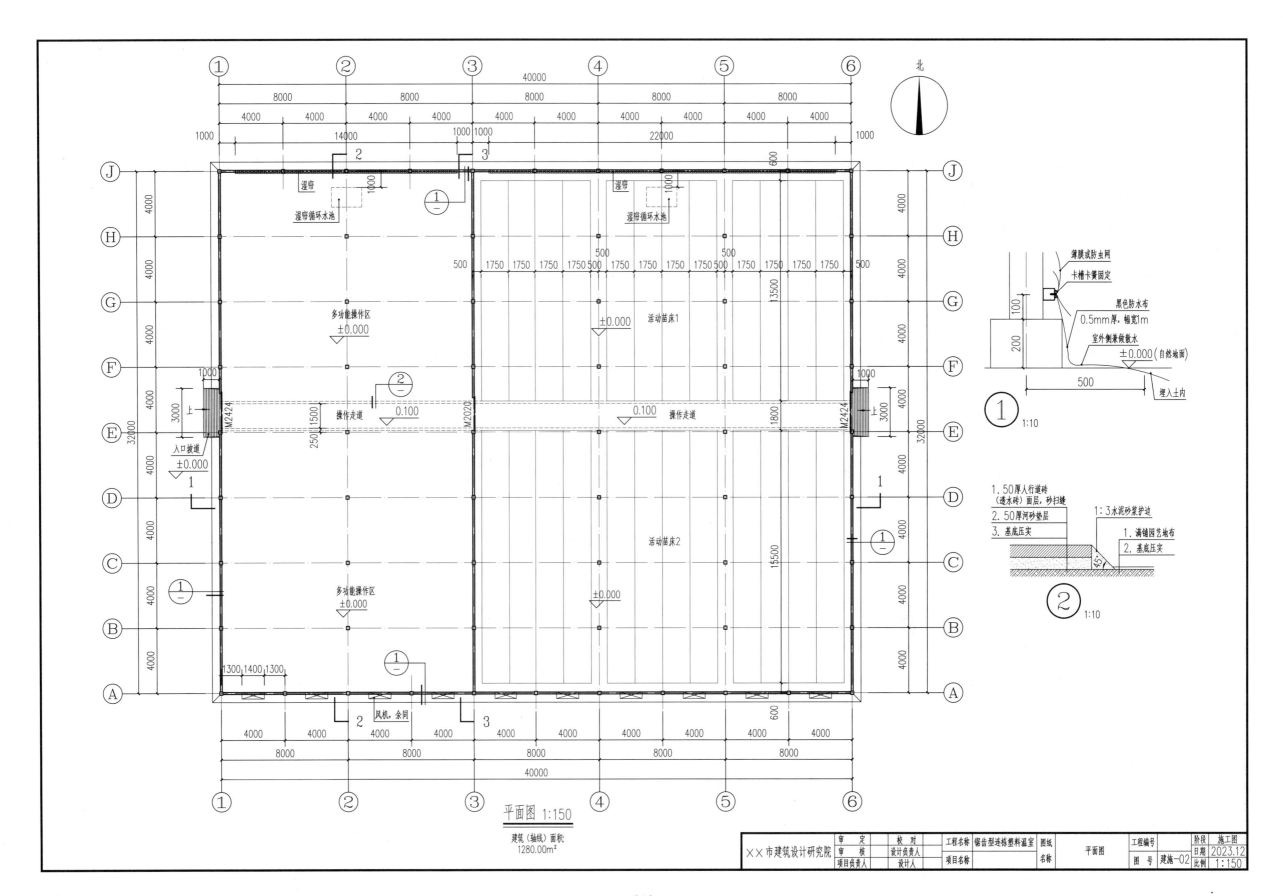

平面图 1:150

建筑（轴线）面积
1280.00m²

	审 定		校 对		工程名称	锯齿型连栋塑料温室	图纸		平面图	工程编号		阶段	施工图
××市建筑设计研究院	审 核		设计负责人				名称				日期	2023.12
	项目负责人		设计人		项目名称				图 号	建施—02	比例	1:150

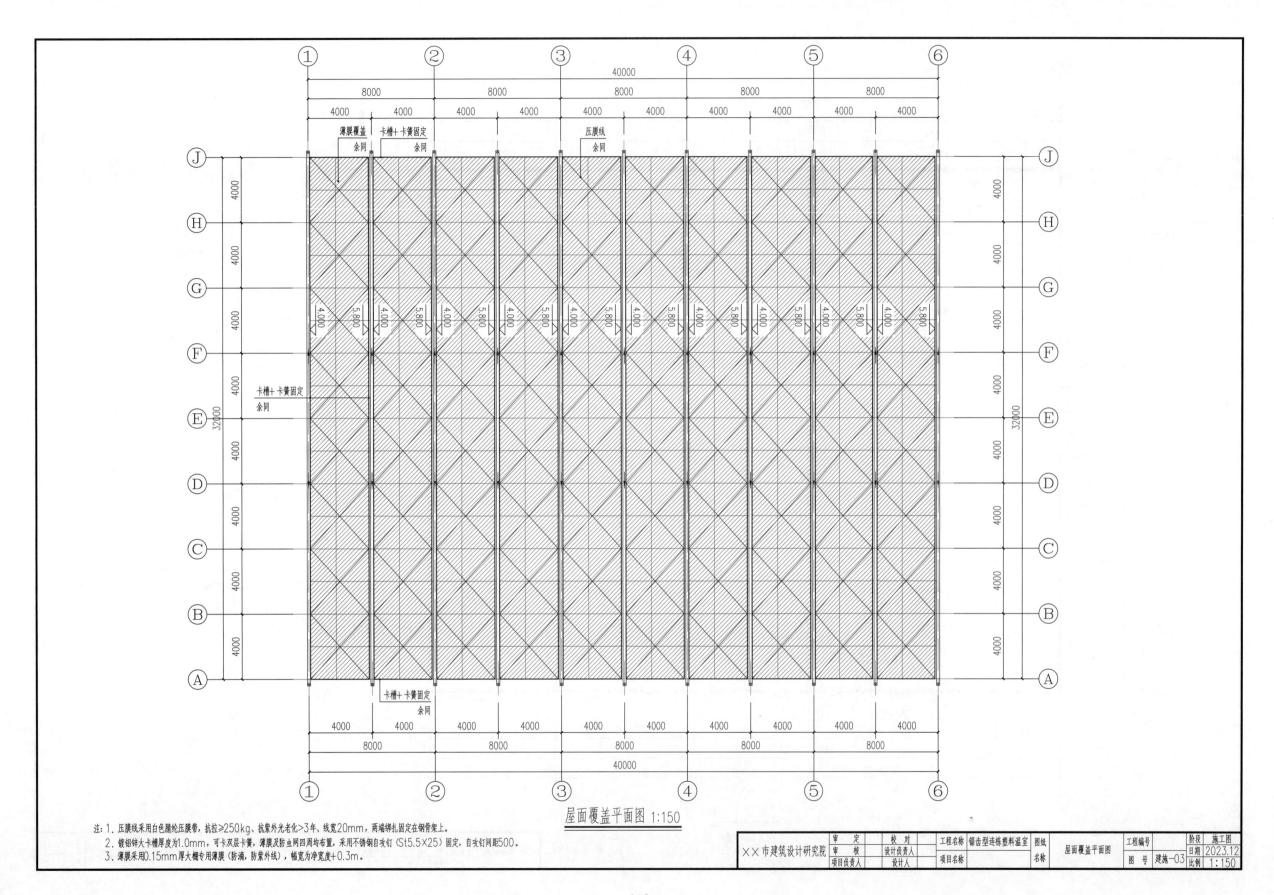

屋面覆盖平面图 1:150

注: 1. 压膜线采用白色腈纶压膜带,抗拉≥250kg、抗紫外光老化>3年、线宽20mm,两端绑扎固定在钢骨架上。
2. 镀铝锌大卡槽厚度为1.0mm,可卡双层卡簧,薄膜及防虫网四周均布置,采用不锈钢自攻钉(St5.5×25)固定,自攻钉间距500。
3. 薄膜采用0.15mm厚大棚专用薄膜(防滴,防紫外线),幅宽为净宽度+0.3m。

××市建筑设计研究院	审 定		校 对		工程名称	锯齿型连栋塑料温室	图纸	屋面覆盖平面图	工程编号		阶段	施工图
	审 核		设计负责人				名称				日期	2023.12
	项目负责人		设 计 人		项目名称				图 号	建施-03	比例	1:150

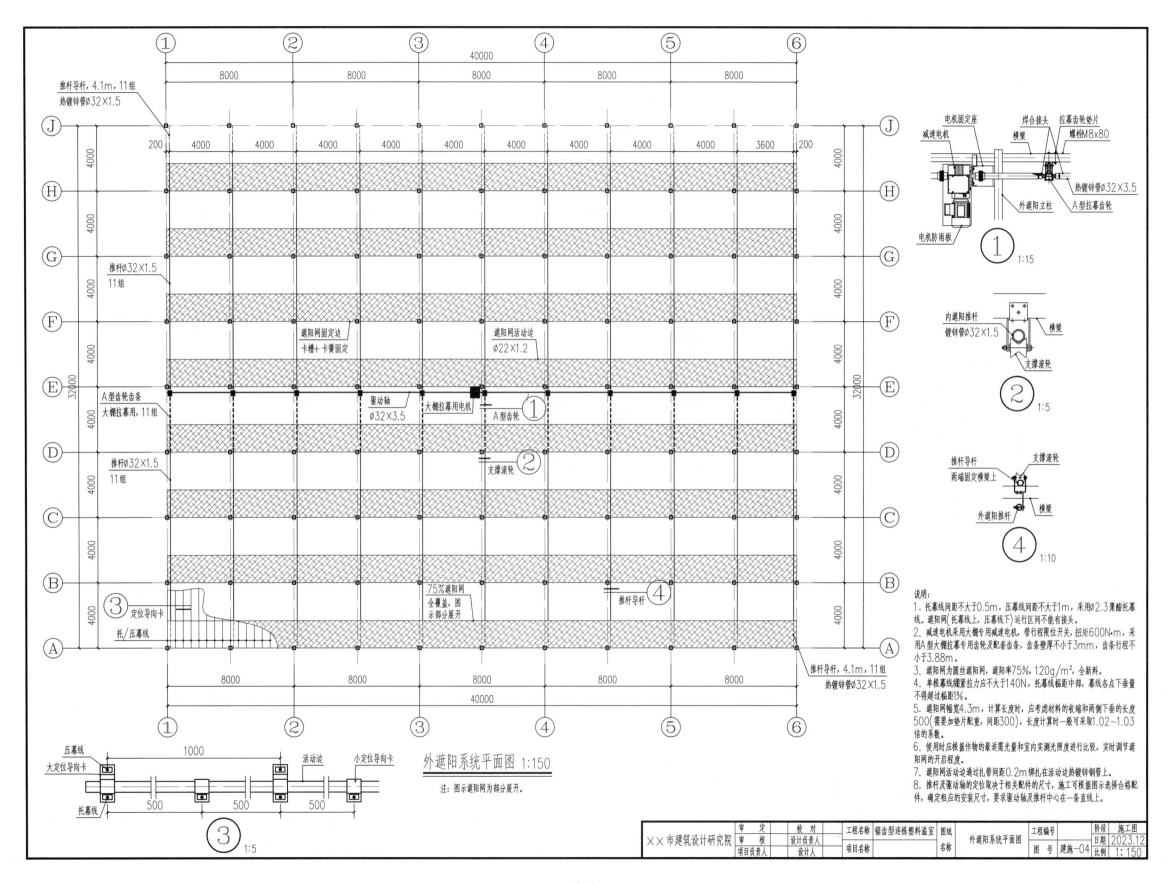

外遮阳系统平面图 1:150

注：图示遮阳网为部分展开。

说明：
1. 托幕线间距不大于0.5m，压幕线间距不大于1m，采用ø2.3聚酯托幕线。遮阳网（托幕线上，压幕线下）运行区间不能有接头。
2. 减速电机采用大棚专用减速电机，带行程限位开关，扭矩600N·m，采用A型大棚拉幕专用齿轮及配套齿条，齿条壁厚不小于3mm，齿条行程不小于3.88m。
3. 遮阳网为圆丝遮阳网，遮阳率75%，120g/m²，全新料。
4. 单根幕线绷紧拉力应不大于140N，托幕线栅距中部，幕线各点下垂量不得超过栅距1%。
5. 遮阳网幅宽4.3m，计算长度时，应考虑材料的收缩和两侧下垂的长度500（需要加垫片配重，间距300），长度计算时一般可采取1.02~1.03倍的系数。
6. 使用时应根据作物的最适需光量和室内实测光照度进行比较，实时调节遮阳网的开启程度。
7. 遮阳网活动边通过扎带间距0.2m绑扎在活动边热镀锌钢管上。
8. 推杆及驱动轴的定位取决于相关配件的尺寸，施工可根据图示选择合格配件，确定相应的安装尺寸，要求驱动轴及推杆中心在一条直线上。

×× 市建筑设计研究院	审 定		校 对		工程名称	锯齿型连栋塑料温室	图纸名称	外遮阳系统平面图	工程编号		阶段	施工图
	审 核		设计负责人								日期	2023.12
	项目负责人		设 计 人		项目名称				图 号	建施-04	比例	1:150

103

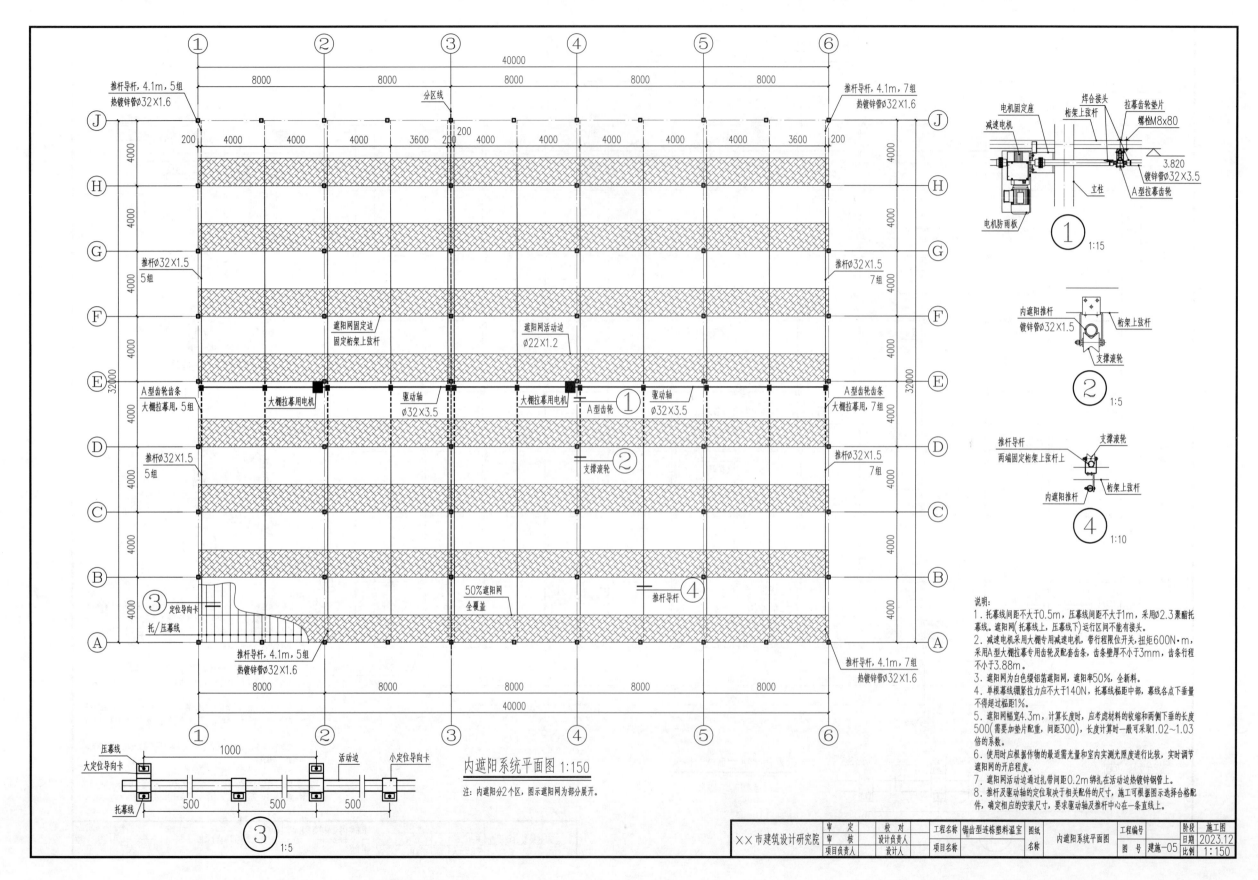

内遮阳系统平面图 1:150

注: 内遮阳分2个区, 图示遮阳网为部分展开。

说明:
1. 托幕线间距不大于0.5m, 压幕线间距不大于1m, 采用∅2.3聚酯托幕线。遮阳网(托幕线上, 压幕线下)运行区间不能有接头。
2. 减速电机采用大棚专用减速电机, 带行程限位开关, 扭矩600N·m, 采用A型大棚拉幕专用齿轮及配套齿条, 齿条壁厚不小于3mm, 齿条行程不小于3.88m。
3. 遮阳网为白色缀铝箔遮阳网, 遮阳率50%, 全新料。
4. 单根幕线绷紧拉力应不大于140N, 托幕线幕距中部, 幕线各点下垂量不得超过幕距1%。
5. 遮阳网幅宽4.3m, 计算长度时, 应考虑材料的收缩和两侧下垂的长度500(需要加垫片配重, 间距300), 长度计算时一般可采取1.02~1.03倍的系数。
6. 使用时应根据作物的最近需光量和室内实测光照度进行比较, 实时调节遮阳网的开启程度。
7. 遮阳网活动边通过扎带间距0.2m绑扎在活动边热镀锌钢管上。
8. 推杆及驱动轴的定位取决于相关配件的尺寸, 施工可根据图示选择合格配件, 确定相应的安装尺寸, 要求驱动轴及推杆中心在一条直线上。

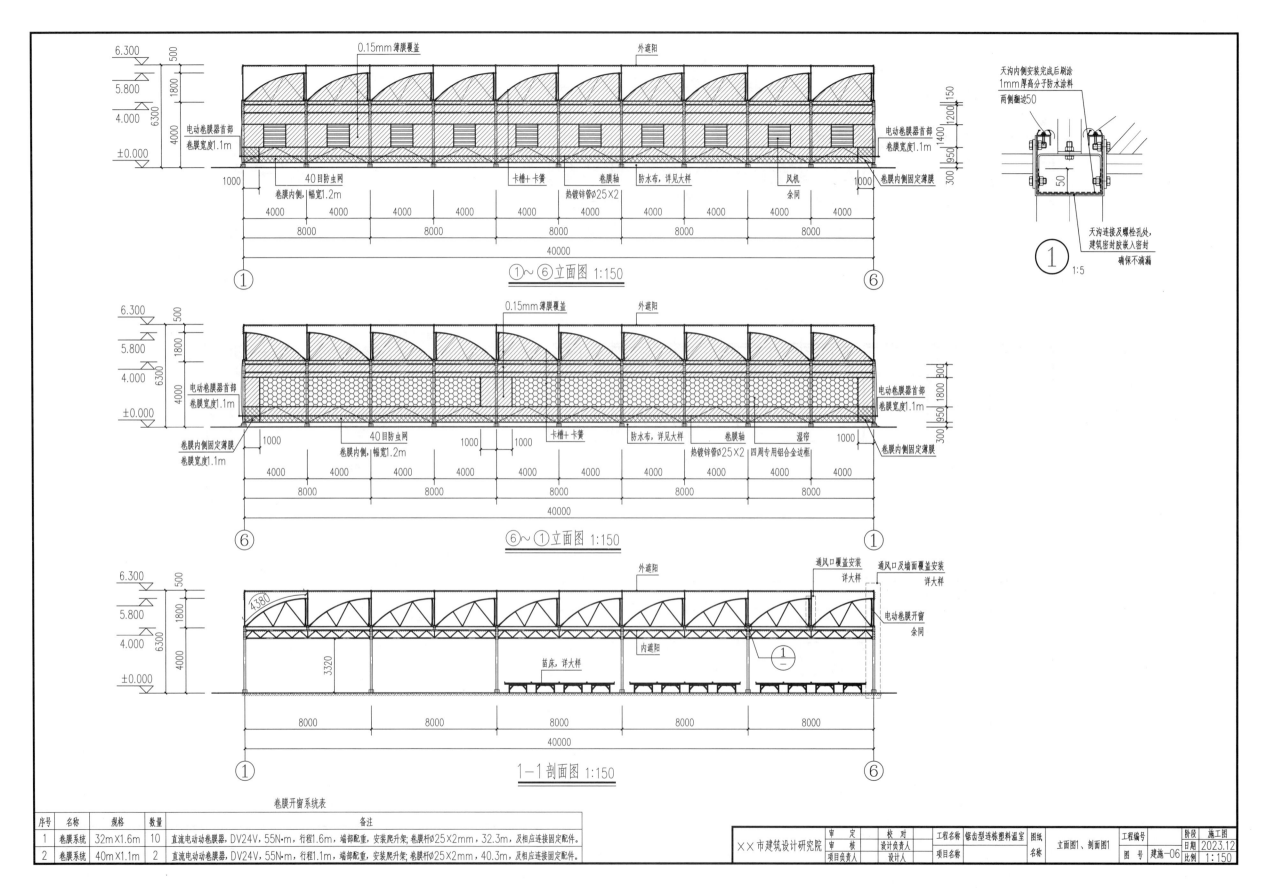

①～⑥立面图 1:150

⑥～①立面图 1:150

1—1剖面图 1:150

卷膜开窗系统表

序号	名称	规格	数量	备注
1	卷膜系统	32m×1.6m	10	直流电动卷膜器,DV24V,55N·m,行程1.6m,端部配重,安装爬升架;卷膜杆⌀25×2mm,32.3m,及相应连接固定配件。
2	卷膜系统	40m×1.1m	2	直流电动卷膜器,DV24V,55N·m,行程1.1m,端部配重,安装爬升架;卷膜杆⌀25×2mm,40.3m,及相应连接固定配件。

××市建筑设计研究院

审 定		校 对		工程名称	锯齿型连栋塑料温室	图纸	立面图1、剖面图1	工程编号		阶段	施工图
审 核		设计负责人				名称				日期	2023.12
项目负责人		设计人		项目名称				图 号	建施-06	比例	1:150

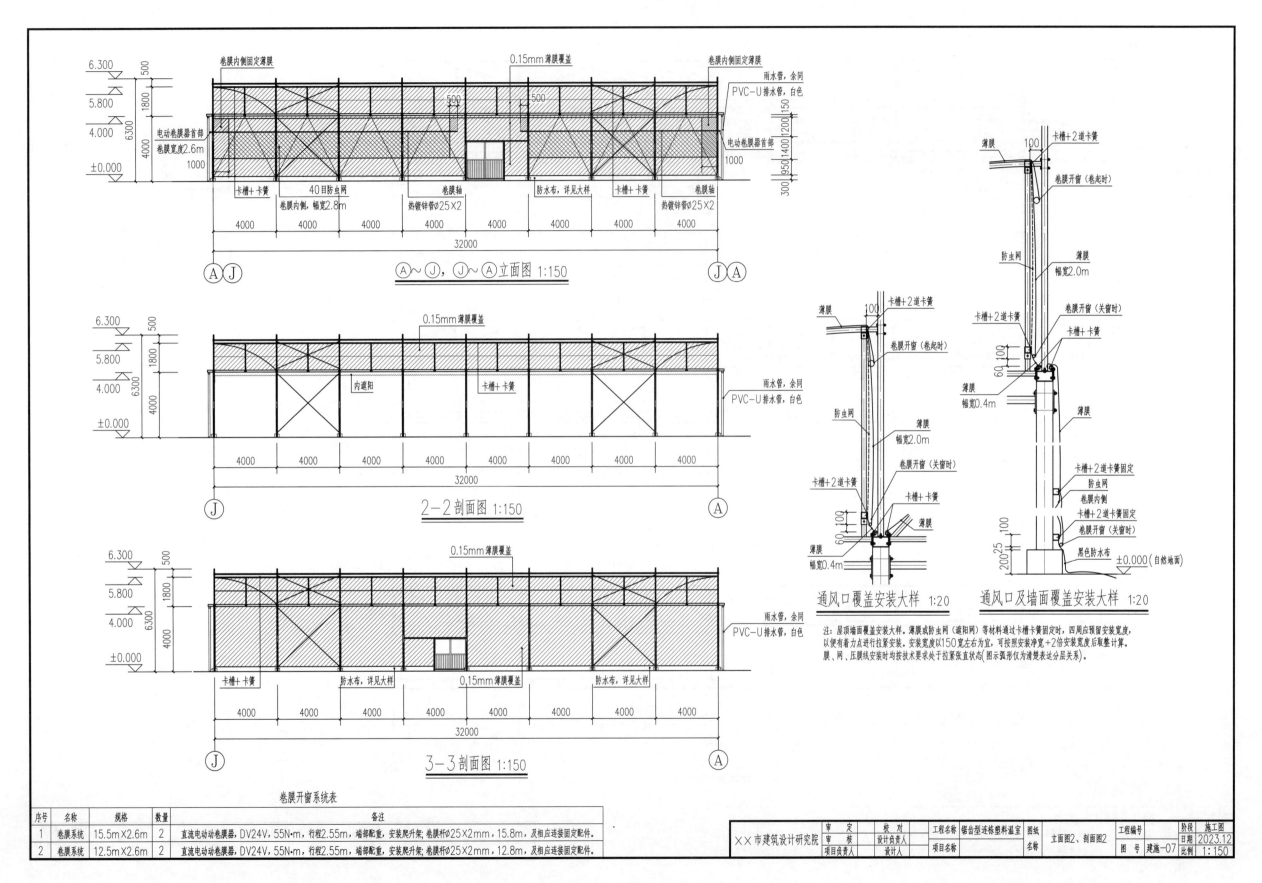

卷膜开窗系统表

序号	名称	规格	数量	备注
1	卷膜系统	15.5m×2.6m	2	直流电动卷膜器，DV24V，55N·m，行程2.55m，墙部配重，安装爬升架，卷膜杆Ø25×2mm，15.8m，及相应连接固定配件。
2	卷膜系统	12.5m×2.6m	2	直流电动卷膜器，DV24V，55N·m，行程2.55m，墙部配重，安装爬升架，卷膜杆Ø25×2mm，12.8m，及相应连接固定配件。

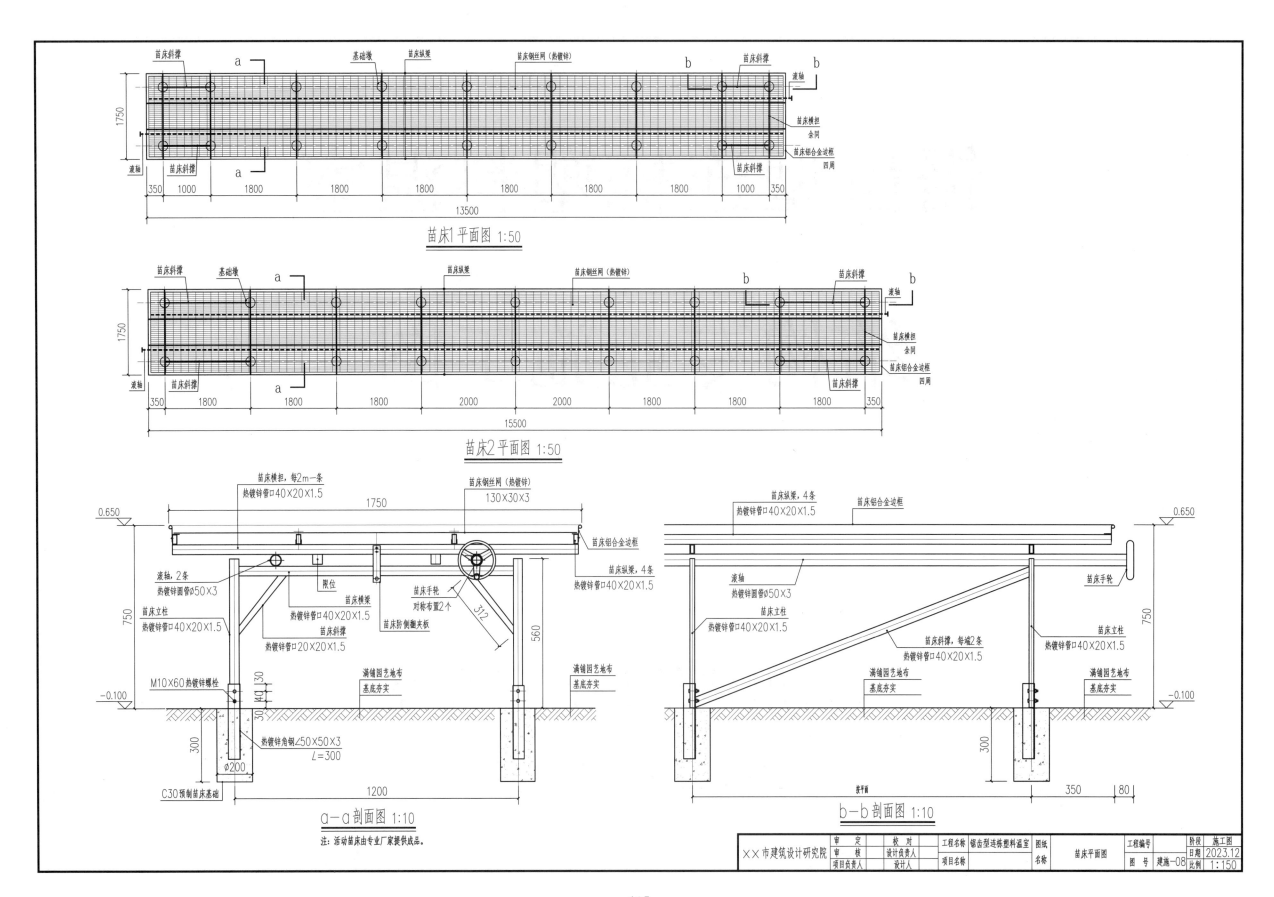

苗床1平面图 1:50

苗床2平面图 1:50

a—a 剖面图 1:10

注：活动苗床由专业厂家提供成品。

b—b 剖面图 1:10

×× 市建筑设计研究院	审　定		校　对		工程名称	锯齿型连栋塑料温室	图纸		苗床平面图	工程编号		阶段	施工图
	审　核		设计负责人							日期	2023.12
	项目负责人		设计人		项目名称		名称			图　号	建施—08	比例	1:150

锯齿型连栋塑料温室

结构专业施工图

××市建筑设计研究院

二〇二三年十二月

图 纸 目 录

建设单位					工程编号			
工程名称	锯齿型连栋塑料温室				子 项			
序号	图号	图 纸 名 称			图 幅	版次	备 注	
1	结施-01	结构设计说明			A3	1		
2	结施-02	钢结构主要材料表			A3	1		
3	结施-03	基础平面图、基础圈梁大样图			A3	1		
4	结施-04	锚栓平面图、柱脚大样图			A3	1		
5	结施-05	柱网支撑平面图			A3	1		
6	结施-06	天沟桁架布置平面图			A3	1		
7	结施-07	屋架布置平面图			A3	1		
8	结施-08	外遮阳立柱平面图			A3	1		
9	结施-09	外遮阳横纵梁平面图			A3	1		
10	结施-10	立面图1、剖面图1			A3	1		
11	结施-11	立面图2、剖面图2			A3	1		
12								
13								
14								
15								
16								
17								
18								
19								
20								
21								
22								
23								
24								
25								
专 业		结 构	项目负责人		未盖出图专用章无效			
设计阶段		施工图	专业负责人					
编制日期		2023.12	编 制 人					

××市建筑设计研究院	审 定		校 对		工程名称	锯齿型连栋塑料温室	图纸名称	目录	工程编号		阶段	施工图
	审 核		设计负责人								日期	2023.12
	项目负责人		设计人		项目名称				图 号	结施-00	比例	1:150

结构设计说明

一、设计依据

1. 《农业温室结构荷载规范》GB/T 51183-2016。
2. 《种植塑料大棚工程技术规范》GB/T 51057-2015。
3. 《农业温室结构设计标准》GB/T 51424-2022。

参考以下规范：

1. 《建筑结构荷载规范》GB 50009-2012。
2. 《建筑地基基础设计规范》GB 50007-2011。
3. 《砌体结构设计规范》GB 50003-2011。
4. 《钢结构设计标准》GB 50017-2017。
5. 《冷弯薄壁型钢结构技术规范》GB 50018-2002。
6. 《门式刚架轻型房屋钢结构技术规范》GB 51022-2015。
7. 《钢结构工程施工质量验收标准》GB 50205-2020。
8. 《金属覆盖层 钢铁制件热浸镀锌层 技术要求及试验方法》GB/T 13912-2020。
9. 《混凝土结构工程施工质量验收规范》GB 50204-2015。

二、工程概况

1. 本工程采用结构体系

本工程为锯齿型连栋塑料温室，钢、轻钢结构，位于海南省三亚市。地上1层，层高6.3m，设计使用年限20年（主体结构），结构重要性系数0.9。

2. 暂未提供岩土勘察报告，设计时按地基承载力特征值为120kPa考虑，施工时应复核，如有不符，应通知设计修改。

3. 设计荷载

(1)风荷载

按《农业温室结构荷载规范》基本风压1.3kN/m²（钢结构部分），场地地面粗糙度B类，风压高度变化系数μₛ=0.94，风荷载分项系数1.0。

(2)其他荷载

① 屋面恒载：0.20kN/m²，活载：0.10kN/m²。
② 雪荷载：0kN/m²
③ 地震：根据《农业温室结构设计标准》（GB/T 51424-2022）规定，塑料温室可不考虑。

4. 结构刚度控制指标

① 变形指标：主跨扰度控制值为L/150，立柱柱顶水平位移值为H/60。
② 长细比：主要构件200，拱杆220，次构件及支撑250。

5. 未经技术鉴定或设计许可不得改变结构设计用途和使用环境。

三、计算软件

中国建筑科学研究院PKPM结构计算软件2010版。

四、材料

1. 结构用钢牌号为Q235B。Q235B钢材力学性能及碳硫磷等含量的合格保证必须满足《碳素结构钢》（GB/T 700-2006）的规定。选用钢材还应符合下列规定：

① 钢材的屈服强度实测值与抗拉强度实测值的比值不应大于0.85；
② 钢材应有明显的屈服台阶，且伸长率应大于20%；
③ 钢材应有良好的可焊性和合格的冲击韧性；
④ 镀锌钢绞线的抗拉强度为1470N/mm²。

2. 焊条

① 自动或半自动焊时，采用H08A或H08MnA焊丝，其性能应符合《熔化焊用钢丝》（GB/T 14957-1994）的规定。手工焊时，采用E4303、E5003型焊条，其性能应符合《非合金及细晶粒钢焊条》（GB/T 5117-2012）及《热强钢焊条》（GB/T 5118-2012）的规定；
② 焊接钢筋用焊条按下表采用

	焊接形式		
	钢筋与型钢	钢筋搭接焊、绑条焊	钢筋剖口焊
HRB400级	E43	E50	E55

3. 螺栓

① 高强度螺栓应采用10.9S大六角头承压型高强度螺栓；其技术条件须符合《钢结构用高强度大六角头螺栓》（GB/T 1228-2006）、《钢结构用高强度大六角螺母》（GB/T 1229-2006）、《钢结构用高强度垫圈》（GB/T 1230-2006）、《钢结构用高强度大六角头螺栓、大六角头螺母、垫圈技术条件》（GB/T 1231-2006）的规定；
② 普通螺栓应符合现行国家标准《六角头螺栓 C级》（GB 5780-2016）。

4. 钢筋

钢筋强度标准值应具有不小于95%的保证率。钢筋进场时，应按国家现行标准的规定抽取试件作屈服强度、抗拉强度、伸长率、弯曲性能和重量偏差检验，检验结果应符合相应标准的规定。钢筋焊接应符合《钢筋焊接及验收规程》（JGJ 18-2012）的相关要求。

5. 混凝土

① 混凝土强度等级（图纸中有注明的除外）见下表

部位	混凝土强度等级	抗渗等级	备注
基础	C30		
柱	C30		
垫层	C20		
圈梁	C30		

② 混凝土保护层：基础混凝土的保护层厚度不小于40mm，柱为30mm。

6. 砌体

① ±0.000以下墙身采用MU10水泥砖、M7.5水泥砂浆砌筑。±0.000以上墙身采用MU7.5水泥砖、M5水泥砂浆砌筑；
② 砌体施工质量应达到B级，符合《砌体结构工程施工质量验收规范》（GB 50203-2011）

五、钢材制作

1. 本图中的钢结构构件必须在有资质的、具有专门机械设备的建筑金属加工厂加工制作。

2. 钢结构构件应严格按照国家《钢结构工程施工质量验收标准》（GB 50205-2020）进行制作。

3. 除地脚栓或图面有注明者外钢结构构件上螺栓钻孔直径均比螺杆直径大1.5～2.0mm。

六、焊接

1. 焊接时应选择合理的焊接工艺和焊接顺序，以减小钢结构中产生的焊接应力和焊接变形。

2. 组合H型钢因焊接产生的变形应以机械或火焰矫正调直，具体做法应符合GB 50205的相关规定。

3. 构件角焊缝厚度范围详见"焊接详图"。

4. 图中无注明的角焊缝焊脚尺寸按焊角尺寸表选用。

七、钢结构的运输、检验、堆放

1. 在运输及操作过程中应采取措施防止构件变形和损坏。

2. 结构安装前应对构件进行全面检查，如构件的数量、长度、垂直度，安装接头处螺栓孔之间的尺寸是否符合设计要求等；

3. 构件堆放场地应事先平整夯实，并做好四周排水；

4. 构件堆放时，应先放置枕木垫平，不宜直接将构件放置于地面上。

八、钢结构安装

1. 柱脚及基础锚栓

应在混凝土短柱上用墨线及经纬仪各中心线弹出，用水准仪将标高引测到锚栓上。基础底板及锚栓尺寸经复检符合《钢结构工程施工质量验收标准》（GB 50205-2020）要求，且基础混凝土强度等级达到设计强度等级的70%后方可进行钢柱安装。钢柱底板用调整螺母进行水平度的调整。待结构形成空间单元且经检测、校核几何尺寸无误后，柱脚采用C35微膨胀自流性细石混凝土浇筑柱底空腔，可采用压力灌浆，应确保密实。

2. 结构安装

应先安装靠近山墙的有柱间支撑的两榀钢架，而后安装其他钢架。头两榀钢架安装完毕后，再调整两榀钢架间的水平系杆、柱间支撑及屋面水平支撑的垂直度及水平度，待调整正确后方可锁定支撑，而后安装其他钢架。

3. 钢柱吊装

钢柱吊至基础短柱顶面后，采用经纬仪进行校正。结构吊（安）装时应采取有效措施确保结构的稳定，并防止产生大变形。结构安装完成后，应详细检查运输、安装过程中涂层的擦伤，并补刷油漆，对所有的连接螺栓应逐一检查，以防漏拧或松动。不得在构件上加焊非设计要求的其他构件。

4. 钢架在施工中应及时安装就位，在安装和房屋使用过程中如遇通台风，必要时增设临时拉杆和缆风绳进行充分固定。

九、钢结构涂装

1. 本工程的所有构件均采用热镀锌防锈处理，应符合《金属覆盖层 钢铁制件热浸镀锌层 技术要求及试验方法》（GB/T 13912-2020）的相关要求。镀锌前后，构件上不得有裂纹、夹层、烧伤和其他影响强度的缺陷。镀锌后的增重应达到6%～13%，镀锌平均厚度—最不小于55μm（材料壁厚大于3mm应不小于70μm、大于6mm时应不小于85μm、小于1.5mm时，应不小于45μm）。外壁表面不得漏镀，外表面应光洁，每米长度内只允许出现一处长度不超过100mm非包容重新粗糙表面，其大的突起高度不得大于2mm，并不得影响安装。

2. 局部焊接部位，应对焊接处构件表面进行打磨、除锈和涂装。除锈等级不低于Sa2或St2，涂装应采用氟碳漆，涂装遍数不少于二底二面；且涂布程度及涂装施工环境应满足现行《钢结构工程施工质量验收标准》（GB 50205-2020）中的要求。

十、钢结构维护

钢结构使用过程中，可根据使用情况（如涂料材料使用年限，结构使用环境条件等），定期对结构进行必要维护（如对钢结构重新进行涂装，更换损坏构件等），以确保使用过程中的结构安全。

十一、其他

1. 本工程施工时，应与相关设备、建筑等其他专业密切配合，以免返工，在钢结构连接凸出部、有毛刺等有可能影响薄膜安装的部位缠旧膜予以保护，薄膜安装质量按照《大棚覆盖材料安装与验收规范 塑料薄膜》（NY/T 1996）执行。

2. 雨季施工应采取相应的技术措施。

3. 施工中发现与设计有关的技术问题，应及时通知设计单位洽商解决，不得擅自修改设计。

4. 材料表中为理论数量，实际加工时适当增加余量。

5. 未尽事宜应按照现行施工及验收规范、规程的有关规定进行施工。

较厚焊件厚度/mm	角焊缝的最小焊角尺寸hₜ 手工焊hₜ/mm	埋弧焊hₜ/mm	较薄焊件的厚度/mm	角焊缝的最大焊角尺寸hₜ 最大焊角尺寸hₜ/mm
<4	4	3	4	5
5～7	4	3	5	6
8～11	5	4	6	7
12～16	6	5	8	10
17～21	7	6	10	12
22～26	8	7	12	14
27～36	9	8	14	17

审 定		校 对		工程名称	锯齿型连栋塑料温室	图纸		工程编号		阶段	施工图
审 核		设计负责人					结构设计说明			日期	2023.12
××市建筑设计研究院		项目负责人		设计人		项目名称		名称		图号	结施-01	比例	1:150

钢结构主要材料表　注：表中材料需要全部热浸镀锌处理。

序号	名称	编号	规格	长度/m	单位	数量	单重/kg	合重/kg
			一、立柱					
1	主立柱	Z1	□140×80×4	4.000	件	64.00	53.26	3408.38
2	短柱	DZ	□140×80×4	0.150	件	35.00	1.81	63.30
3	门柱	MZ	□50×50×2	1.000	延米	8.50	3.01	25.59
			二、桁架					
	桁架	HJ		8	m	35.00		个
1		上弦杆	□60×60×2	8.000	件	35.00	29.14	1019.76
2		下弦杆	□60×60×2	8.000	件	35.00	29.14	1019.76
3		腹杆	L30×3	11.000	件	35.00	15.54	544.01
4		加劲板	−100×100×5			140.00	0.39	55.02
5		端部连接板	−680×80×10		件	70.00	4.27	298.90
			三、天沟					
1	中天沟	TG	−480×2.0	4.000	件	88.00	30.14	2652.67
2	边天沟	DTG	−480×2.0	0.400	件	22.00	3.01	66.32
3	天沟连接板		−390×3.0	0.140	件	179.00	1.25	224.26
			四、各种横梁、杆					
1	山墙横梁	DHL	□60×60×2	4.000	件	40.00	14.57	582.72
2	山墙围梁	DWL	□50×50×2	1.000	延米	240.00	3.01	722.40
3	风机立柱	FJ	□50×50×2	2.100	件	20.00	6.32	126.42
4	湿帘立柱	SL	□50×50×2	1.800	件	4.00	5.42	21.67
5	门梁	MHL	□50×50×2	1.000	延米	12.00	3.01	36.12
6	侧墙围梁	CWL	□50×50×2	1.000	延米	181.60	3.01	546.62
7	侧墙窗立柱	CTF	□50×50×2	2.450	件	3.00	7.37	22.12
8	隔墙围梁	NWL	□50×50×2	1.000	延米	32.00	3.01	96.32
9	围梁角钢连接件		∠50×50×5	0.100	件	117.00	0.39	45.92
10	横梁端板		−215×80×10		件	80.00	1.35	108.00
			五、骨架斜撑部分					
1	柱间支撑	ZJZC	□60×60×2	5.300	件	24.00	19.30	463.26
2	天沟撑	TGC	∅10	5.600	件	20.00	3.46	69.10
3	屋面支撑	WMC	∅32×1.6	5.800	件	20.00	6.96	139.20
4	天沟撑连接板1	HJLT	−80×80×5		件	20.00	0.25	5.02
5	天沟撑连接板2		−180×50×5		件	20.00	0.35	7.06
6	天沟撑角钢		∠50×50×5	0.050	件	20.00	0.20	3.93
			六、屋面构件部分					
1			□40×40×2	4.350	件	90.00	10.38	934.12
2	主屋架	ZWJ	□40×40×2	3.844	件	90.00	9.17	825.46
3			□40×40×2	1.674	件	90.00	3.99	359.47
4			□30×30×1.5	4.700	件	90.00	6.31	567.67
5	副屋拱	FWJ	□40×40×2	4.300	件	80.00	10.26	820.78
6	屋脊横梁	WJL	□50×50×2	4.000	件	160.00	12.06	1928.96
7	屋面系杆	XG	∅32×1.6	1.000	延米	320.00	1.20	384.00
8	端部连接板		−100×140×5		件	260.00	0.55	143.00
9	连接角钢	-	∠50×50×5	0.050	件	400.00	0.20	78.50

序号	名称	编号	规格	长度/m	单位	数量	单重/kg	合重/kg
			七、外遮阳部分					
1	外遮阳立柱	WLZ	□50×50×2	2.210	件	99.00	6.65	658.56
2	外遮阳柱间斜撑	WZC	∅32×1.6	4.300	件	44.00	5.16	227.04
3	外遮阳边横梁	WBHL	□70×50×2	4.000	件	20.00	14.56	291.20
4	外遮阳中横梁	WHL	□50×50×2	4.000	件	70.00	12.04	842.80
5	外遮阳纵梁	WZL	□50×50×2	4.000	件	88.00	12.04	1059.52
6	外遮阳立柱底板		−286×140×3		件	99.00	0.92	91.38
7	外遮阳柱连接板		−140×50×5		件	99.00	0.28	27.23
8	外遮阳梁连接板		−110×50×5		件	356.00	0.22	76.90
			八、汇总					
1	项目总用钢量/kg							21690.44
2	总轴线面积/m²							1280.00
3	平均用钢量/(kg/m²)							16.95
4	主体平均用钢量/(kg/m²)							14.39
5	外遮阳平均用钢量/(kg/m²)							2.56

注：1. 以上材料要求采用热镀锌材料；材料长度按中心线长度计算，下料加工应以实际长度为准。
2. 型钢外形符号：圆管∅、方管或矩管□、角钢∠、扁钢或板件−、槽钢［；或代号：方管F、矩管J、圆管Y、C型钢C。

锚栓预埋件材料表　注：表中材料需要全部热浸镀锌处理（锚栓除外）。

序号	名称	编号	规格	长度/m	单位	数量	单重/kg	合重/kg
1	锚栓	MS1	4−M16×700		件	64	4.42	282.778
2	底板		−250×250×18		件	64	8.83	565.184
3	锚栓加劲板		−100×60×10		件	256	0.47	120.576
4	锚栓抗剪键		［5	0.05	件	64	0.24	15.520
5	垫板		−40×40×10		件	256	0.13	32.256
6	合计		kg					1016.314
7	锚栓预埋件平均用钢量/(kg/m²)							0.79

××市建筑设计研究院	审　定		校　对		工程名称	锯齿型连栋塑料温室	图纸		钢结构主要材料表	工程编号		阶段	施工图
	审　核		设计负责人				名称					日期	2023.12
	项目负责人		设计人		项目名称					图　号	结施−02	比例	1：150

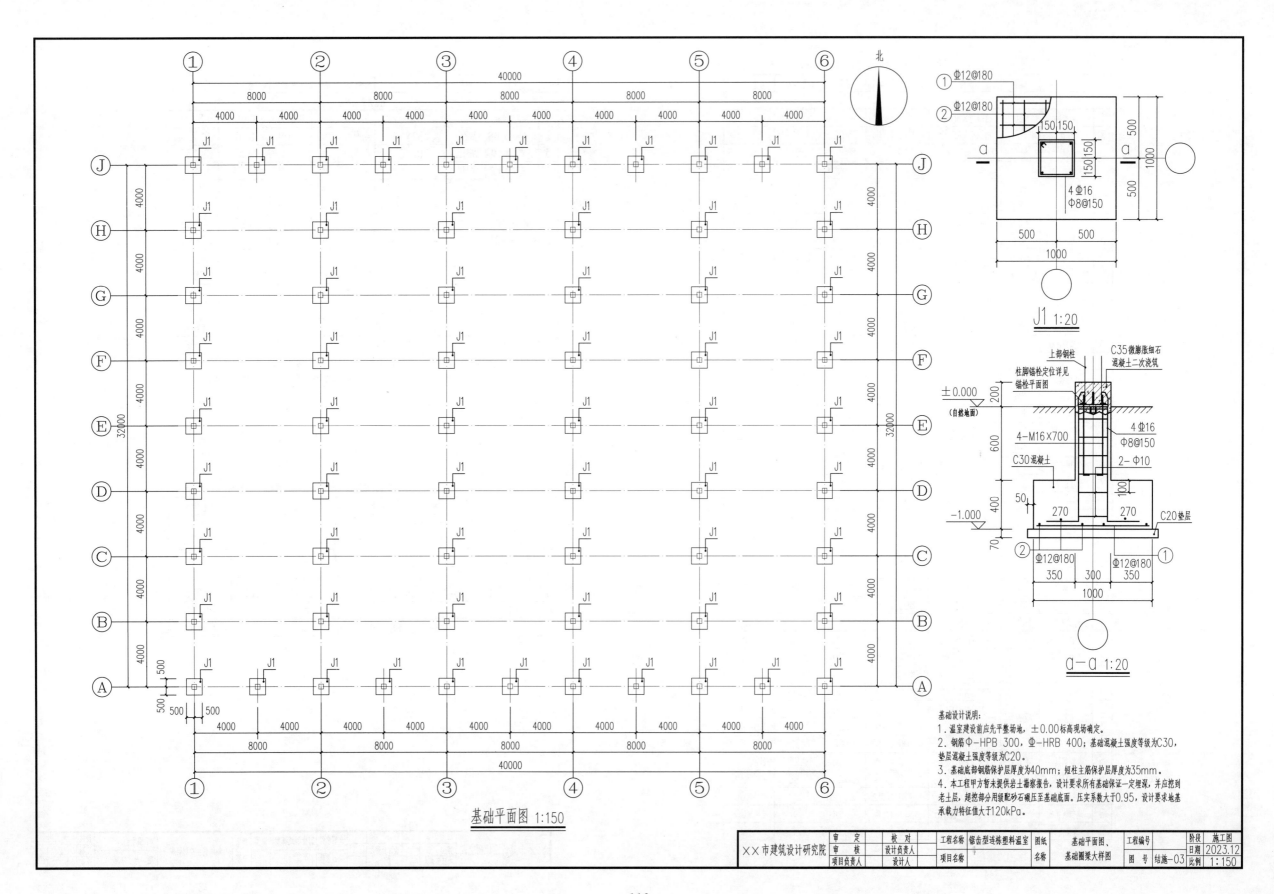

基础平面图 1:150

J1 1:20

a—a 1:20

基础设计说明:
1. 温室建设前应先平整场地, ±0.00标高现场确定。
2. 钢筋Φ—HPB 300, Φ—HRB 400; 基础混凝土强度等级为C30, 垫层混凝土强度等级为C20。
3. 基础底部钢筋保护层厚度为40mm; 短柱主筋保护层厚度为35mm。
4. 本工程甲方暂未提供岩土勘察报告, 设计要求有基础保证一定埋深, 并应挖到老土层, 超挖部分用级配砂石碾压至基础底面。压实系数大于0.95, 设计要求地基承载力特征值大于120kPa。

	审 定		校 对		工程名称	锯齿型连栋塑料温室	图纸	基础平面图、	工程编号		阶段	施工图
××市建筑设计研究院	审 核		设计负责人				名称	基础圈梁大样图			日期	2023.12
	项目负责人		设计人		项目名称				图 号	结施—03	比例	1:150

112

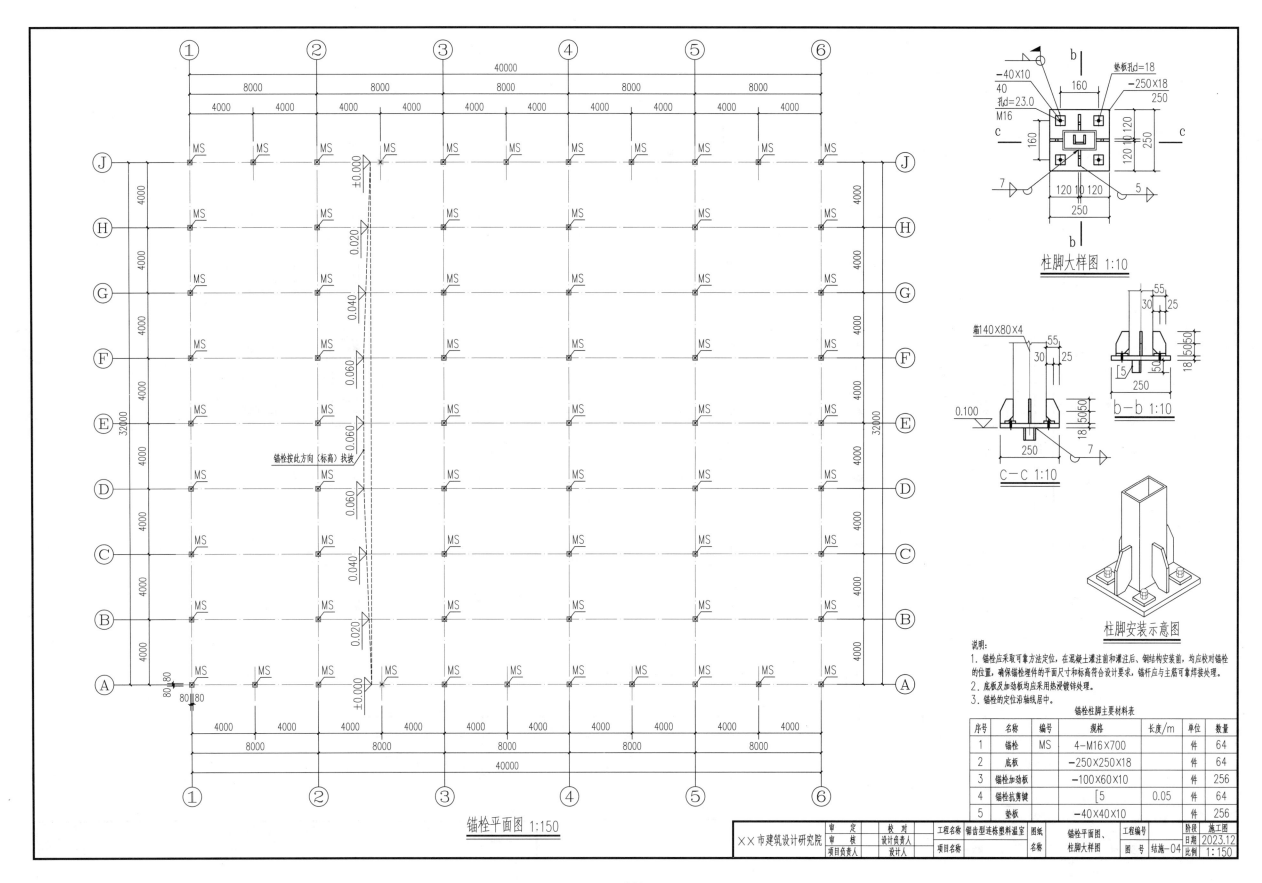

锚栓平面图 1:150

柱脚大样图 1:10

b-b 1:10

c-c 1:10

柱脚安装示意图

说明：
1. 锚栓应采取可靠方法定位，在混凝土灌注前和灌注后、钢结构安装前，均应校对锚栓的位置，确保锚栓埋件的平面尺寸和标高符合设计要求，锚杆点与主筋可靠焊接处理。
2. 底板及加劲板均采用热浸镀锌处理。
3. 锚栓的定位沿轴线居中。

锚栓柱脚主要材料表

序号	名称	编号	规格	长度/m	单位	数量
1	锚栓	MS	4-M16×700		件	64
2	底板		−250×250×18		件	64
3	锚栓加劲板		−100×60×10		件	256
4	锚栓抗剪键		[5	0.05	件	64
5	垫板		−40×40×10		件	256

审 定		校 对		工程名称	锯齿型连栋塑料温室	图纸	锚栓平面图、	工程编号		阶段	施工图
审 核		设计负责人		项目名称		名称	柱脚大样图	图 号	结施-04	日期	2023.12
项目负责人		设 计 人								比例	1:150

××市建筑设计研究院

113

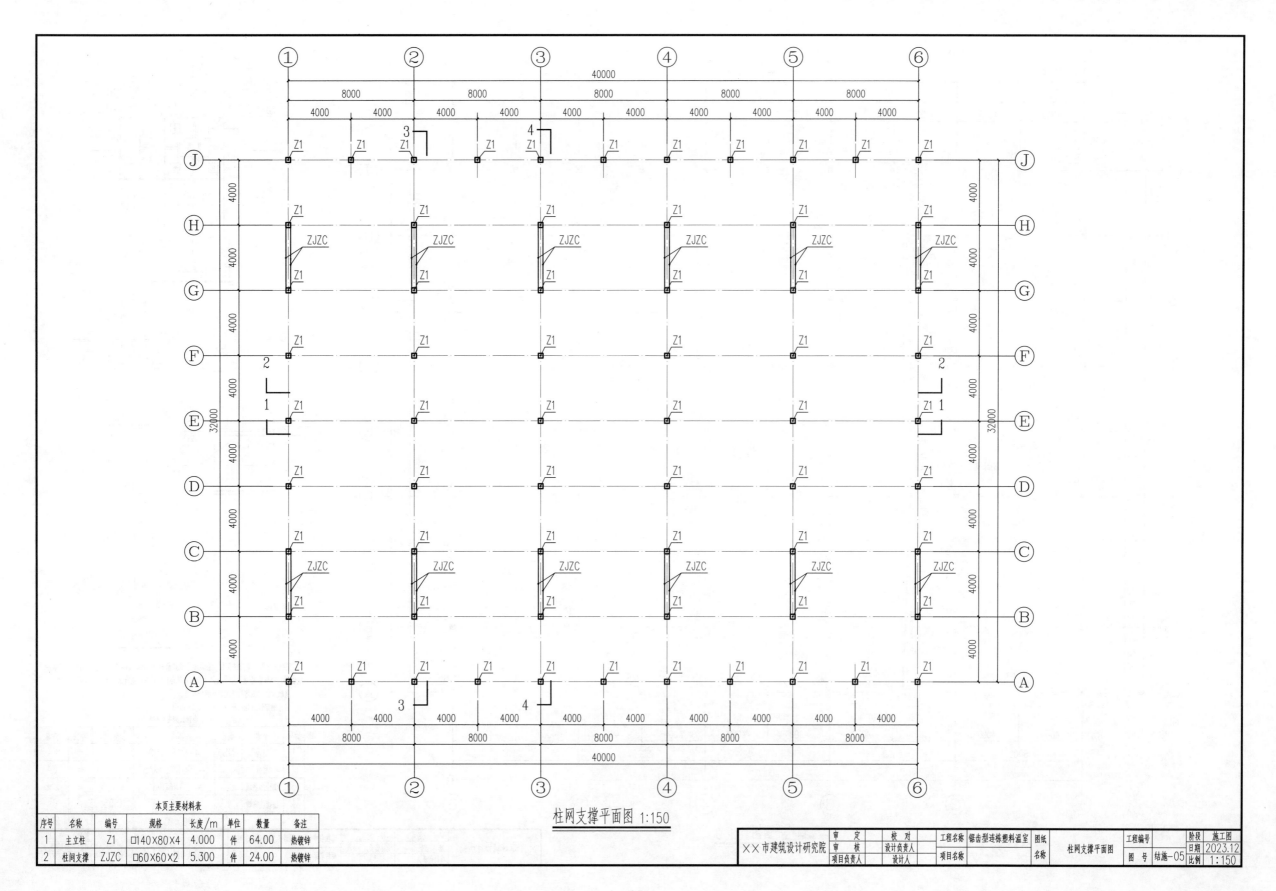

柱网支撑平面图 1:150

本页主要材料表

序号	名称	编号	规格	长度/m	单位	数量	备注
1	主立柱	Z1	□140×80×4	4.000	件	64.00	热镀锌
2	柱间支撑	ZJZC	□60×60×2	5.300	件	24.00	热镀锌

×× 市建筑设计研究院	审 定		校 对		工程名称	锯齿型连栋塑料温室	图纸		柱网支撑平面图	工程编号		阶段	施工图
	审 核		设计负责人									日期	2023.12
	项目负责人		设计人		项目名称		名称			图 号	结施-05	比例	1:150

114

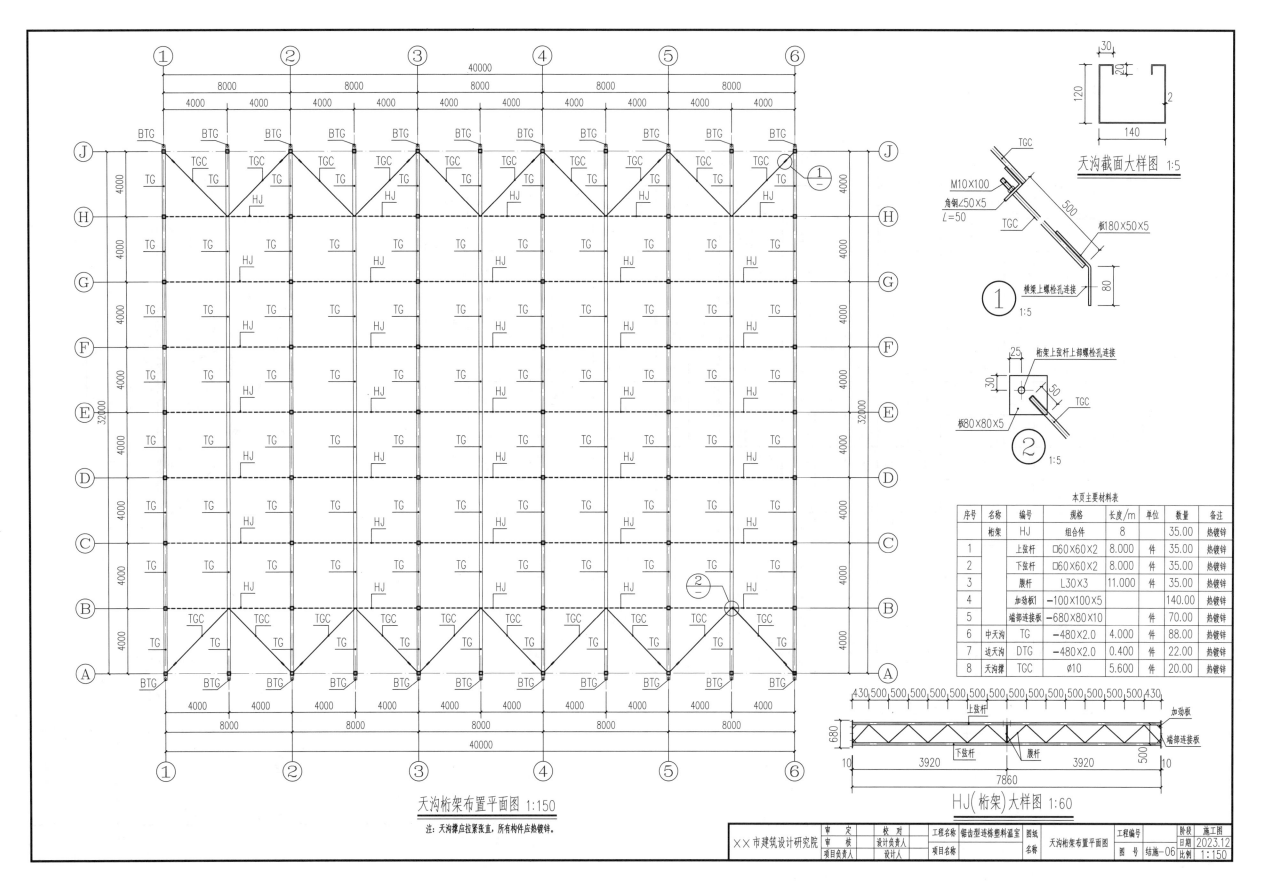

天沟截面大样图 1:5

本页主要材料表

序号	名称	编号	规格	长度/m	单位	数量	备注
	桁架	HJ	组合件	8		35.00	热镀锌
1		上弦杆	□60×60×2	8.000	件	35.00	热镀锌
2		下弦杆	□60×60×2	8.000	件	35.00	热镀锌
3		腹杆	L30×3	11.000	件	35.00	热镀锌
4		加劲板1	−100×100×5			140.00	热镀锌
5		端部连接板	−680×80×10		件	70.00	热镀锌
6		中天沟	TG	−480×2.0	4.000	件	88.00	热镀锌
7		边天沟	DTG	−480×2.0	0.400	件	22.00	热镀锌
8		天沟撑	TGC	∅10	5.600	件	20.00	热镀锌

天沟桁架布置平面图 1:150

注：天沟撑应拉紧张直，所有构件应热镀锌。

HJ(桁架)大样图 1:60

XX市建筑设计研究院	审　定		校　对		工程名称	锯齿型连栋塑料温室	图纸		工程编号		阶段	施工图
	审　核		设计负责人		项目名称		图名	天沟桁架布置平面图			日期	2023.12
	项目负责人		设计人						图　号	结施−06	比例	1:150

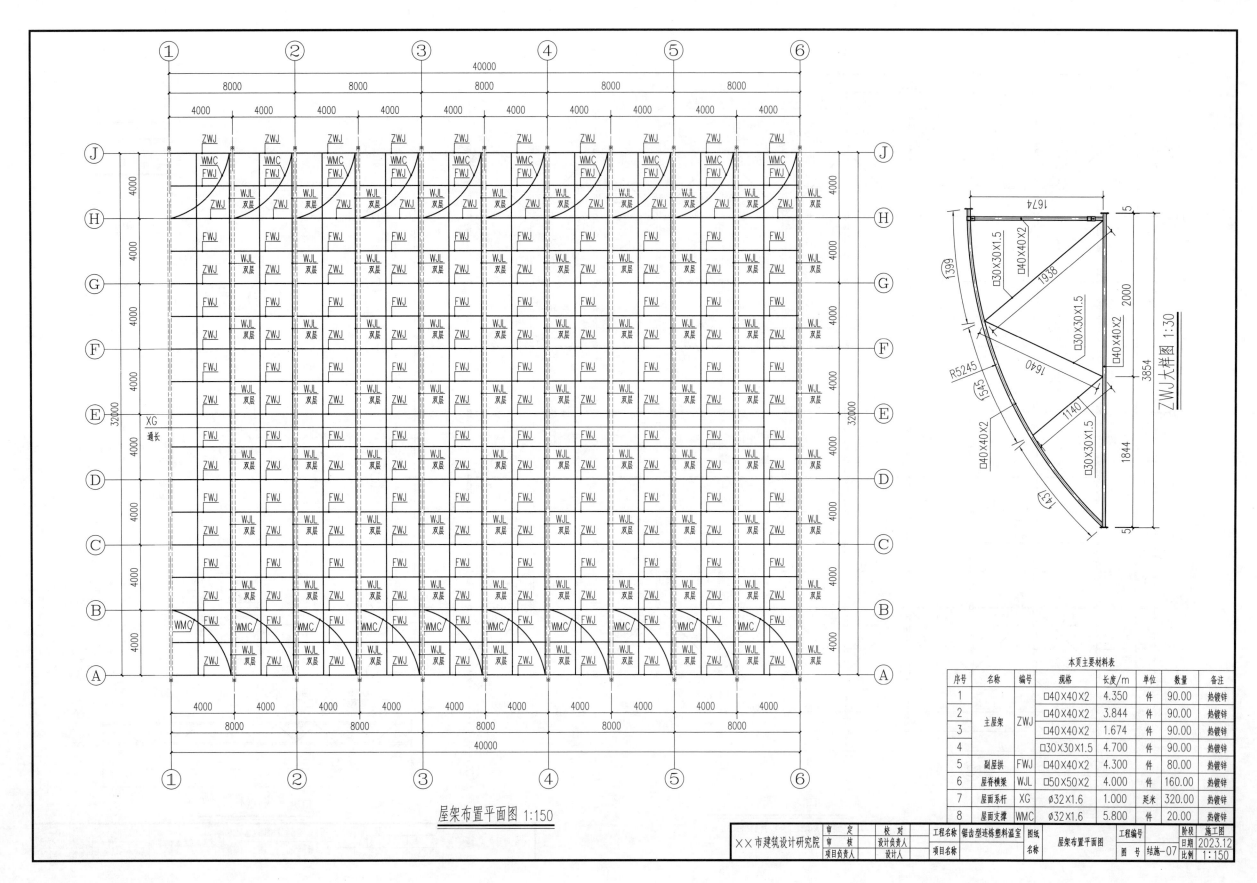

屋架布置平面图 1:150

ZWJ大样图 1:30

本页主要材料表

序号	名称	编号	规格	长度/m	单位	数量	备注
1	主屋架	ZWJ	□40×40×2	4.350	件	90.00	热镀锌
2			□40×40×2	3.844	件	90.00	热镀锌
3			□40×40×2	1.674	件	90.00	热镀锌
4			□30×30×1.5	4.700	件	90.00	热镀锌
5	副屋拱	FWJ	□40×40×2	4.300	件	80.00	热镀锌
6	屋脊横梁	WJL	□50×50×2	4.000	件	160.00	热镀锌
7	屋面系杆	XG	Ø32×1.6	1.000	延米	320.00	热镀锌
8	屋面支撑	WMC	Ø32×1.6	5.800	件	20.00	热镀锌

XX市建筑设计研究院

审 定		校 对		工程名称	锯齿型连栋塑料温室	图纸	屋架布置平面图	工程编号		阶段	施工图
审 核		设计负责人								日期	2023.12
项目负责人		设计人		项目名称		名称		图 号	结施-07	比例	1:150

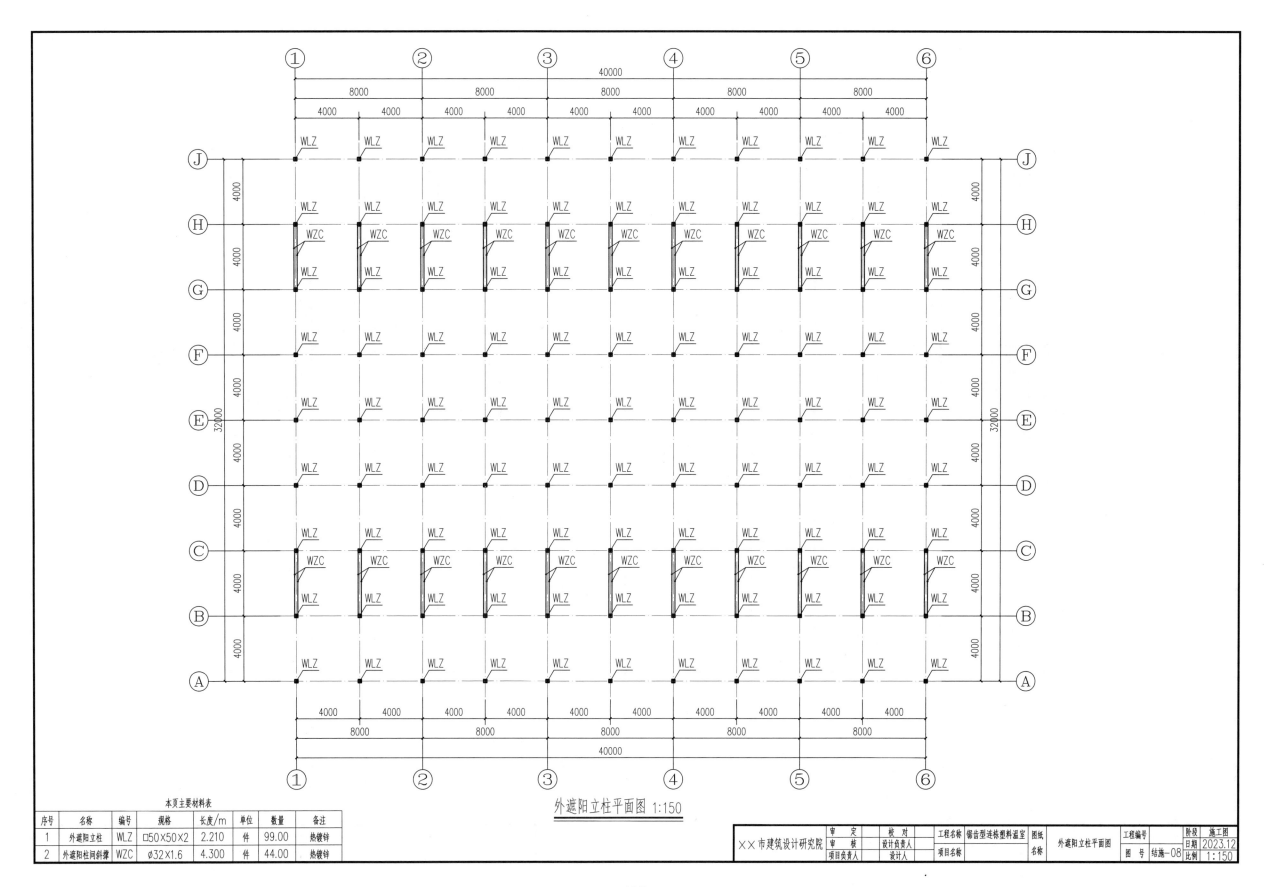

外遮阳立柱平面图 1:150

本页主要材料表

序号	名称	编号	规格	长度/m	单位	数量	备注
1	外遮阳立柱	WLZ	□50×50×2	2.210	件	99.00	热镀锌
2	外遮阳柱间斜撑	WZC	Ø32×1.6	4.300	件	44.00	热镀锌

××市建筑设计研究院	审 定		校 对		工程名称	锯齿型连续塑料温室	图纸		外遮阳立柱平面图	工程编号		阶段	施工图
	审 核		设计负责人								日期	2023.12
	项目负责人		设计人		项目名称		名称			图 号	结施-08	比例	1:150

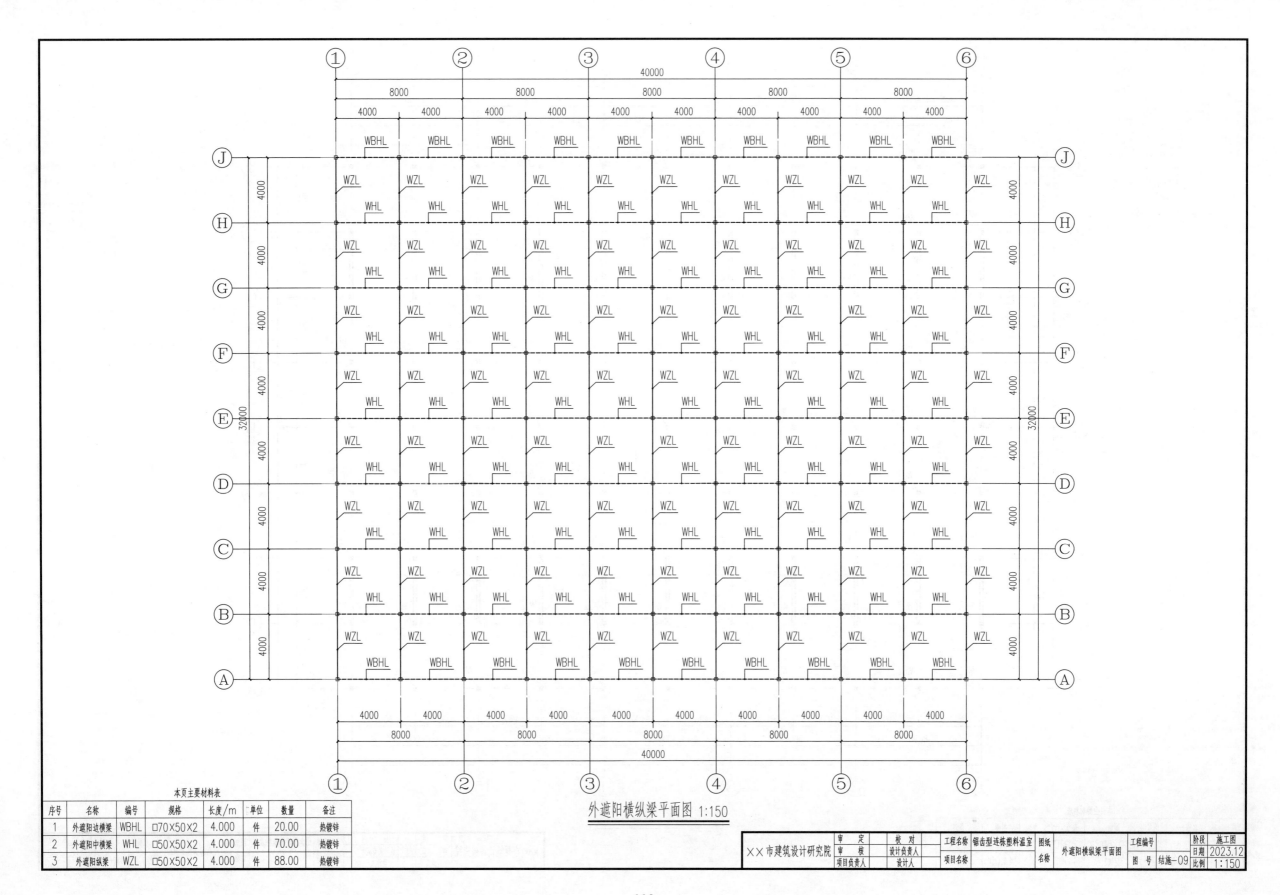

外遮阳横纵梁平面图 1:150

本页主要材料表

序号	名称	编号	规格	长度/m	单位	数量	备注
1	外遮阳边横梁	WBHL	□70×50×2	4.000	件	20.00	热镀锌
2	外遮阳中横梁	WHL	□50×50×2	4.000	件	70.00	热镀锌
3	外遮阳纵梁	WZL	□50×50×2	4.000	件	88.00	热镀锌

××市建筑设计研究院	审 定		校 对		工程名称	锯齿型连栋塑料温室	图纸		外遮阳横纵梁平面图	工程编号		阶段	施工图
	审 核		设计负责人									日期	2023.12
	项目负责人		设计人		项目名称		名称			图 号	结施-09	比例	1:150

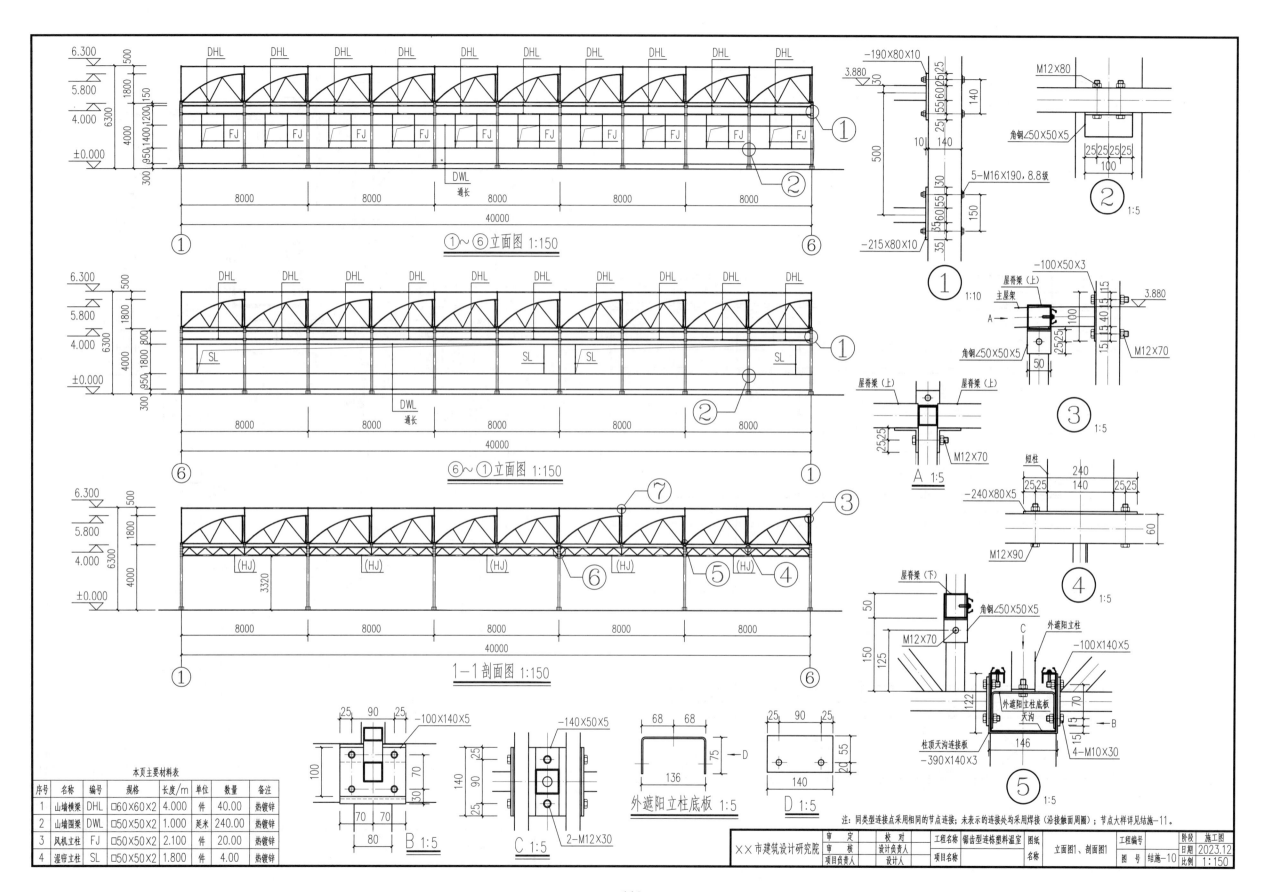

①~⑥立面图 1:150

⑥~①立面图 1:150

1-1剖面图 1:150

外遮阳立柱底板 1:5

B 1:5

C 1:5

D 1:5

本页主要材料表

序号	名称	编号	规格	长度/m	单位	数量	备注
1	山墙横梁	DHL	□60×60×2	4.000	件	40.00	热镀锌
2	山墙围梁	DWL	□50×50×2	1.000	延米	240.00	热镀锌
3	风机立柱	FJ	□50×50×2	2.100	件	20.00	热镀锌
4	遮帘立柱	SL	□50×50×2	1.800	件	4.00	热镀锌

注：同类型连接点采用相同的节点连接；未表示的连接处均采用焊接（沿接触面周圈）；节点大样详见结施-11。

××市建筑设计研究院	审　定		校　对		工程名称	锯齿型连栋塑料温室	图纸	立面图1、剖面图1	工程编号		阶段	施工图
	审　核		设计负责人				名称				日期	2023.12
	项目负责人		设计人		项目名称		图　号	结施-10		比例	1:150

119

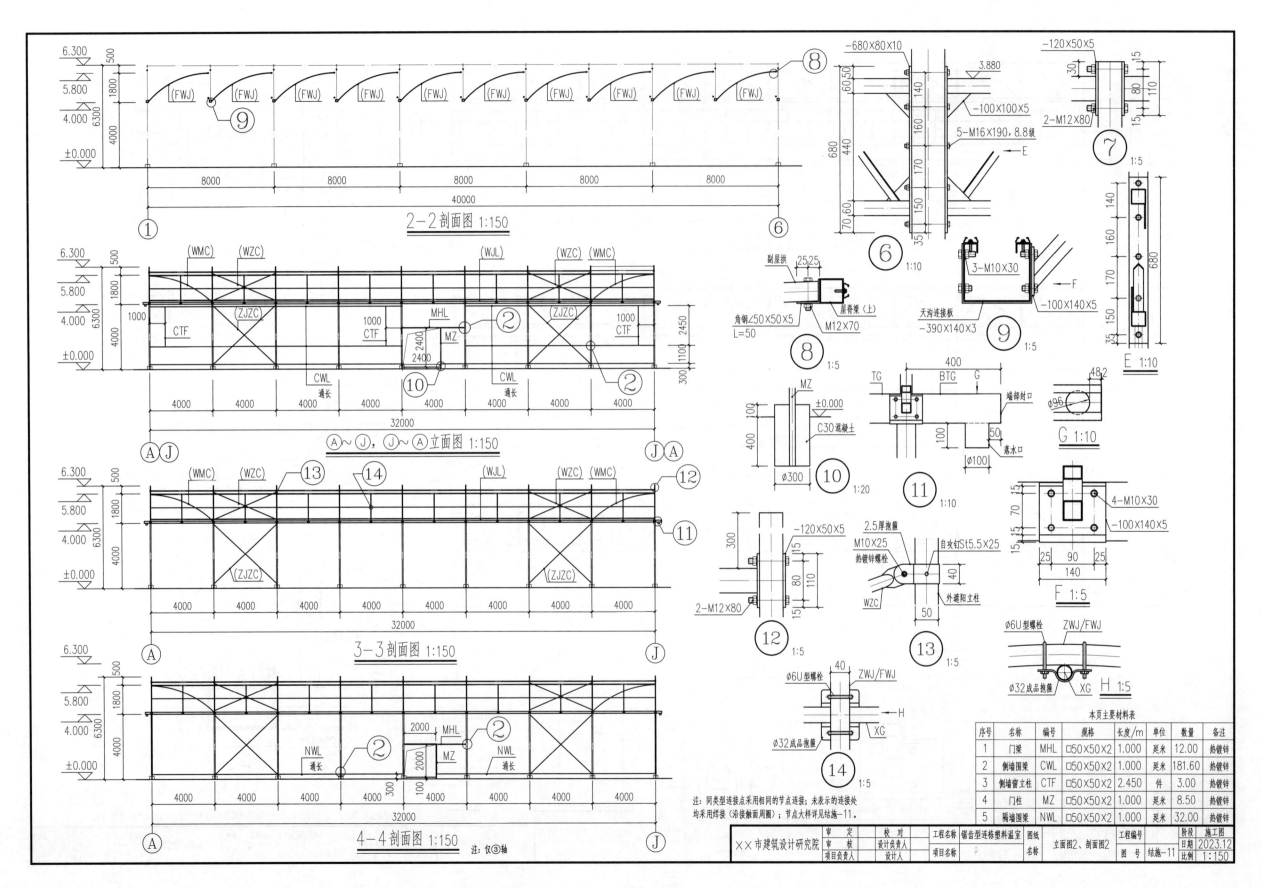

本页主要材料表

序号	名称	编号	规格	长度/m	单位	数量	备注
1	门梁	MHL	□50×50×2	1.000	延米	12.00	热镀锌
2	侧墙围梁	CWL	□50×50×2	1.000	延米	181.60	热镀锌
3	侧墙窗立柱	CTF	□50×50×2	2.450	件	3.00	热镀锌
4	门柱	MZ	□50×50×2	1.000	延米	8.50	热镀锌
5	隔墙围梁	NWL	□50×50×2	1.000	延米	32.00	热镀锌

注: 同类型连接点采用相同的节点连接; 未表示的连接处均采用焊接(沿接触面周圈); 节点大样详见结施-11。

2-2剖面图 1:150

A~J, J~A立面图 1:150

3-3剖面图 1:150

4-4剖面图 1:150 注: 仅③轴

XX市建筑设计研究院

| 工程名称 | 锯齿型连栋塑料温室 |
| 图纸名称 | 立面图2、剖面图2 |

工程编号
图 号　结施-11
阶段　施工图
日期　2023.12
比例　1:150

锯齿型连栋塑料温室

给排水专业施工图

××市建筑设计研究院

二〇二三年十二月

图 纸 目 录

建设单位					工程编号		
工程名称	锯齿型连栋塑料温室				子 项		
序号	图号	图纸名称			图 幅	版次	备 注
1	水施-01	给排水设计说明、湿帘循环水池大样			A3	1	
2	水施-02	喷灌平面图、喷灌系统图(局部)			A3	1	
3	水施-03	湿帘供回水平面图			A3	1	
4							
5							
6							
7							
8							
9							
10							
11							
12							
13							
14							
15							
16							
17							
18							
19							
20							
21							
22							
23							
24							
25							
专 业	给排水	项目负责人		未盖出图专用章无效			
设计阶段	施工图	专业负责人					
编制日期	2023.12	编 制 人					

××市建筑设计研究院	审 定		校 对		工程名称	锯齿型连栋塑料温室	图纸 名称	目录	工程编号		阶段	施工图
	审 核		设计负责人								日期	2023.12
水施-00	项目负责人		设 计 人		项目名称				图 号	水施-00	比例	1:150

给排水设计说明

一、工程概况
本工程为植物生产设施。轴线面积为1280.00m²，建筑层数为一层，建筑高度6.30m，为薄膜温室。建设地点为海南省三亚市。

二、设计内容
主要包括：给水、灌溉系统、湿帘给排水系统。

三、设计依据
1. 《温室灌溉系统设计规范》NY/T 2132-2012。
2. 《建筑给水排水设计规范》GB 50015-2019。
3. 《节水灌溉技术规范》SL 207-98。
4. 《喷灌工程技术规范》GB/T 50085-2007。
5. 甲方提供的相关条件要求、建筑专业提供的条件图。

四、设计说明
1. 给水系统
① 给水水源 本园区给水管网引入1条dn110PVC_U灌溉给水管;
② 给水方式 本工程用水由园区泵房供，温室入口压力为0.25MPa;
③ 灌溉最高日用水量为6.4m³/d，用水主要为生产用水。
④ 灌溉系统最大工作压力为0.40MPa。配水管网的试验压力为0.8MPa。降温系统最大工作压力为0.4MPa。配水管网的试验压力为0.8MPa。
2. 手提式灭火器的配置设计
由于本工程为植物生产性建筑，生产对象为植物，生产过程无易燃、可燃物，且植物生产日常定时浇水等所有生产过程对防火有利，因此本工程不考虑配置灭火器。
3. 节能设计
所有给水器具均选用节水型洁具及其配件，灌溉采用微喷头。

五、施工说明
1. 给水系统
① 管道安装高程 除特殊说明外，给水管以管中心计，排水管以管内底计。
② 尺寸单位 除特殊说明外，标高以米(m)，其余为毫米(mm)。
③ 给排水管道穿过现浇板、屋顶、剪力墙、柱子等处，均应预埋套管，有防水要求处应焊有防水翼环。套管尺寸给水管一般比安装管大二档，排水管一般比安装管大一档。
④ 给水采用PVC-U给水塑料管，粘结。未注给水附件、连接件均采用PVC-U铜芯材质。
⑤ 管道试压 给水管试验压力为0.8MPa/1.2MPa。观察接头部位不应有漏水现象，10min内压降不得超过0.02MPa，水压试验步骤按《建筑给水排水及采暖工程施工质量验收规范》GB 50242-2002的规定执行。粘结连接的管道，水压试验应在粘结连接后24h后进行。
2. 灌溉系统
倒挂式喷灌管采用dn16PE管。
3. 其他
① 图中所注尺寸除楼层标高以m计外，其余以mm计;
② 本图所注排水管标高为管底标高，其余全管线标高为管中心标高。
③ 管道穿过洁净室墙壁、楼板和顶棚时应设套管，管道和套管之间应采取可靠的密封措施;
④ 当图中未注坡度时，排水横支管排水坡度采用如下值: DN50采用0.035，DN75采用0.025，DN100采用0.02，DN150采用0.01;
⑤ 本图所注管径尺寸为公称尺寸，相对塑料管尺寸见厂家说明;
⑥ 除本设计说明外，施工中还应遵守《建筑给水排水及采暖工程施工质量验收规范》GB 50242-2002施工。

塑料管外径与公称直径对照表

公称直径	DN15	DN20	DN25	DN32	DN40	DN50	DN70	DN80	DN100	DN150
外径	De20	De25	De32	De40	De50	De63	De75	De90	De110	De160
	dn20	dn25	dn32	dn40	dn50	dn63	dn75	dn90	dn110	dn160

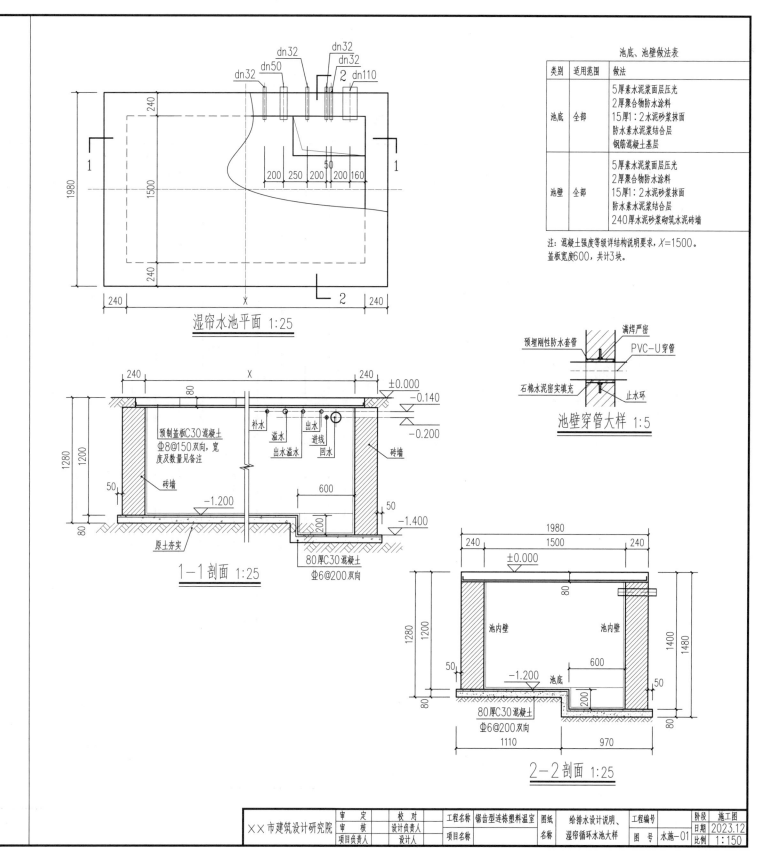

湿帘水池平面 1:25

1-1 剖面 1:25

2-2 剖面 1:25

池壁穿管大样 1:5

池底、池壁做法表

类别	适用范围	做法
池底	全部	5厚素水泥浆面层压光 2厚聚合物防水涂料 15厚1:2水泥砂浆抹面 防水素水泥浆结合层 钢筋混凝土基层
池壁	全部	5厚素水泥浆面层压光 2厚聚合物防水涂料 15厚1:2水泥砂浆抹面 防水素水泥浆结合层 240厚水泥砂浆砌筑水泥砖墙

注：混凝土强度等级详结构说明要求，X=1500。
盖板宽度600，共计3块。

××市建筑设计研究院

审 定		校 对		工程名称	锯齿型连栋塑料温室	图纸	给排水设计说明、	工程编号		阶段	施工图
审 核		设计负责人				名称	湿帘循环水池大样			日期	2023.12
项目负责人		设计人		项目名称				图 号	水施-01	比例	1:150

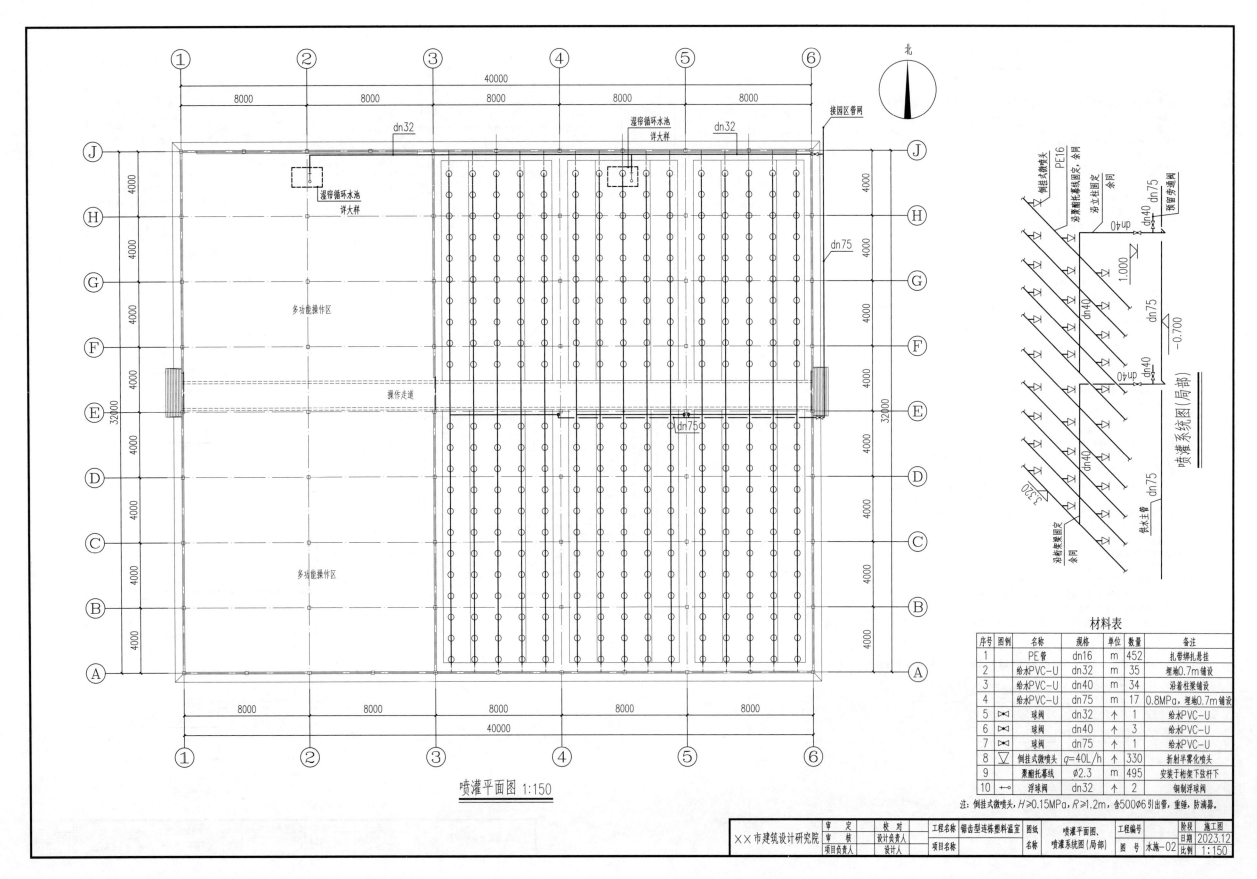

喷灌平面图 1:150

喷灌系统图(局部)

材料表

序号	图例	名称	规格	单位	数量	备注
1		PE管	dn16	m	452	扎带绑扎悬挂
2		给水PVC-U	dn32	m	35	埋地0.7m铺设
3		给水PVC-U	dn40	m	34	沿着柱梁铺设
4		给水PVC-U	dn75	m	17	0.8MPa,埋地0.7m铺设
5	⋈	球阀	dn32	个	1	给水PVC-U
6	⋈	球阀	dn40	个	3	给水PVC-U
7	⋈	球阀	dn75	个	1	给水PVC-U
8	▽	倒挂式微喷头	q=40L/h	个	330	折射半雾化喷头
9		聚酯托幕线	∅2.3	m	495	安装于桁架下弦杆下
10		浮球阀	dn32	个	2	铜制浮球阀

注: 倒挂式微喷头,$H \geq 0.15MPa$,$R \geq 1.2m$,含500∅6引出管,重锤,防滴器。

××市建筑设计研究院

审定		校对		工程名称	锯齿型连栋塑料温室	图纸名称	喷灌平面图、喷灌系统图(局部)	工程编号		阶段	施工图
审核		设计负责人						图号	水施-02	日期	2023.12
项目负责人		设计人		项目名称						比例	1:150

多功能操作区

操作走道

湿帘循环水池 详大样

接园区管网

北

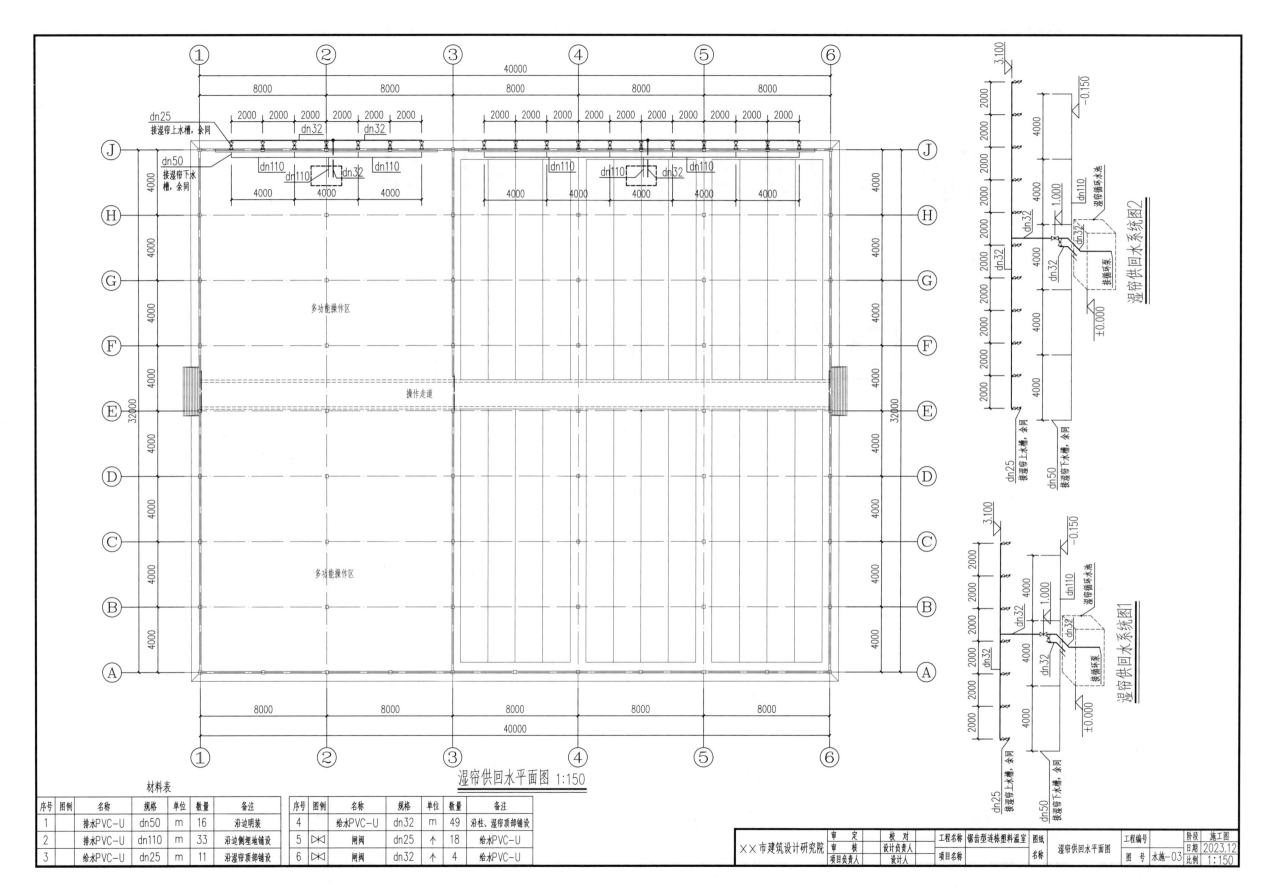

湿帘供回水平面图 1:150

湿帘供回水系统图1

湿帘供回水系统图2

材料表

序号	图例	名称	规格	单位	数量	备注	序号	图例	名称	规格	单位	数量	备注
1		排水PVC-U	dn50	m	16	沿边明装	4		给水PVC-U	dn32	m	49	沿柱、湿帘顶部铺设
2		排水PVC-U	dn110	m	33	沿边侧埋地铺设	5	▷◁	闸阀	dn25	个	18	给水PVC-U
3		给水PVC-U	dn25	m	11	沿湿帘顶部铺设	6	▷◁	闸阀	dn32	个	4	给水PVC-U

×× 市建筑设计研究院	审 定		校 对		工程名称	锯齿型连栋塑料温室	图纸		工程编号		阶段	施工图
	审 核		设计负责人				名称	湿帘供回水平面图			日期	2023.12
	项目负责人		设计人		项目名称						图 号	水施-03
											比例	1:150

锯齿型连栋塑料温室

电气专业施工图

××市建筑设计研究院

二〇二三年十二月

图 纸 目 录

建设单位				工程编号			
工程名称	锯齿型连栋塑料温室			子 项			
序号	图 号	图 纸 名 称		图 幅	版次	备 注	
1	电施-01	电气设计说明		A3	1		
2	电施-02	系统图		A3	1		
3	电施-03	配电平面图		A3	1		
4	电施-04	防雷接地平面图		A3	1		
5							
6							
7							
8							
9							
10							
11							
12							
13							
14							
15							
16							
17							
18							
19							
20							
21							
22							
23							
24							
25							
专 业	电 气	项目负责人		未盖出图专用章无效			
设计阶段	施工图	专业负责人					
编制日期	2023.12	编 制 人					

××市建筑设计研究院	审 定		校 对		工程名称	锯齿型连栋塑料温室	图纸名称	目录	工程编号		阶段	施工图
	审 核		设计负责人		项目名称						日期	2023.12
	项目负责人		设 计 人						图 号	电施-00	比例	1:150

电气设计说明

一、工程设计概况

1. 锯齿型连栋塑料温室。
2. 建筑总面积为1280.00m²，1层，建筑高度为6.300m，火灾危险性生产类别: 蔬菜种植，对防火无要求。

二、设计依据

1. 《温室电气布线设计规范》JB/T 10296-2013。
2. 《供配电系统设计规范》GB 50052-2009。
3. 《民用建筑电气设计标准》GB 51348-2019。
4. 《建筑物防雷设计规范》GB 50057-2010。
5. 其他有关的国家及地方现行规程规范。

三、设计内容

1. 温室低压供电系统。
2. 温室防雷接地系统。
3. 温室遮阳系统。

四、用电负荷性质

按三级负荷设计。

五、电源情况

由园区配电室（现场确定）引来1路220/380V电源。

六、供电方式

本工程的低压系统采用TN-S接地系统；采用放射式与树干式相结合的供配电方式。

七、计量

配置DTS634型三相电子式有功能电能表用于计量三相有功电能，符合《电测量设备（交流）特殊要求 第21部分：静止式有功电能表（A级、B级、C级、D级和E级）》（GB/T 17215.321-2021）的技术要求。

八、配电及管线

1. 配电采用2路YJV₂₂-5×6mm²交联聚氯乙烯铠装绝缘电缆直接埋地引至配电箱，后再分配。
2. 室内外电缆均采用埋地铺设（铺砂铺砖保护）。
3. 室内导线强电采用聚氯乙烯绝缘导线穿线槽（管）在梁、柱明敷，导线截面详见各系统图，弱电采用金属线槽（PVC管）在梁、柱明敷。

九、照明系统

植物生产不考虑。

十、防雷、接地

1. 本工程根据计算预计雷击次数（次/a）0.0336，按三类防雷建筑物设置防雷。
2. 本工程采用上部遮阳网的金属骨架作为接闪器，凡突出屋面的所有金属构件、金属通风管等均与钢屋架相连。
3. 利用钢柱作为引下线，引下线间距不大于25m。引下线在室外地面下1m处引出一根-40x4热镀锌扁钢，扁钢伸出室外，距外墙皮的距离不小于1.5m。
4. 利用-40x4热镀锌扁钢将各独立基础连接成闭合接地网。将电源的重复接地、保护接地及天面防雷接地进行联合接地，焊接采用双面焊接。
5. 整个接地电阻不大于4Ω，如达不到此电阻，可另设人工接地体与本建筑基础接地板相连。
6. 本建筑物采用总等电位联结，总等电位板用紫铜板制成，应将所有进出建筑的金属管道、电缆钢铠外皮、建筑物内各种竖向金属管等进行联结。等电位联结均采用等电位卡子，禁止在金属管道上焊接。具体做法参见国标图集《等电位联结安装》（15D502）。
7. 用电、配电、控制设备的金属外壳、金属构架等凡正常不带电而当绝缘破坏有可能呈现电压的一切电气设备金属外壳均应可靠接地。

十一、电气安全

1. 电源进线箱进温室的前端设备箱设有过电压保护的电涌保护装置。
2. 所选用的SPD要采用省防雷技术服务中心认可的产品。
3. 配电照明线路施工中应严格按照国家标准规定的线色选线，L1（黄），L2（绿），L3（红），N（浅蓝），不得混用。配电箱及插座的接地线（PE）应为浅绿带黄花的铜芯导线。
4. 日用插座设有漏电保护，采用防溅安全型。

十二、电气节能

1. 照明灯采用高效灯具和节能灯，如直管日光灯采用T5或T8型节能灯，配电子镇流器。
2. 照明功率密度值为 5，光源显色指数Ra≥60，灯具效率参见灯具效率表。电气照明应满足《建筑照明标准》（GB 50034-2013）的要求。
3. 供配电线路在条件允许时尽量走捷径，尽可能降低线路损失。

十三、 所订购的电器设备及材料应是符合IEC标准和中国国家标准的合格货品，并具有国家级检测中心检测合格的合格证书（3C认证），供电产品和消防产品应具有入网许可证。

十四、 电气设备安装参照《电气设备在压型钢板、夹芯板上安装》（06SD702-5）相关安装方法。未尽事宜，按国家施工验收规范及标准进行施工，施工过程中应与土建施工密切配合。

十五. 本建筑为农业生产设施，禁止雷雨天气在棚内躲雨或操作（门口应悬挂警示牌）。

荧光灯灯具的效率表

灯具出口形式	开敞式	保护罩（玻璃或塑料）		隔栅
		透明	磨砂、棱镜	
灯具效率	75%	65%	55%	60%

一般图例说明

代号	含义	代号	含义	代号	含义
SC	穿焊接钢管敷设	FC	穿管地板内或埋地暗敷	CT	穿电缆托盘敷设
PC	穿阻燃塑料硬管暗敷设	WC	穿管墙内暗敷	MR	穿金属线槽敷设
CC	顶板内暗敷设	WS	沿墙（柱）面明敷	↗	线路引上
CE	沿天棚或顶板面敷设	CLC	暗敷在柱内	↙	由下(上)引至
SCE	沿天棚吊顶内敷设			↘	线路引下

一般支线穿管表

穿管导线 <BV2.5> 根数	2	3~4
钢管（SC）直径	Ø20	Ø20
穿管导线 <BV2.5> 根数	2~3	3~4
PVC管（PC）管径	Ø16	Ø20
穿管终端线 <TP/TV/TD>根数	1~2	3~4
PVC管管径（PC）	Ø20	Ø25

相线与PE保护线关系表

相线的截面积S/mm²	保护导体的最小截面积SP/mm²
S≤16	S
16＜S≤35	16
35＜S≤400	S/2

审 定		校 对		工程名称	锯齿型连栋塑料温室	图纸名称	电气设计说明	工程编号		阶段	施工图
××市建筑设计研究院	审 核		设计负责人						日期	2023.12
	项目负责人		设计人	项目名称				图号	电施-01	比例	1:150

128

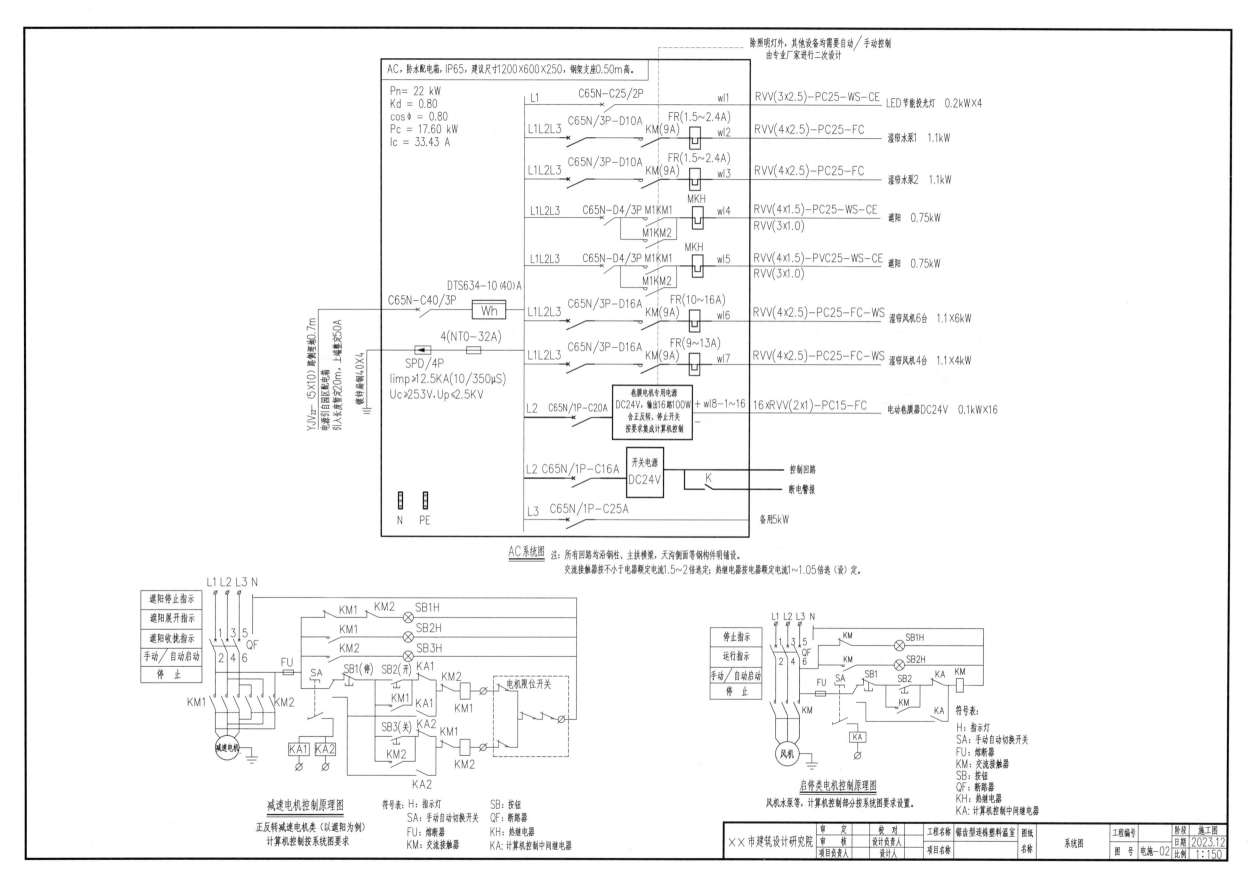

AC系统图 注：所有回路均沿钢柱、主拱横梁、天沟侧面等钢构件明敷设。
交流接触器按不小于电器额定电流1.5～2倍选定；热继电器按电器额定电流1～1.05倍选（设）定。

减速电机控制原理图
正反转减速电机类（以遮阳为例）
计算机控制按系统图要求

符号表：H: 指示灯   SB: 按钮
SA: 手动自动切换开关   QF: 断路器
FU: 熔断器   KH: 热继电器
KM: 交流接触器   KA: 计算机控制中间继电器

启停类电机控制原理图
风机水泵等，计算机控制部分按系统图要求设置。

符号表：
H: 指示灯
SA: 手动自动切换开关
FU: 熔断器
KM: 交流接触器
SB: 按钮
QF: 断路器
KH: 热继电器
KA: 计算机控制中间继电器

XX市建筑设计研究院	审定	校对	工程名称	锯齿型连栋塑料温室	图纸	系统图	工程编号		阶段	施工图
	审核	设计负责人							日期	2023.12
	项目负责人	设计人	项目名称		名称		图号	电施-02	比例	1:150

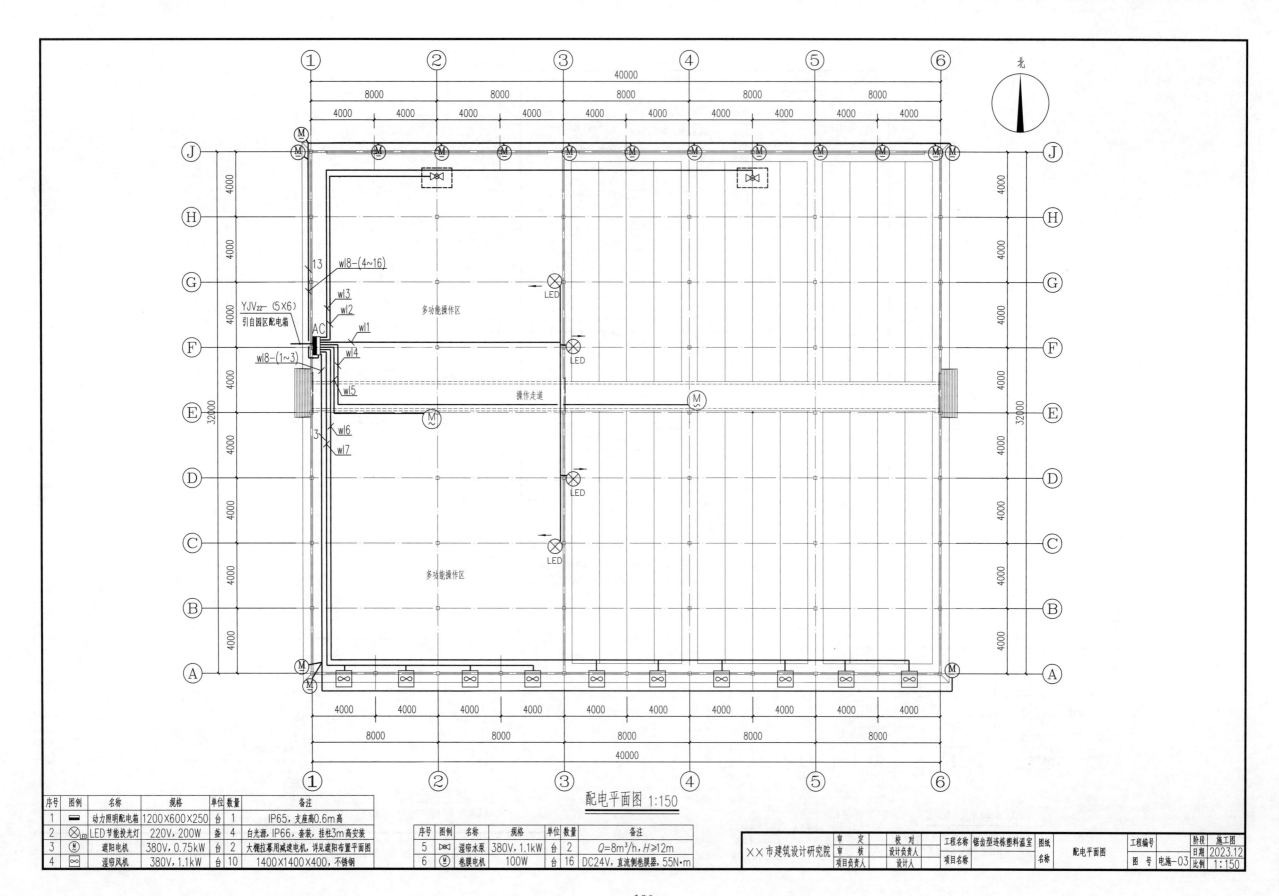

配电平面图 1:150

序号	图例	名称	规格	单位	数量	备注
1	▬	动力照明配电箱	1200×600×250	台	1	IP65，支座高0.6m高
2	⊗LED	LED节能投光灯	220V，200W	盏	4	白光源，IP66，套装，挂柱3m高安装
3	Ⓜ	遮阳电机	380V，0.75kW	台	2	大棚拉幕用减速电机，详见遮阳布置平面图
4	⊠	湿帘风机	380V，1.1kW	台	10	1400×1400×400，不锈钢

序号	图例	名称	规格	单位	数量	备注
5	▷◁	湿帘水泵	380V，1.1kW	台	2	$Q=8m^3/h$，$H \geqslant 12m$
6	Ⓜ	卷膜电机	100W	台	16	DC24V，直流侧卷膜器，55N·m

✕✕市建筑设计研究院	审 定		校 对		工程名称	锯齿型连栋塑料温室	图纸		配电平面图	工程编号		阶段	施工图
	审 核		设计负责人							日期	2023.12
	项目负责人		设计人		项目名称		名称			图 号	电施—03	比例	1:150

130

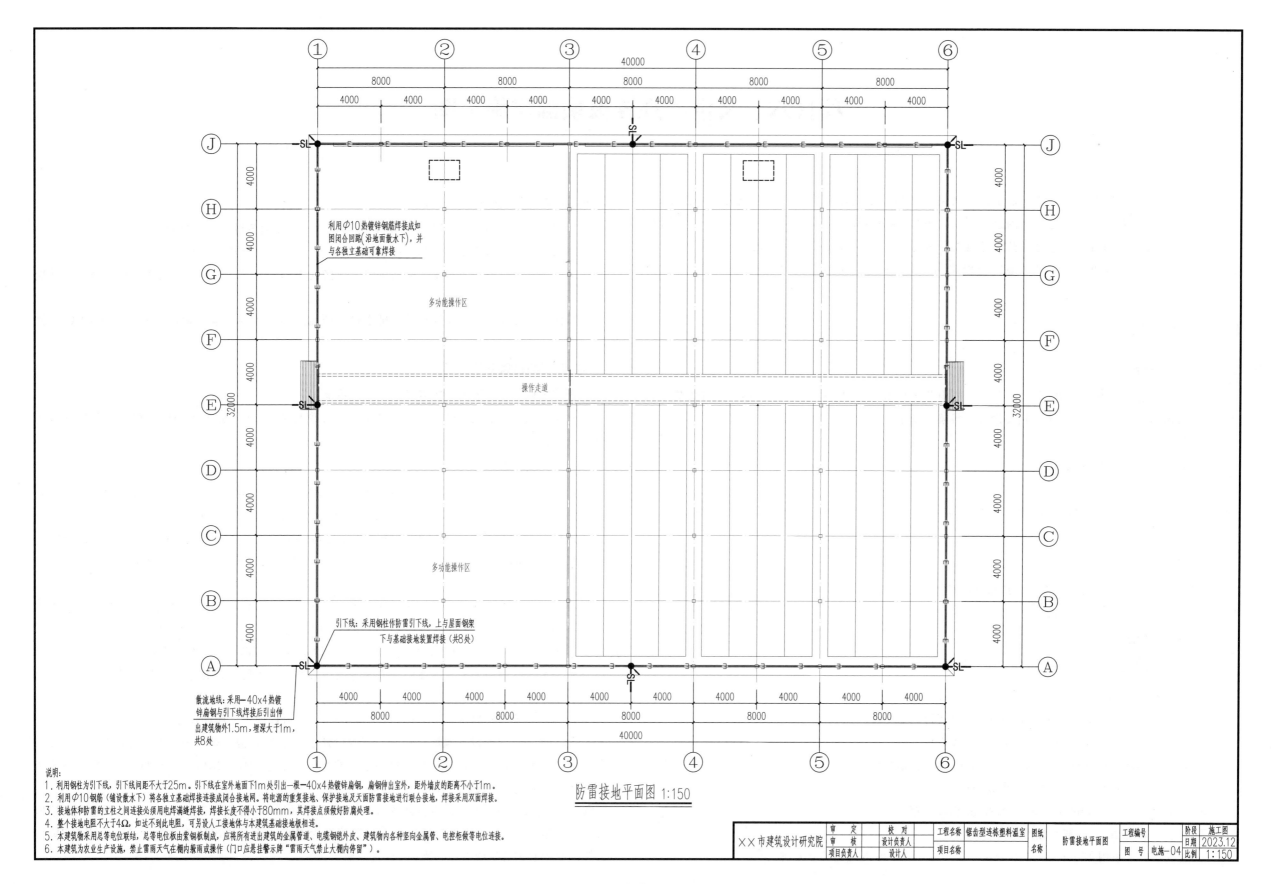

利用φ10热镀锌钢筋焊接成如
图闭合回路(沿地面散水下),并
与各独立基础可靠焊接

多功能操作区

操作走道

多功能操作区

引下线:采用钢柱作防雷引下线,上与屋面钢架
下与基础接地装置焊接(共8处)

散流地线:采用—40x4热镀
锌扁钢与引下线焊接后引伸
出建筑物外1.5m,埋深大于1m,
共8处

防雷接地平面图 1:150

说明:
1. 利用钢柱为引下线,引下线间距不大于25m。引下线在室外地面下1m处引出一根—40x4热镀锌扁钢,扁钢伸出室外,距外墙皮的距离不小于1m。
2. 利用φ10钢筋(错设散水下)将各独立基础焊接连接成闭合接地网。将电源的重复接地、保护接地及天面防雷接地进行联合接地,焊接采用双面焊接。
3. 接地体和防雷的立柱之间连接必须用电焊满缝焊接,焊接长度不得小于80mm,其焊接点必须做好防腐处理。
4. 整个接地电阻不大于4Ω,如达不到此电阻,可另设人工接地体与本建筑基础接地板相连。
5. 本建筑物采用总等电位联结,总等电位板由紫铜板制成,应将所有进出建筑的金属管道、电缆钢铠外皮、建筑物内各种竖向金属管、电控柜等做等电位连接。
6. 本建筑为农业生产设施,禁止雷雨天气在棚内聚雨或操作(门口应悬挂警示牌"雷雨天气禁止大棚内停留")。

××市建筑设计研究院	审 定		校 对		工程名称	锯齿型连栋塑料温室	图纸		防雷接地平面图	工程编号		阶段	施工图
	审 核		设计负责人				名称					日期	2023.12
	项目负责人		设计人		项目名称					图 号	电施—04	比例	1:150

131

项目六、文洛型连栋玻璃温室施工图

文洛型连栋玻璃温室的主要特点是屋顶为文络型结构，屋顶设置轨道式开窗机构，墙面设置电动排齿外翻窗。温室设置外遮阳、内遮阳系统，风机-湿帘降温系统，活动苗床，喷灌等设施设备。温室跨度大，空间较好，适合育苗、花卉等作物生产。项目设计按照北京地区的气候特点及荷载为例进行设计，仅供参考。其他地区应根据当地的实际情况和荷载条件进行功能设计和结构计算。

6.1 工程概况

(1) 性能参数

大棚建设地点位于北京，参照《农业温室结构荷载规范》（GB/T 51183—2016）的有关规定，大棚设计使用年限为 20 年，大棚的相关设计荷载确定如下：

① 风载荷 $0.41kN/m^2$；

② 雪载荷 $0.31kN/m^2$；

③ 吊挂载荷 $0.15kN/m^2$；

④ 地震 根据《农业温室结构设计标准》（GB/T 51424—2022）规定，8 度（0.20g）区，可不考虑。

(2) 几何参数

跨度方向长：8m×8（跨）＝64m，开间方向长：8m×5 开＝40m，单座面积 $2560m^2$。肩高 6m，顶高 6.873m，外遮阳高 7.573m。

(3) 温室结构

屋顶采用文洛结构，骨架采用热镀锌低碳钢材。

(4) 温室结构参数

① 主立柱 采用 150mm×150mm×5mm 热镀锌矩形管。

② 屋架 采用 50mm×30mm×2mm 热镀锌矩形管。

③ 桁架上下弦 采用 80mm×60mm×2mm 热镀锌矩形管。

④ 桁架腹杆 采用 36mm×3mm 热镀锌角钢。

⑤ 山墙围梁 采用 50mm×50mm×2mm 热镀锌矩形管。

⑥ 天沟 采用 2mm 热镀锌板冷弯。

⑦ 温室基础 采用 1500mm×1500mm×1000mm 的 C30 混凝土独立基础。

(5) 温室的覆盖材料

① 顶部 温室顶部屋面采用 5mm 钢化玻璃覆盖，开窗内侧设置 40 目防虫网。

② 四周 温室四周墙面采用 5mm 钢化玻璃覆盖，开窗内侧设置 40 目防虫网。

③ 门 温室南北山墙面各设 2 扇推拉门，规格约为 1.9m×2.0m。选用热镀锌钢管框架，玻璃覆盖。

④ 屋面排水方式 屋面天沟有组织排水排至两侧地面排水沟，落水管采用 dn110 的 PVC-U 排水管。

(6) 温室的通风系统

① 顶部通风 温室屋顶设轨道式推杆开窗系统。

② 侧墙通风 温室侧墙设电动排齿外翻窗，开窗高度 1.2m，分上下两层开窗。凡开窗处装有 40 目防虫网。

(7) 温室配套设施

① 内、外遮阳系统（齿轮齿条传动） 齿条行程 3.88m，电机功率 0.75kW。系统基本组成：外遮阳骨架（内遮阳采用温室框架）、控制箱及减速电机、齿条副、传动轴、推拉杆、幕线与幕布等。

② 风机-湿帘降温系统 风机-湿帘降温系统是利用水的蒸发降温原理实现降温目的。湿帘安装在温室的北侧墙面，风机安装在温室南侧墙面。湿帘厚 0.15m，高 2.0m，风机外形尺寸 1.38mm×1.380m×0.4m，排风量 $44500m^3/h$。

③ 移动苗床 温室共 8 跨，每跨温室安装 4 条宽 1.75m、高 0.75m 移动苗床。苗床支架及支脚采用焊接连接。苗床网片及构件全部采用热镀锌处理。苗床边框采用铝合金边框。苗床枕墩采用膨胀螺栓与内部道路连接，苗床所用铁件无任何明显的锐角毛刺存在，钢材全部为 Q235B 钢材。

④ 喷灌系统 温室内的育苗灌溉采用固定倒挂式微喷、水肥一体化系统，具有灌溉和施肥双重功能。

⑤ 温室内照明 在温室走道上设 4 盏 200WLED 投射灯做辅助照明使用。

⑥ 加温系统 室外设计温度－16℃，室内设计温度 18℃，温室热负荷为 788.43kW。供水设计温度 85℃，回水设计温度 60℃，最大供回水温差 25℃。温室四周采用国产优质 DN65 圆翼型螺旋翅片散热器，苗床底部铺设热镀锌光片散热器。

⑦ 供配电及接地 温室供电方式为 380V/220V、50Hz 三相五线 TN-S 系统供电。进户设接地装置。控制柜采用温室专用电气控制柜，防护等级为 IP65，下部进出线。动力设备线采用 RVV 聚氯乙烯绝缘护套铜芯软线沿柱、梁穿 PC 管明敷设。

6.2 建筑专业施工图

详见图纸设计部分（本书 136～145 页）。图中标高单位为 m，其他单位均为 mm。

6.3 结构专业施工图

详见图纸设计部分（本书 148～162 页）。图中标高单位为 m，其他单位均为 mm。

6.4 给排水专业施工图

详见图纸设计部分（本书 165～170 页）。图中标高单位为 m，其他单位均为 mm。

6.5 暖通专业施工图

详见图纸设计部分（本书 173～175 页）。图中标高单位为 m，其他单位均为 mm。

6.6 电气专业施工图

详见图纸设计部分（本书 178～183 页）。图中标高单位为 m，其他单位均为 mm。

文洛型连栋玻璃温室

建筑专业施工图

××市建筑设计研究院

二〇二三年十二月

图 纸 目 录

建设单位				工程编号			
工程名称	文洛型连栋玻璃温室			子　项			
序号	图号	图 纸 名 称		图 幅	版次	备　注	
1	建施-01	建筑设计说明、室内外做法表、门窗表		A3	1		
2	建施-02	平面图		A3	1		
3	建施-03	屋面覆盖及开窗平面图		A3	1		
4	建施-04	屋顶开窗系统平面布置图		A3	1		
5	建施-05	内遮阳系统平面图		A3	1		
6	建施-06	外遮阳系统平面图		A3	1		
7	建施-07	立面图		A3	1		
8	建施-08	剖面图		A3	1		
9	建施-09	节点大样Ⅰ		A3	1		
10	建施-10	节点大样Ⅱ		A3	1		
11							
12							
13							
14							
15							
16							
17							
18							
19							
20							
21							
22							
23							
24							
25							
专　业	建　筑	项目负责人		未盖出图专用章无效			
设计阶段	施工图	专业负责人					
编制日期	2023.12	编　制　人					

××市建筑设计研究院	审　定		校　对		工程名称	文洛型连栋玻璃温室	图纸名称	目录	工程编号		阶段	施工图
	审　核		设计负责人		项目名称						日期	2023.12
	项目负责人		设计人						图　号	建施-00	比例	1:180

建筑设计说明

一、设计依据
1. 甲方提供的项目相关资料；
2. 经过甲方确认的设计方案；
3. 《连栋温室结构》JB/T 10288-2001；
4. 《连栋温室建设标准》NYJ/T 06-2005；
5. 《温室齿条拉幕机》NY/T 1365-2007；
6. 《建筑设计防火规范》GB 50016-2014；
7. 国家、省、市颁布的相关技术规范、技术规定及技术标准。

二、工程概况
1. 项目名称：文洛型连栋玻璃温室；
2. 建筑面积：2560m²；
3. 结构类型：轻钢结构；
4. 建筑层数：1层；
5. 建筑高度：7.573m；
6. 生产的火灾危险性分类：植物生产性建筑；
7. 设计使用年限：20年。

三、设计标高
本工程室内地面设计标高为±0.000，相对绝对标高现场确定（如与设计有微差，以现场情况为准），室内外高差0.100m。

四、选用图集
本工程设计采用国标图集。

五、工程做法
1. 墙体
1.1 建筑外墙厚度高度详见施工详图。
1.2 建筑墙体地下部分采用水泥砂砖，地上部分采用蒸压灰砂砖，墙体所采用砖标号及砂浆标号见见结构施工说明。
2. 骨架及覆盖
2.1 本工程骨架采用热镀锌轻钢骨架，基础矮墙以上结构连接详见结构施工图。
2.2 本工程温室屋面覆盖采用5mm钢化玻璃覆盖，温室四周墙面采用5mm钢化玻璃覆盖，温室专用铝合金，力学性能满足荷载设计要求，玻璃安装必须保证温度膨胀间隙，局部用弹性材料填充，防止温度及安装应力产生。
2.3 温室屋面天沟排水，由dn110PVC-U排水管排入温室两侧排水沟。
3. 门窗
3.1 门窗选型详见门窗详图。
4. 外装修
4.1 外装修设计和做法索引见立面图及节点详图。
5. 功能分区
温室分为1个功能区。
6. 建筑设备
6.1 温室顶部开窗系统。
6.2 温室配置有外遮阳、内遮阳系统。
6.3 温室配置湿帘风机降温系统。

六、其他
1. 施工应严格按图施工，埋件及各专业预留洞口应按各专业图纸及时留设并保证位置及标高的准确性，避免后凿。
2. 施工过程中应尽量避免对结构镀锌层的破坏。
3. 施工过程中还应时刻注意现场的防火问题。
4. 所有系统应按本图要求由专业厂家进行二次设计，保证达到行业标准。
5. 施工中应严格执行国家施工质量验收规范。
6. 施工过程中如有疑问请及时与设计单位联系。

室内外做法表

类别	编号	适用范围	备注
外墙（矮墙外露面）		全部	1. 5厚1:2水泥砂浆压光 2. 15厚1:3水泥砂浆
通道路面 （或按业主要求）		温室走道	1. 60~80厚透水砖，粗砂扫缝 2. 20~30厚中砂找平层 3. 80厚级配砂石层 4. 素土碾实，90%<压实度<93%
种植区			详见苗床大样图
入口坡道			1. 80厚C30混凝土（配⊥12钢筋@200） 2. 素土夯实

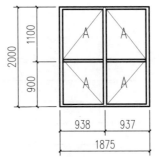

M1920 1:50

附注：
1. 门窗表均以洞口尺寸；门窗立面放大图及套用标准图的门窗仅反映其相应立面分格形式或尺寸。
2. 门窗开启线表示方法：实线表示外开，虚线表示内开，无线表示固定，箭头表示推拉。
3. 厂家负责提供安装详图。
4. 下列部位必须使用安全玻璃：
① 面积大于1.5m²的窗玻璃或玻璃底边最终装修面小于500mm的落地窗；
② 公共建筑物的出入口、门厅等部位；
③ 易遭受撞击、冲击而造成人体伤害的其他部位。
5. 门窗安装应满足其强度、热工、声学及安全性等性能要求。
6. 本工程玻璃幕采用铝合金窗，玻璃厚度按专业厂家计算确定。
7. "A"表示安全玻璃。
8. 平开窗应采取加强措施，防止坠落。
9. 防撞条高900mm。

门窗表

类型	设计编号	洞口尺寸/mm	数量	备注
门	M1920	1875X2000	4	铝合金平开门，原色，5mm钢化玻璃，含锁
电动排齿 外翻窗 （详建施-10）	C1	24000X1200	6	温室专用开窗铝合金型材边框，原色，5mm钢化玻璃
	C2	16000X1300	4	温室专用开窗铝合金型材边框，原色，5mm钢化玻璃
	C3	16000X1200	4	温室专用开窗铝合金型材边框，原色，5mm钢化玻璃

注：温室专用铝合金型材应由专业厂家设计，型材截面应要求满足结构风荷载要求。

审定	校对	工程名称 文洛型连栋玻璃温室	图纸 建筑设计说明、	工程编号	阶段 施工图
审核	设计负责人				日期 2023.12
××市建筑设计研究院 项目负责人	设计人	项目名称	名称 室内外做法表、门窗表	图号 建施-01	比例 1:180

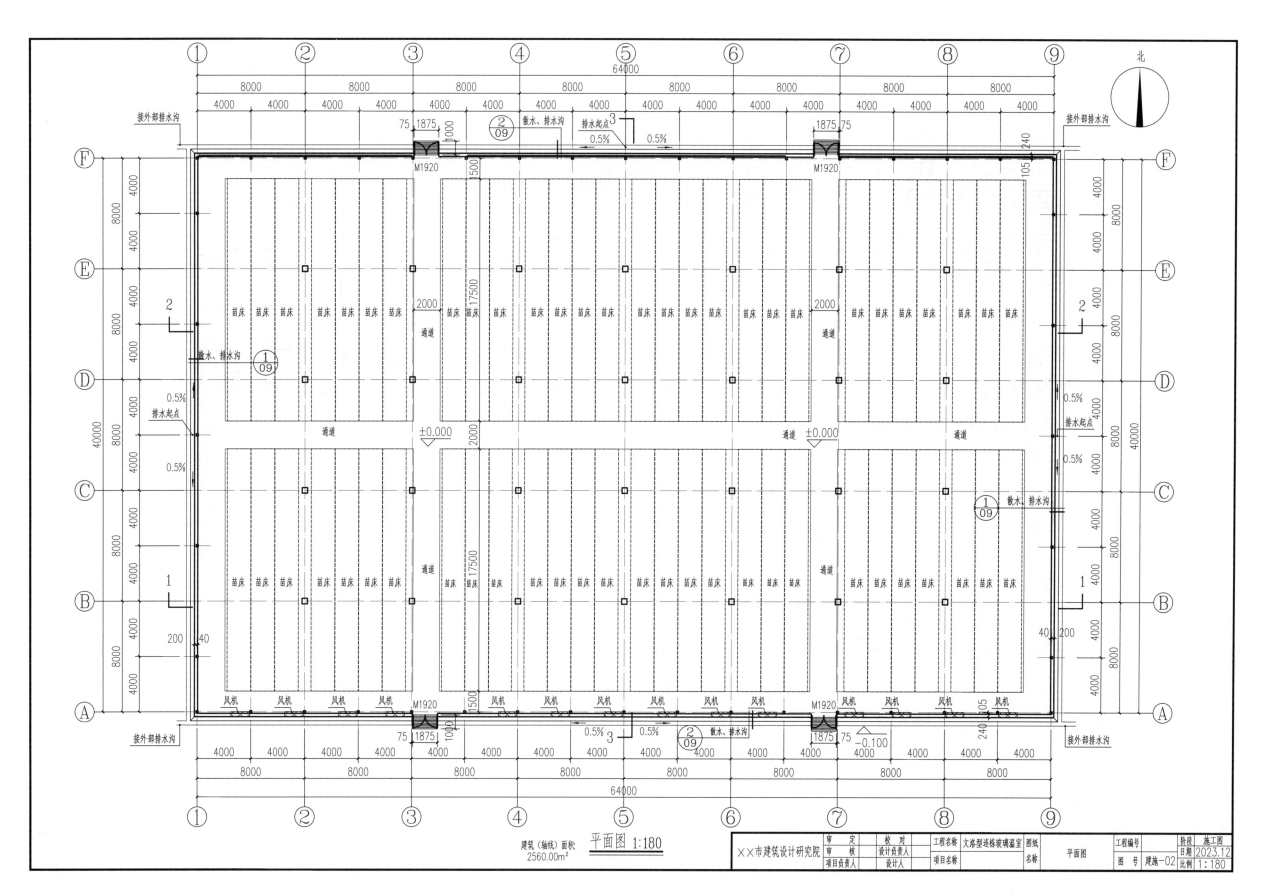

平面图 1:180

建筑(轴线)面积：
2560.00m²

××市建筑设计研究院	审 定		校 对		工程名称	文洛型连栋玻璃温室	图纸		工程编号		阶段	施工图
	审 核		设计负责人						平面图	日期	2023.12
	项目负责人		设计人		项目名称		名称		图 号	建施-02	比例	1:180

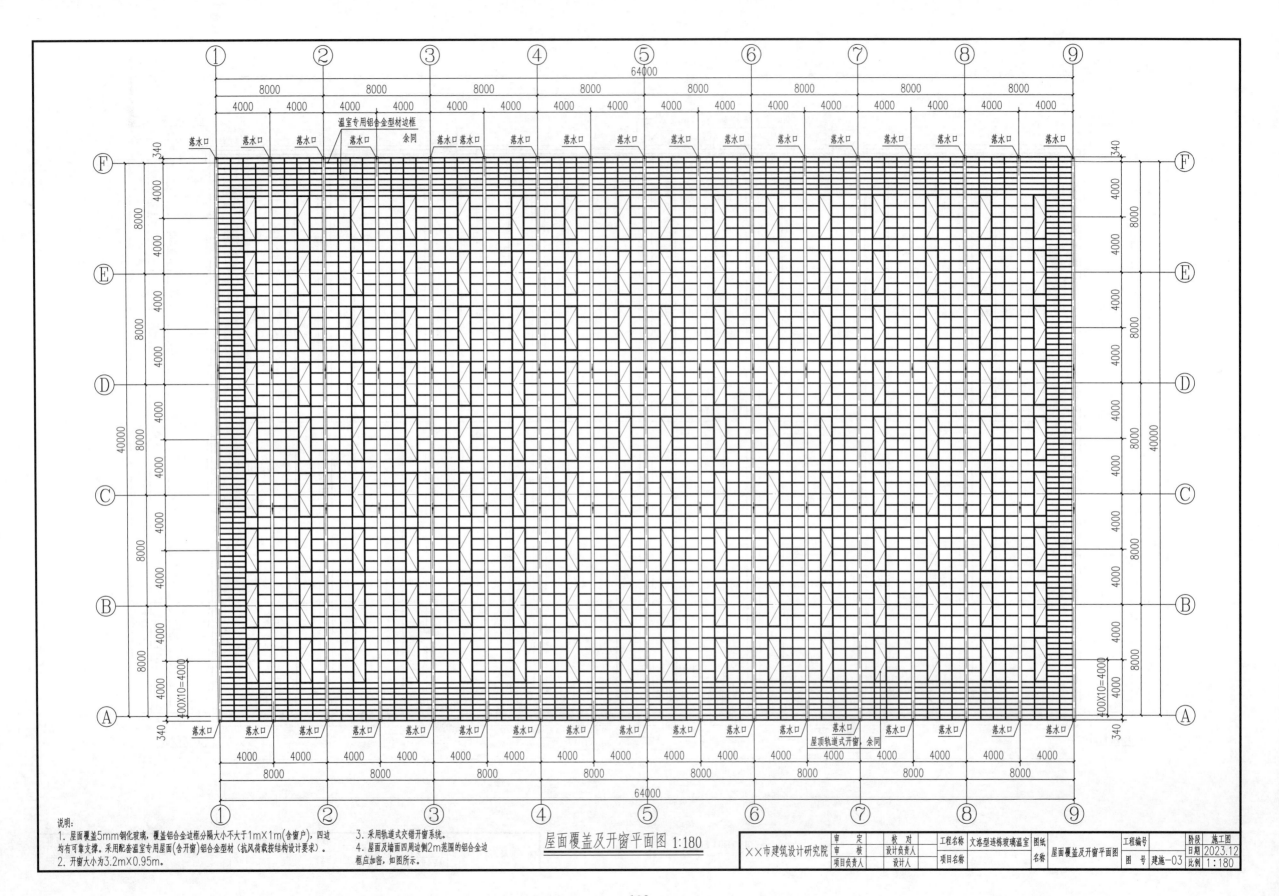

说明:
1. 屋面覆盖5mm钢化玻璃,覆盖铝合金边框分隔大小不大于1m×1m(含窗户),四边均有可靠支撑。采用配套温室专用屋面(含开窗)铝合金型材(抗风荷载按结构设计要求)。
2. 开窗大小为3.2m×0.95m。
3. 采用轨道式交错开窗系统。
4. 屋面及墙面四周边侧2m范围的铝合金边框应加密,如图所示。

屋面覆盖及开窗平面图 1:180

××市建筑设计研究院	审 定		校 对		工程名称	文洛型连栋玻璃温室	图纸	屋面覆盖及开窗平面图	工程编号		阶段	施工图
	审 核		设计负责人				名称				日期	2023.12
	项目负责人		设计人		项目名称				图 号	建施-03	比例	1:180

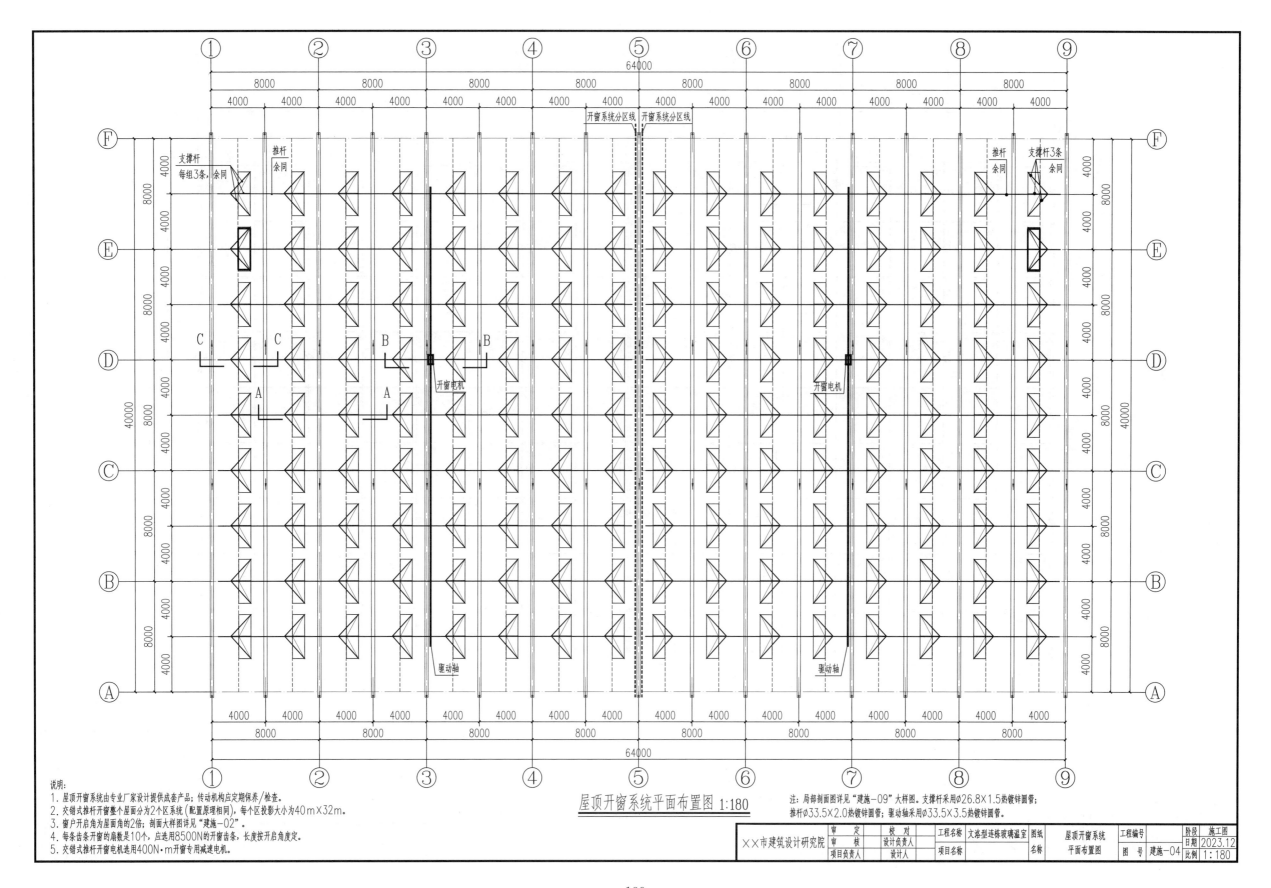

屋顶开窗系统平面布置图 1:180

说明：
1. 屋顶开窗系统由专业厂家设计提供成套产品；传动机构应定期保养/检查。
2. 交错式推杆开窗整个屋面分为2个区系统（配置原理相同），每个区投影大小为40m×32m。
3. 窗户开启角为屋面角的2倍；剖面大样图详见"建施—02"。
4. 每条齿条开窗的扇数是10个，应选用8500N的开窗齿条，长度按开启角度定。
5. 交错式推杆开窗电机选用400N·m开窗专用减速电机。

注：局部剖面图详见"建施—09"大样图。支撑杆采用∅26.8×1.5热镀锌圆管；
推杆∅33.5×2.0热镀锌圆管；驱动轴采用∅33.5×3.5热镀锌圆管。

××市建筑设计研究院	审　定		校　对		工程名称	文洛型连栋玻璃温室	图纸	屋顶开窗系统	工程编号		阶段	施工图
	审　核		设计负责人					平面布置图			日期	2023.12
	项目负责人		设计人		项目名称		名称		图　号	建施—04	比例	1：180

139

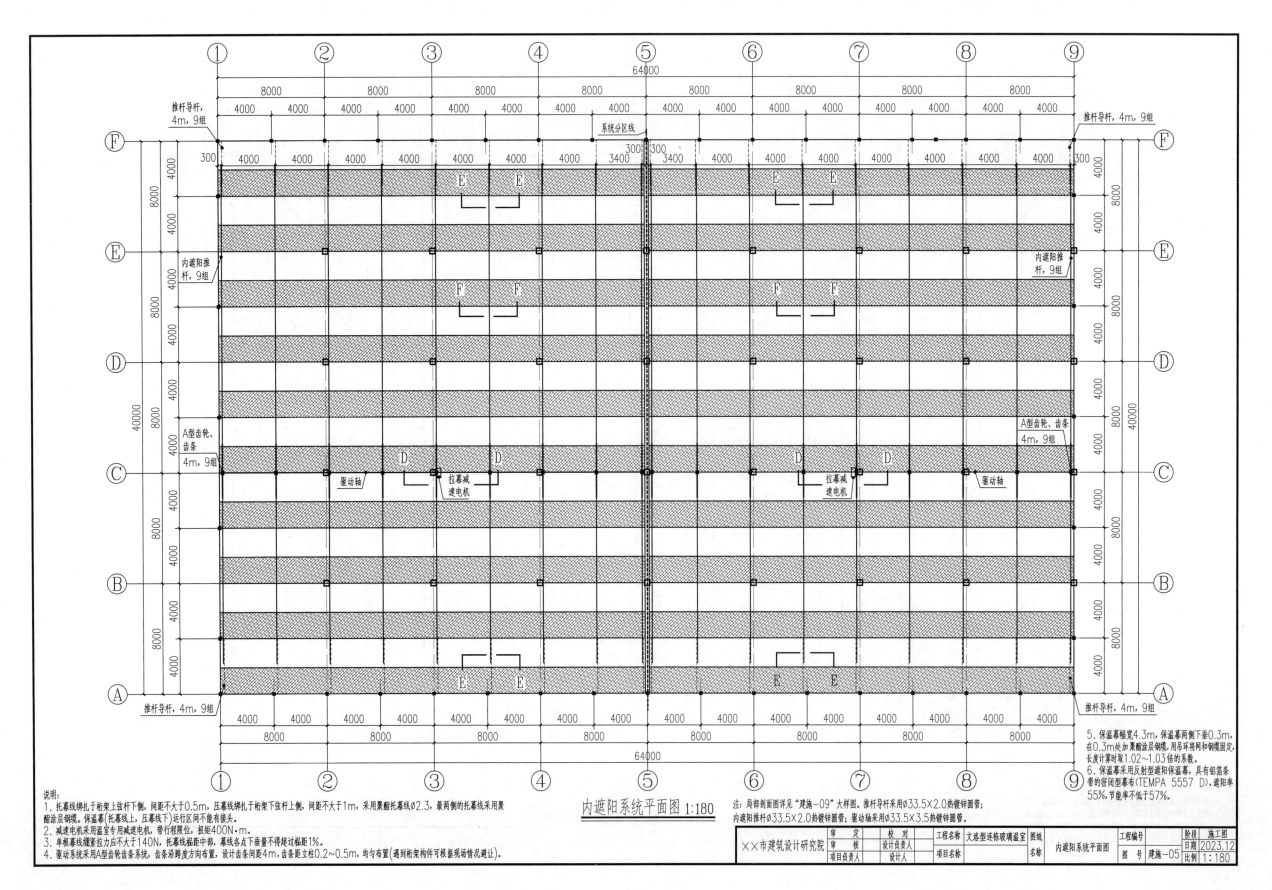

内遮阳系统平面图 1:180

说明:
1. 托幕线绑扎于桁架上弦杆下侧,同距不大于0.5m,压幕线绑扎于桁架下弦杆上侧,同距不大于1m,采用聚酯托幕线∅2.3,最两侧的托幕线采用聚酯涂层钢缆。保温幕(托幕线上,压幕线下)运行区间不能有接头。
2. 减速电机采用温室专用减速电机,带行程限位,扭矩400N·m。
3. 单根幕线绷紧拉力应不大于140N,托幕线槽距中部,幕线各点下垂量不得超过槽距1%。
4. 驱动系统采用A型齿轮齿条系统,齿条沿跨度方向布置,设计齿条同距4m,齿条距立柱0.2~0.5m,均匀布置(遇到桁架构件可根据现场情况避让)。

注:局部剖面图详见"建施-09"大样图。推杆导杆采用∅33.5×2.0热镀锌圆管;内遮阳推杆采用∅33.5×2.0热镀锌圆管;驱动轴采用∅33.5×3.5热镀锌圆管。

5. 保温幕幅宽4.3m,保温幕两侧下垂0.3m,在0.3m处加聚酯涂层钢缆,用吊环转网和钢缆固定,长度计算时取1.02~1.03倍的系数。
6. 保温幕采用反射型遮阳保温幕,具有铝箔条带的密闭型幕布(TEMPA 5557 D),遮阳率55%,节能率不低于57%。

××市建筑设计研究院	审 定		校 对		工程名称	文洛型连栋玻璃温室	图纸		内遮阳系统平面图	工程编号		阶段	施工图
	审 核		设计负责人									日期	2023.12
	项目负责人		设计人		项目名称		名称			图 号	建施-05	比例	1:180

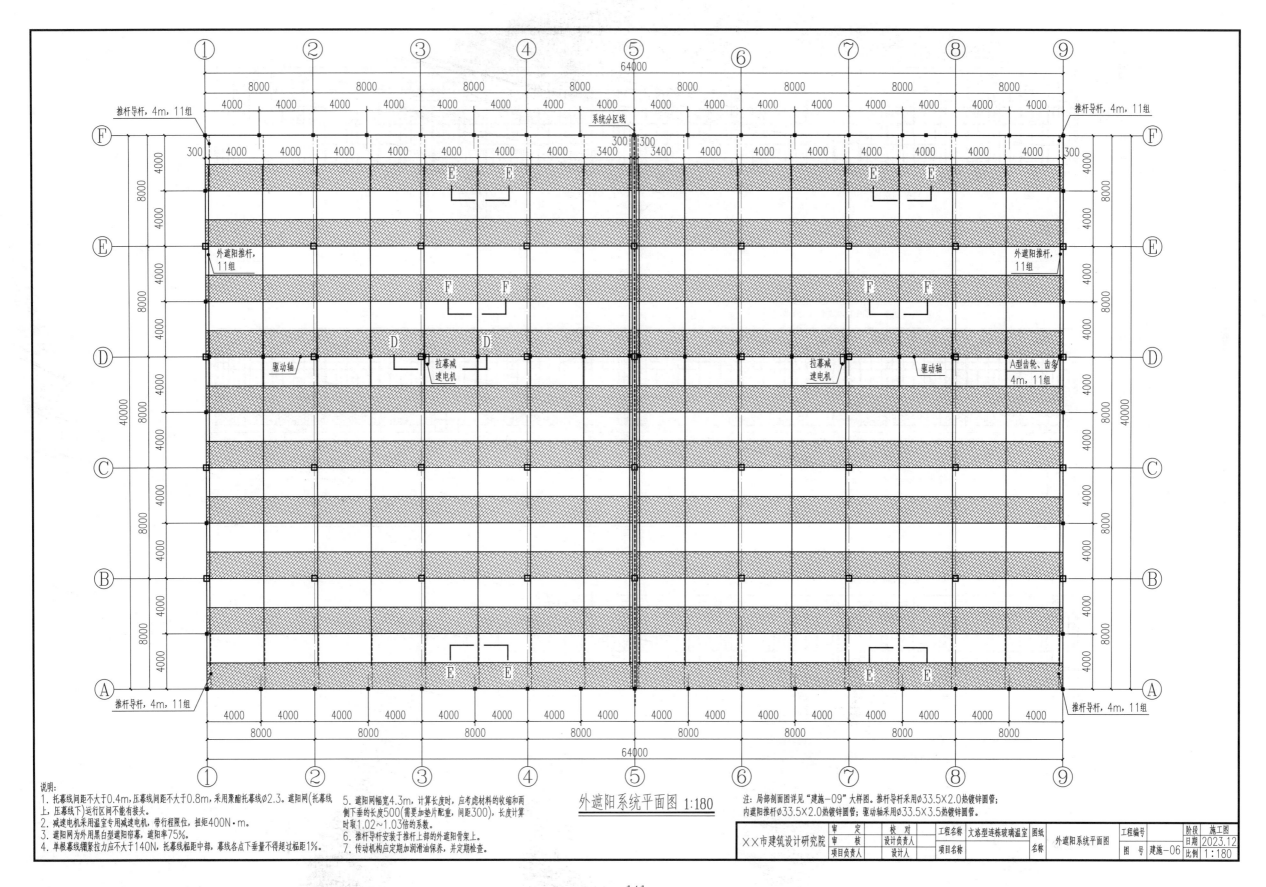

外遮阳系统平面图 1:180

说明：
1. 托幕线间距不大于0.4m，压幕线间距不大于0.8m，采用聚酯托幕线∅2.3。遮阳网(托幕线上，压幕线下)运行区间不能有接头。
2. 减速电机采用温室专用减速电机，带行程限位，扭矩400N·m。
3. 遮阳网为外用黑白型遮阳帘幕，遮阳率75%。
4. 单根幕线绷紧拉力应不大于140N，托幕线榀距中部，幕线各点下垂量不得超过榀距1%。

5. 遮阳网幅宽4.3m，计算长度时，应考虑材料的收缩和两侧下垂的长度500(需要加垫片配重，间距300)，长度计算时取1.02~1.03倍的系数。
6. 推杆导杆安装于推杆上部的外遮阳骨架上。
7. 传动机构应定期加润滑油保养，并定期检查。

注：局部剖面图详见"建施-09"大样图。推杆导杆采用∅33.5×2.0热镀锌圆管；
内遮阳推杆∅33.5×2.0热镀锌圆管；驱动轴采用∅33.5×3.5热镀锌圆管。

××市建筑设计研究院	审 定		校 对		工程名称	文洛型连栋玻璃温室	图纸		工程编号		阶段	施工图
	审 核		设计负责人				名称	外遮阳系统平面图			日期	2023.12
	项目负责人		设计人		项目名称				图 号	建施-06	比例	1:180

141

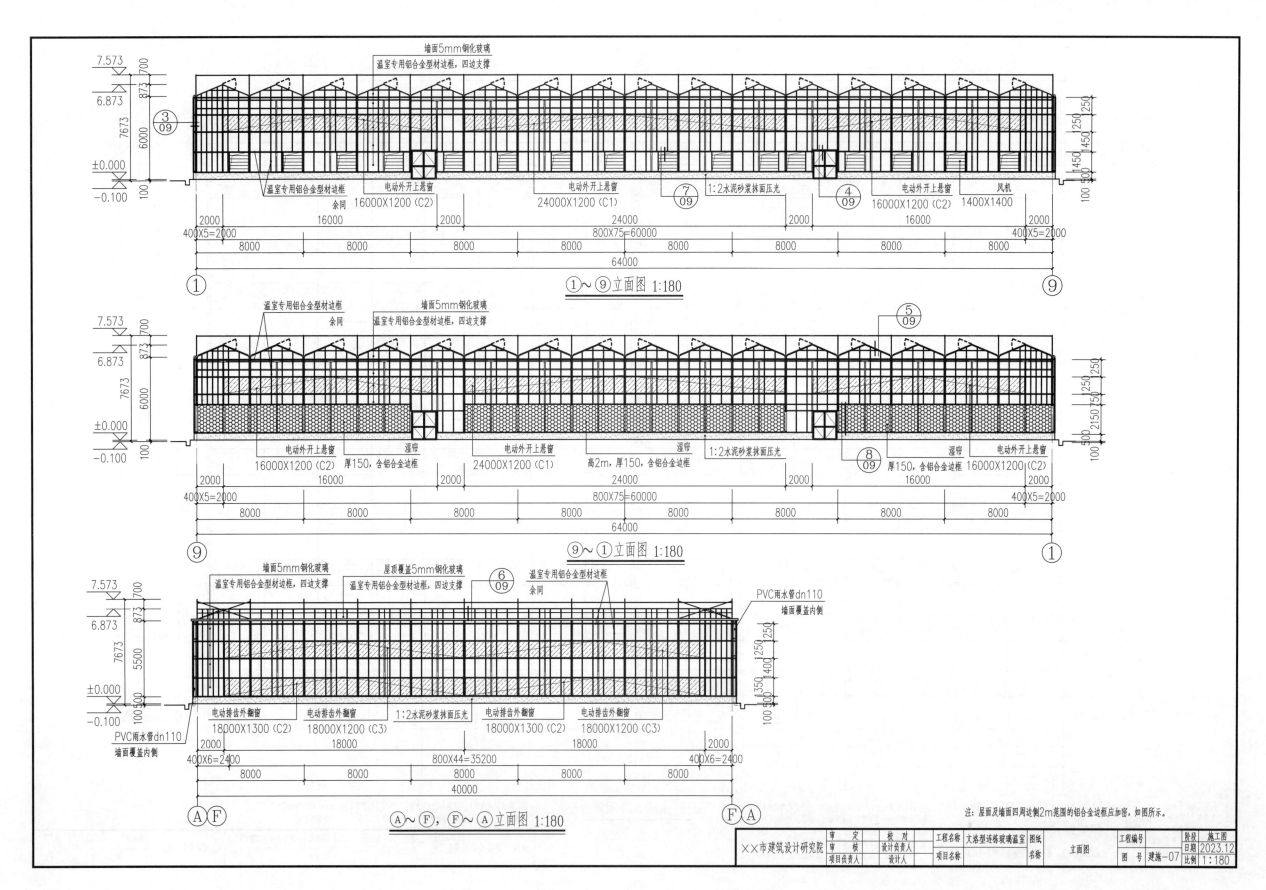

①～⑨立面图 1:180

⑨～①立面图 1:180

Ⓐ～Ⓕ，Ⓕ～Ⓐ立面图 1:180

注：屋面及墙面四周边侧2m范围的铝合金边框应加密，如图所示。

××市建筑设计研究院	审 定		校 对		工程名称	文洛型连栋玻璃温室	图纸		立面图	工程编号		阶段	施工图
	审 核		设计负责人				名称				日期	2023.12
	项目负责人		设计人		项目名称					图 号	建施-07	比例	1:180

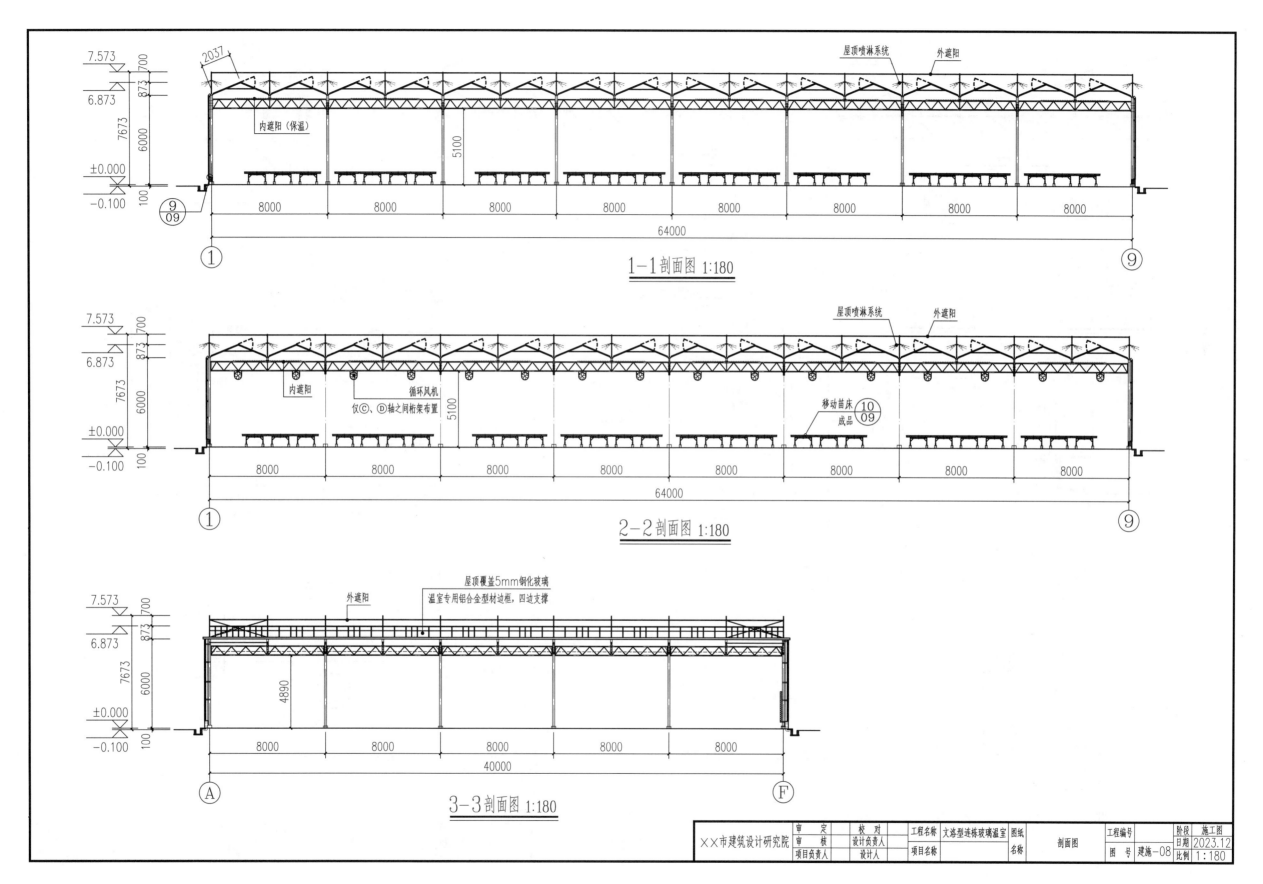

审 定	校 对	工程名称	文洛型连栋玻璃温室	图纸		工程编号		阶段	施工图
审 核	设计负责人			名称	剖面图	图 号	建施-08	日期	2023.12
项目负责人	设 计 人	项目名称						比例	1:180

××市建筑设计研究院

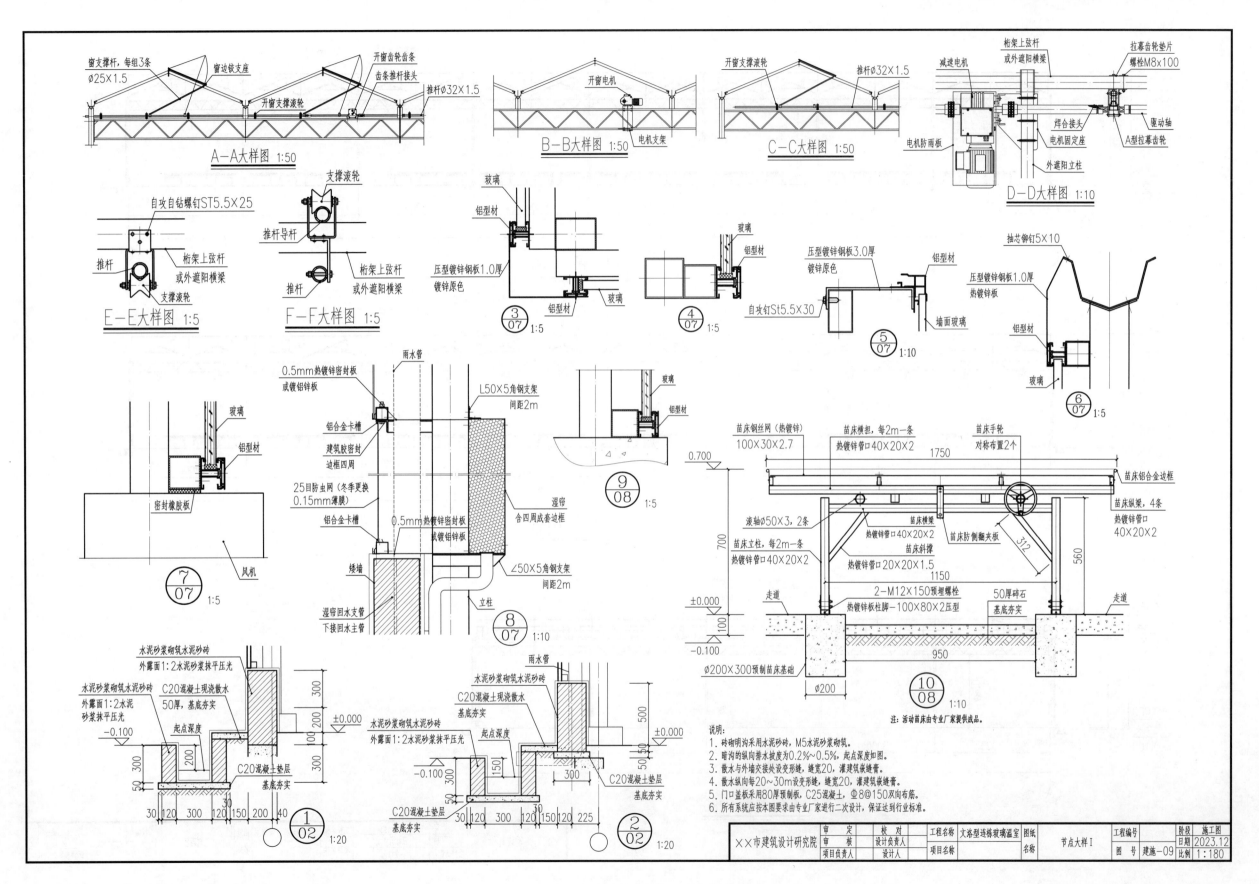

A－A大样图 1:50

B－B大样图 1:50

C－C大样图 1:50

D－D大样图 1:10

E－E大样图 1:5

F－F大样图 1:5

$\frac{3}{07}$ 1:5

$\frac{4}{07}$ 1:5

$\frac{5}{07}$ 1:10

$\frac{6}{07}$ 1:5

$\frac{7}{07}$ 1:5

$\frac{8}{07}$ 1:10

$\frac{9}{08}$ 1:5

$\frac{10}{08}$ 1:10

注：活动苗床由专业厂家提供成品。

$\frac{1}{02}$ 1:20

$\frac{2}{02}$ 1:20

说明：
1. 砖砌明沟采用水泥砂浆，M5水泥砂浆砌筑。
2. 暗沟的纵向排水坡度为0.2%～0.5%，起点深度如图。
3. 散水与外墙交接处设变形缝，缝宽20，灌建筑嵌缝膏。
4. 散水纵向每20～30m设变形缝，缝宽20，灌建筑嵌缝膏。
5. 门口盖板采用80厚预制板，C25混凝土，Φ8@150双向布筋。
6. 所有系统应按本图要求由专业厂家进行二次设计，保证达到行业标准。

××市建筑设计研究院

审　定		校　对		工程名称	文洛型连栋玻璃温室	图纸		节点大样Ⅰ		工程编号		阶段	施工图
审　核		设计负责人				名称						日期	2023.12
项目负责人		设计人		项目名称						图　号	建施－09	比例	1：180

144

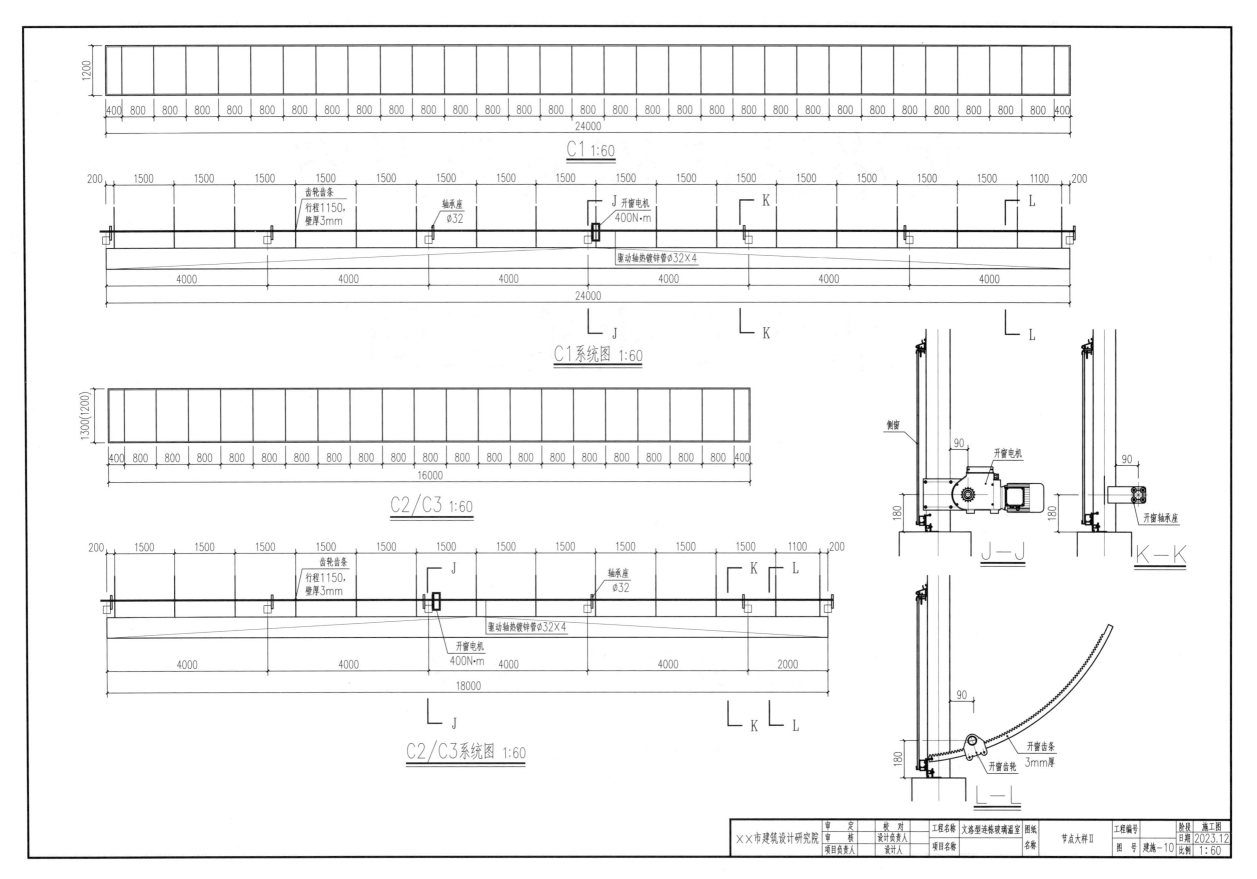

C1 1:60

C1系统图 1:60

齿轮齿条
行程1150,
壁厚3mm

轴承座
∅32

J 开窗电机
400N·m

K

L

驱动轴热镀锌管∅32×4

C2/C3 1:60

C2/C3系统图 1:60

齿轮齿条
行程1150,
壁厚3mm

J

轴承座
∅32

K L

驱动轴热镀锌管∅32×4

开窗电机
400N·m

侧窗

开窗电机

90

180

J—J

90

开窗轴承座

K—K

90

开窗齿条
3mm厚

开窗齿轮

180

L—L

	审 定	校 对	工程名称	文洛型连栋玻璃温室	图纸		工程编号		阶段	施工图
××市建筑设计研究院	审 核	设计负责人			名称	节点大样Ⅱ			日期	2023.12
	项目负责人	设计人	项目名称				图 号	建施-10	比例	1:60

145

文洛型连栋玻璃温室

结构专业施工图

××市建筑设计研究院

二〇二三年十二月

图 纸 目 录

建设单位				工程编号		
工程名称	文洛型连栋玻璃温室			子　项		

序号	图号	图纸名称	图幅	版次	备注
1	结施-01	温室钢结构设计说明	A3	1	
2	结施-02	钢材材料表	A3	1	
3	结施-03	基础圈梁大样图	A3	1	
4	结施-04	基础平面图	A3	1	
5	结施-05	锚栓平面图	A3	1	
6	结施-06	柱网平面图	A3	1	
7	结施-07	桁架及桁架支撑平面图	A3	1	
8	结施-08	天沟、天沟下短柱平面图	A3	1	
9	结施-09	屋面布置平面图	A3	1	
10	结施-10	外遮阳柱网支撑平面图	A3	1	
11	结施-11	外遮阳横纵梁平面图	A3	1	
12	结施-12	立面图	A3	1	
13	结施-13	剖面图	A3	1	
14	结施-14	钢结构节点大样图	A3	1	
15	结施-15	桁架大样图	A3	1	
16					
17					
18					
19					
20					
21					
22					
23					
24					
25					

专　业	结　构	项目负责人		未盖出图专用章无效
设计阶段	施工图	专业负责人		
编制日期	2023.12	编制人		

××市建筑设计研究院 | 审定 | 校对 | 工程名称 文洛型连栋玻璃温室 | 图纸 名称 目录 | 工程编号 | 阶段 施工图 | 日期 2023.12
审核 | 设计负责人 | | 图号 结施-00 | 比例 1:180
比例 1:180 | 项目负责人 | 设计人 | 项目名称 | |

温室钢结构设计说明

一、设计依据

1.《农业温室结构荷载规范》GB/T 51183—2016。
2.《种植塑料大棚工程技术规范》GB/T 51057—2015。
3.《农业温室结构设计标准》GB/T 51424—2022。

参考以下规范：
1.《建筑结构荷载规范》GB 50009—2012。
2.《建筑地基基础设计规范》GB 50007—2011。
3.《砌体结构设计规范》GB 50003—2011。
4.《钢结构设计标准》GB 50017—2017。
5.《冷弯薄壁型钢结构技术规范》GB 50018—2002。
6.《门式刚架轻型房屋钢结构技术规程》GB 51022—2015。
7.《钢结构工程施工质量验收标准》GB 50205—2020。
8.《金属覆盖层 钢铁制件热浸镀锌层 技术要求及试验方法》GB/T 13912—2020。
9.《混凝土结构工程施工质量验收规范》GB 50204—2015。

二、工程概况

1. 本工程采用结构体系
本工程为某育苗玻璃温室，轻钢结构，位于北京市。地上1层，层高7.673m，设计使用年限20年，结构重要性系数1。

2. 未提供岩土工程勘察报告，本工程采用独立扩展基础形式，其承载力特征值不小于160kPa，待取得正式地质勘察报告，确认无误后方可施工。

3. 荷载标准值
按《农业温室结构荷载规范》20年一遇取值。
(1)风荷载
基本风压0.41kN/m²，场地地面粗糙度B类，风压高度变化系数$u_z=1$，风荷载分项系数1.0。
(2)其他荷载
① 屋面恒载：0.20kN/m²，活载：0.10kN/m²；
② 雪荷载：0.31kN/m²；
③ 地震：8度（0.20g）区，可考虑。

4. 结构刚度控制指标
① 变形指标 主跨挠度控制值为L/150，立柱柱顶水平位移值为H/60。
② 长细比 主要构件200，拱计220，其他构件及支撑为250。

5. 未经技术鉴定或未经设计许可不得改变结构设计用途和使用环境。

三、计算软件

中国建筑科学研究院PKPM结构计算软件2010版。

四、材料

1. 结构用钢牌号为Q235B。Q235B钢材力学性能及碳硫磷等含量的合格保证须满足《碳素结构钢》（GB/T 700—2006）的规定。选用钢材还应符合下列规定：
① 钢材的屈服强度实测值与抗拉强度实测值的比值不应大于0.85；
② 钢材应有明显的屈服台阶，且伸长率应大于20%；
③ 钢材应有良好的可焊性和合格的冲击韧性；
④ 镀锌钢绞线的抗拉强度为1470N/mm²。

2. 焊条
① 自动或半自动焊时，采用H08A或H08MnA焊丝，其性能应符合《熔化焊用钢丝》（GB/T 14957—1994）的规定。手工焊时，采用E4303、E5003型焊条，其性能应符合《非合金钢及细晶粒钢焊条》（GB/T 5117—2012）及《热强钢焊条》（GB/T 5118—2012）的规定。
② 焊接钢筋用焊条按下表选用

焊接形式

	钢筋与型钢	钢筋搭接焊、绑条焊	钢筋剖口焊
HRB400级	E43	E50	E55

3. 螺栓

① 高强度螺栓应采用10.9S大六角头承压型高强度螺栓；其技术条件须符合《钢结构用高强度大六角头螺栓》（GB/T 1228—2006）、《钢结构用高强度大六角螺母》（GB/T 1229—2006）、《钢结构用高强度垫圈》（GB/T 1230—2006）、《钢结构用高强度大六角头螺栓、大六角头螺母、垫圈技术条件》（GB/T 1231—2006）的规定。
② 普通螺栓应符合现行国家标准《六角头螺栓 C级》（GB 5780—2016）；

4. 钢筋

钢筋强度标准值应具有不小于95%的保证率。钢筋进场时，应按国家现行标准的规定抽取试件作屈服强度、抗拉强度、伸长率、弯曲性能和重量偏差检验，检验结果应符合相应标准的规定。钢筋焊接应符合《钢筋焊接及验收规程》（JGJ 18—2012）的相关要求。

5. 混凝土

① 混凝土强度等级（图纸中有注明的除外）见下表

部位	混凝土强度等级	抗渗等级	备注
基础	C30		
柱	C30		
垫层	C20		
圈梁	C30		

② 混凝土保护层 基础混凝土的保护层厚度不小于40mm，柱为30mm。

6. 砌体

① ±0.000以下墙身采用MU10水泥砖、M7.5水泥砂浆砌筑。±0.000以上墙身采用MU7.5水泥砖、M5水泥砂浆砌筑。
② 砌体施工质量应达到B级，符合《砌体结构工程施工质量验收规范》（GB 50203—2011）规定。

五、钢构制作

1. 本图中的钢结构构件必须在有资质的、具有专门机械设备的建筑金属加工厂加工制作。
2. 钢结构构件应严格按照国家《钢结构工程施工质量验收标准》（GB 50205—2020）进行制作。
3. 除地脚和图面有注明者外，钢结构构件上螺栓钻孔直径应比螺栓直径大1.5～2.0mm。

六、焊接

1. 焊接时应选择合理的焊接工艺和焊接顺序，以减小钢结构中产生的焊接应力和焊接变形。
2. 组合H型钢因焊接产生的变形应以机械或火焰矫正调直，具体做法应符合GB50205的相关规定。
3. 构件角焊缝厚度范围详见"焊接详图"。
4. 图中未注明的角焊缝焊脚尺寸按焊角尺寸表选用。

七、钢结构的运输、检验、堆放

1. 在运输及操作过程中应采取措施防止构件变形和损坏。
2. 结构安装前应对构件进行全面检查，如构件的数量、长度、垂直度，安装接头处螺栓孔之间的尺寸是否符合设计要求等。
3. 构件放置场地应事先平整夯实，并做好四周排水。
4. 构件堆放时，应先放置枕木垫平，不宜直接将构件放置于地面上。

八、钢结构安装

1. 柱脚及基础螺栓

应在混凝土短柱上用墨线及经纬仪将各中心线弹出，用水准仪将标高引测到锚栓上。基础底板及锚栓尺寸经复验符合《钢结构工程施工质量验收标准》（GB 50205—2020）要求且基础混凝土强度等级达到设计强度等级的70%后方可进行钢柱安装。钢柱底板用调整螺母进行水平度的调整。待结构形成空间单元且经检测、校核几何尺寸无误后，柱脚采用C30微膨胀自流性细石混凝土浇筑柱底空隙，可采用压力灌浆，应保密实。

2. 结构安装

应先安装靠近山墙的有柱间支撑的两榀钢架，而后安装其他钢架。头两榀钢架安装完毕后，再调整两榀钢架间的水平系杆、柱间支撑及屋面水平支撑的垂直度及水平度，待调整正确后方可锁定支撑，而后安装其他钢架。

3. 钢柱吊装

钢架吊装至基础短柱顶面后，采用经纬仪进行校正。结构吊（安）装时应采取有效措施确保结构的稳定，并防止产生过大变形。结构安装完成后，应详细检查运输、安装过程中涂层的擦伤，并补刷油漆，对所有的连接螺栓应逐一检查，以防漏拧或松动。不得在构件上加焊非设计要求的其他构件。

4. 钢架在施工中应及时安装支撑，在安装和房屋使用过程中如遇台风，必要时增设临时拉杆和缆风绳进行充分固定。

九、钢结构涂装

1. 本工程的所有构件均采用热镀锌防锈处理，应符合《金属覆盖层 钢铁制件热浸镀锌层 技术要求及试验方法》（GB/T 13912—2020）的相关要求。镀锌前后，构件上不得有裂缝、夹层、烧伤及其他影响强度的缺陷。镀锌后的增重应达到6%～13%，镀锌平均厚度一般不小于55μm（材料壁厚大于3mm应不小于70μm，大于6mm时应不小于85μm，小于1.5mm时，应不小于45μm）。外壁表面不得漏镀。外表面应光洁，每米长度内只允许出现一处长度不超过100mm非包容面局部粗糙表面，最大突起高度不得大于2mm，并不影响安装。

2. 局部焊接部位，应对焊接处构件表面进行打磨、除锈和涂装。除锈等级不低于Sa2或St2，涂装应采用氟碳漆，涂装遍数不少于二底二面，且涂层厚度及涂装施工环境应满足现行《钢结构工程施工质量验收标准》（GB 50205—2020）中的要求。

十、钢结构维护

钢结构使用过程中，应根据使用情况（如涂料材料使用年限，结构使用环境条件等），定期对结构进行必要维护（如对钢结构重新进行涂装，更换损坏构件等），以确保使用过程中的结构安全。

十一、其他

1. 本工程施工时，应与相关设备、建筑等其他专业密切配合，以免返工，在钢结构连接凸出部、有毛刺等有可能影响薄膜安装的部位缠旧膜子以保护，薄膜安装质量按照《大棚覆盖材料安装与验收规范 塑料薄膜》（NY/T 1996）执行。
2. 雨季施工时应采用相应的施工技术措施。
3. 施工中发现与设计有关的技术问题，应及时通知设计单位洽商解决，不得擅自修改设计；
4. 材料表中为理论数量，实际加工时适当增加余量；
5. 未尽事宜应按照现行施工及验收规范、规程的有关规定进行施工。

角焊缝的最小焊角尺寸 h_f

较厚焊件厚度/mm	手工焊接h_f/mm	埋弧焊h_f/mm
<4	4	3
5～7	4	3
8～11	5	4
12～16	6	5
17～21	6	6
22～26	7	7
27～36	9	8

角焊缝的最大焊角尺寸 h_f

较薄焊件的厚度/mm	最大焊角尺寸/mm
<4	5
5	6
6	7
8	10
10	12
12	14
14	17

××市建筑设计研究院	审定		校对		工程名称	文洛型连栋玻璃温室	图纸	温室钢结构设计说明	工程编号		阶段	施工图
	审核		设计负责人								日期	2023.12
	项目负责人		设计人		项目名称		名称		图号	结施-01	比例	1:180

钢材材料表　注：数量仅供参考，以实际为准。

续表

序号	名称	编号	规格	长度/m	单位	数量	单重/kg	合重/kg
一、立柱								
1	主立柱	ZLZ	F150×150×5	6.000	件	54.00	136.59	7375.86
2	副立柱	FLZ	F150×150×5	6.000	件	26.00	136.59	3551.34
3	侧墙抗风柱	KFZ1	F150×100×4	6.000	件	20.00	91.19	1823.76
4	山墙抗风柱	KFZ2	F150×100×4	6.000	件	32.00	91.19	2918.02
5	短柱1	DZ1	F120×80×3	0.260	件	72.00	2.42	174.41
6	短柱2	DZ2	F120×80×3	0.450	件	35.00	4.19	146.74
7	小计							15990.13
二、桁架								
(一)	桁架1	HJ1		8		35.00		
1	详见大样	上弦杆	F80×60×2	8.000	件	35.00	34.16	1195.60
2		下弦杆	F80×60×2	8.000	件	35.00	34.16	1195.60
3		边竖撑	F80×60×2	0.540	件	70.00	2.31	161.41
4		中竖撑	F120×80×3	0.540	件	35.00	4.93	172.69
5		加劲板	−150×150×6		件	140.00	1.06	148.40
6		腹杆	∠36×3	11.600	件	35.00	19.67	688.58
7		角钢连接件	∠50×5	0.060	件	70.00	0.24	16.51
8		端部连接角钢	∠63×40×7	0.660	件	140.00	3.74	522.98
9	小计							4101.76
(三)	桁架2	HJ2		8		32.00		
1	详见大样	上弦杆	F80×60×2	8.000	件	32.00	34.16	1093.12
2		下弦杆	F80×60×2	8.000	件	32.00	34.16	1093.12
3		加劲板	−150×150×6		件	128.00	1.06	135.68
4		腹杆	∠36×3	12.884	件	32.00	21.85	699.24
5		端板	−740×100×12		件	32.00	6.971	223.07
6	小计							3244.23
(四)	桁架3	HJ3		8		30.00		
1	详见大样	上弦杆	F80×60×2	8.000	件	30.00	34.16	1024.80
2		下弦杆	F80×60×2	8.000	件	30.00	34.16	1024.80
3		加劲板	−150×150×6		件	120.00	1.06	127.20
4		腹杆	∠36×3	12.884	件	30.00	21.90	657.08
5		端板	−740×100×12		件	60.00	6.971	418.26
6	小计							3252.14
(四)	桁架3-1	HJ3-1		8		10.00		
1	详见大样	上弦杆	F80×60×2	8.000	件	10.00	34.16	341.60
2		下弦杆	F80×60×2	8.000	件	10.00	34.16	341.60
3		加劲板	−150×200×6		件	40.00	1.06	42.40
4		腹杆	∠36×3	12.884	件	10.00	21.85	218.51
5		边竖撑	F80×60×2	0.540	件	10.00	2.31	23.06
6		端板	−740×100×12		件	10.00	6.97	69.71
7	详见大样	端部连接角钢	∠63×40×7	0.660	件	20.00	3.74	74.71
8	小计							1111.59
二、小计								11709.73
三、天沟								
1	中天沟	ZTG	−400×2.0	4.000	件	170.00	25.12	4270.40
2	边天沟	DTG	−400×2.0	0.400	件	34.00	2.51	85.41
3	小计							4355.81

序号	名称	编号	规格	长度/m	单位	数量	单重/kg	合重/kg
四、各种横梁、杆								
1	山墙横梁1	SQHL1	F80×60×2	4.000	件	32.00	17.08	546.56
2	山墙横梁2	SQHL2	F80×60×2	2.000	件	64.00	8.54	546.56
3	山墙围梁	SQWL	F50×50×2	1.000	延米	640.00	3.01	1926.40
4	风机立柱	FLZ	F50×50×2	1.400	件	16.00	4.21	67.42
5	门梁	MHL	F50×50×2	2.000	件	4.00	6.02	24.08
6	侧墙围梁	CQWL	F50×50×2	1.000	延米	400.00	3.01	1204.00
7	墙梁连接件1	∠50×50×5	0.150		件	280.00	0.59	164.85
8	墙梁连接件2	∠50×50×5	0.100		件	260.00	0.09	22.15
9	墙梁连接件3	∠63×63×5	0.385		件	330.00	1.90	628.39
10	小计							5130.42
五、骨架支撑部分								
1	桁架下弦拉杆	HJLG	Ø12	1.000	件	320.00	0.89	284.16
2	山墙拉杆	SQLG	Ø12	5.800	件	32.00	5.15	164.81
3	山墙撑	SQC	F80×60×2	4.000	件	16.00	17.08	273.28
4	小计							722.25
六、屋面构件部分								
1	主屋架	WJ				336		
2			F50×30×2	2.059	件	672.00	4.91	3301.38
3			F50×30×2	2.016	件	336.00	4.81	1616.22
4	屋脊檩条	LT	[50×30×10×1.5	2.000	件	960.00	2.92	2803.20
5	屋面支撑	WMC	Ø10	3.000	件	64.00	1.85	118.46
6	小计							7839.27
七、外遮阳部分								
1	外遮阳立柱	WLZ	F50×50×2	1.500	件	187.00	4.52	844.31
2	外遮阳柱间斜撑	WZC	Ø32×1.6	4.200	件	68.00	5.04	342.72
3	外遮阳边横梁	WBHL	F70×50×2	4.000	件	32.00	14.56	465.92
4	外遮阳中横梁	WHL	F50×50×2	4.000	件	144.00	12.04	1733.76
5	外遮阳纵梁	WZL	F50×50×2	4.000	件	170.00	12.04	2046.80
6	小计							5433.51
八、汇总								
1	项目总用钢量/kg							51181.11
2	平均用钢量/(kg/m²)							19.99

注：1. 以上材料要求采用热镀锌材料；材料长度按中心线长度计算，下料加工应以实际长度为准。

2. 型钢外形符号：圆管Ø、方管或矩管口、角钢∠、扁钢或板件—、槽钢[；或代号方管F、矩管J、圆管Y、C型钢C。

锚栓材料表

序号	名称	编号	规格	长度/m	单位	数量	单重/kg	合重/kg
1	锚栓1	MS1	4-M24×700		件	96	9.943	954.509
2	底板1		−300×300×22		件	96	15.543	1492.128
3	锚栓1加劲板		−150×75×12		件	384	1.060	407.040
4	锚栓1抗剪键		[5	0.05	件	96	0.243	23.280
5	锚栓2	MS2	4-M20×700		件	60	6.905	414.288
6	底板2		−300×250×22		件	60	12.953	777.180
7	锚栓2加劲板1		−150×100×10		件	120	1.178	141.360
8	锚栓2加劲板2		−150×50×10		件	120	0.589	70.680
9	锚栓1抗剪键		[5	0.05	件	60	0.243	14.550
10								4295.015
11	锚栓预埋平均用钢量/(kg/m²)							1.34

	审定	校对	工程名称 文洛型连栋玻璃温室	图纸	钢材材料表	工程编号	阶段 施工图
××市建筑设计研究院	审核	设计负责人		名称			日期 2023.12
	项目负责人	设计人	项目名称			图号 结施-02	比例 1:180

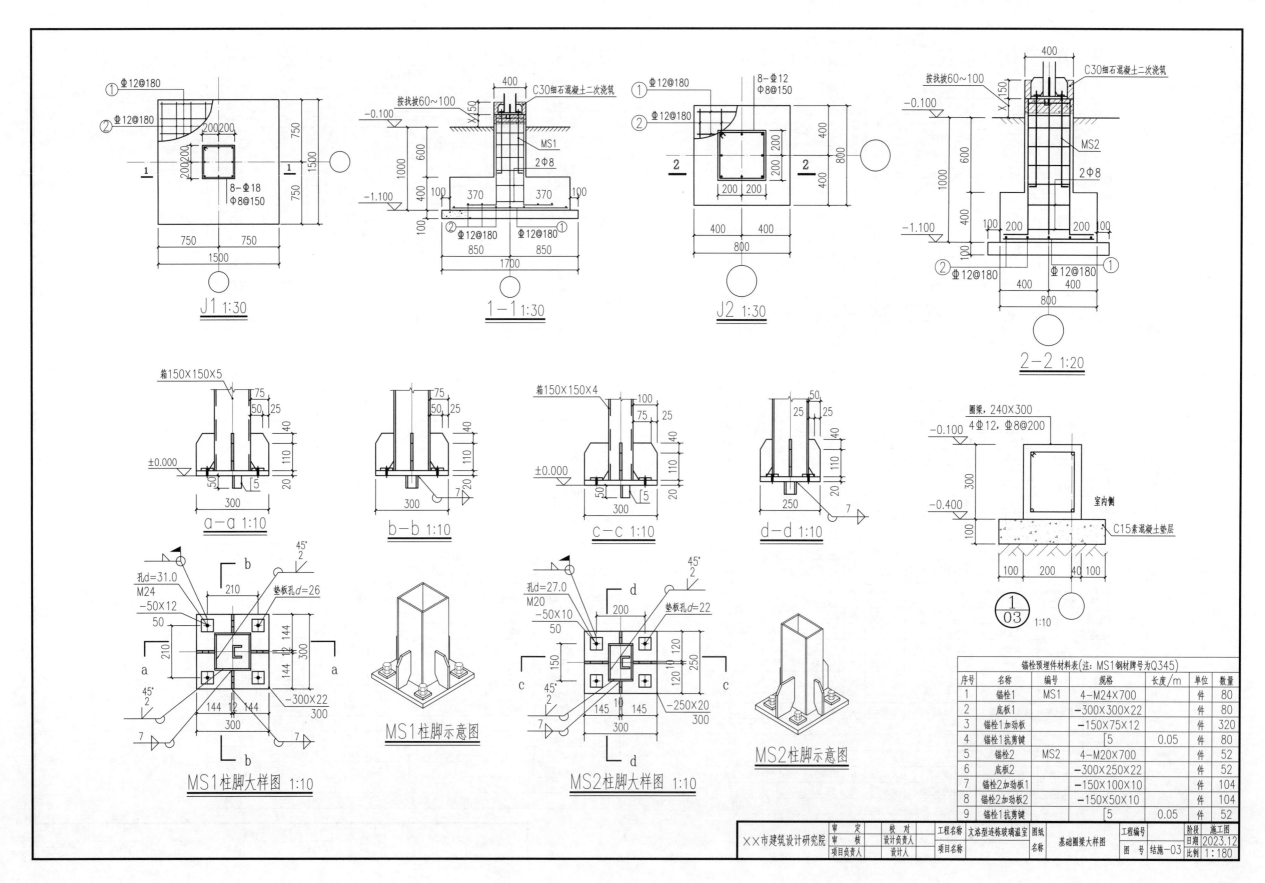

J1 1:30

1-1 1:30

J2 1:30

2-2 1:20

a-a 1:10

b-b 1:10

c-c 1:10

d-d 1:10

1/03 1:10

MS1柱脚大样图 1:10

MS1柱脚示意图

MS2柱脚大样图 1:10

MS2柱脚示意图

锚栓预埋件材料表(注：MS1钢材牌号为Q345)

序号	名称	编号	规格	长度/m	单位	数量
1	锚栓1	MS1	4-M24×700		件	80
2	底板1		-300×300×22		件	80
3	锚栓1加劲板		-150×75×12		件	320
4	锚栓1抗剪键		⊏5	0.05	件	80
5	锚栓2	MS2	4-M20×700		件	52
6	底板2		-300×250×22		件	52
7	锚栓2加劲板1		-150×100×10		件	104
8	锚栓2加劲板2		-150×50×10		件	104
9	锚栓2抗剪键		⊏5	0.05	件	52

××市建筑设计研究院

审 定		校 对		工程名称	文洛型连栋玻璃温室	图纸		基础圈梁大样图	工程编号		阶段	施工图
审 核		设计负责人				名称					日期	2023.12
项目负责人		设计人		项目名称					图 号	结施-03	比例	1:180

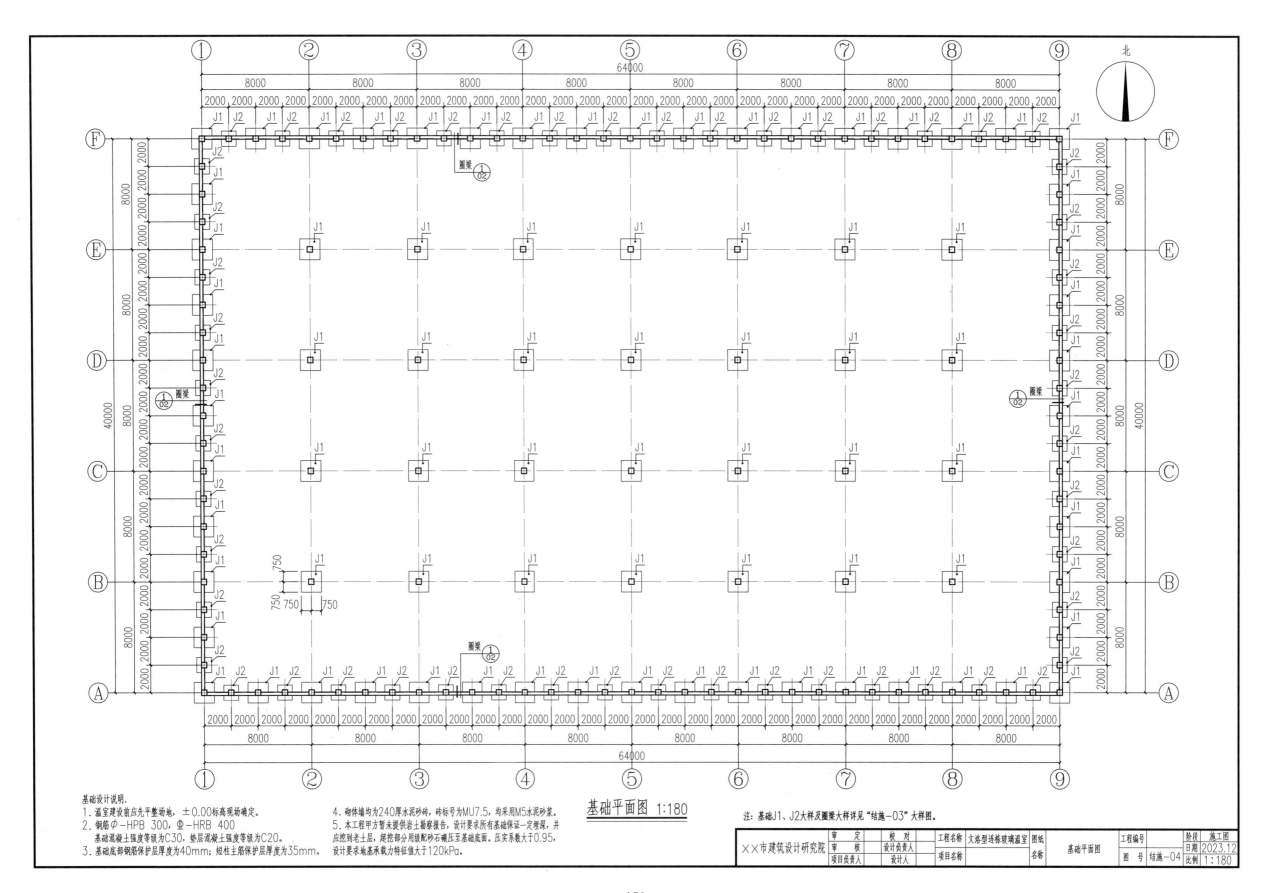

基础平面图 1:180

基础设计说明.
1. 温室建设前应先平整场地，±0.00标高现场确定。
2. 钢筋Φ-HPB 300，Φ-HRB 400
　　基础混凝土强度等级为C30，垫层混凝土强度等级为C20。
3. 基础底部钢筋保护层厚度为40mm；短柱主筋保护层厚度为35mm。

4. 砌体墙均为240厚水泥砂砖，砖标号为MU7.5，均采用M5水泥砂浆。
5. 本工程甲方暂未提供岩土勘察报告，设计要求所有基础保证一定埋深，并应挖到老土层，超挖部分用级配砂石碯压至基础底面。压实系数大于0.95，设计要求地基承载力特征值大于120kPa。

注: 基础J1、J2大样及圈梁大样详见"结施-03"大样图。

××市建筑设计研究院

审　定		校　对		工程名称	文洛型连栋玻璃温室	图纸		工程编号		阶段	施工图
审　核		设计负责人				名称	基础平面图			日期	2023.12
项目负责人		设计人		项目名称						图号	结施-04
										比例	1:180

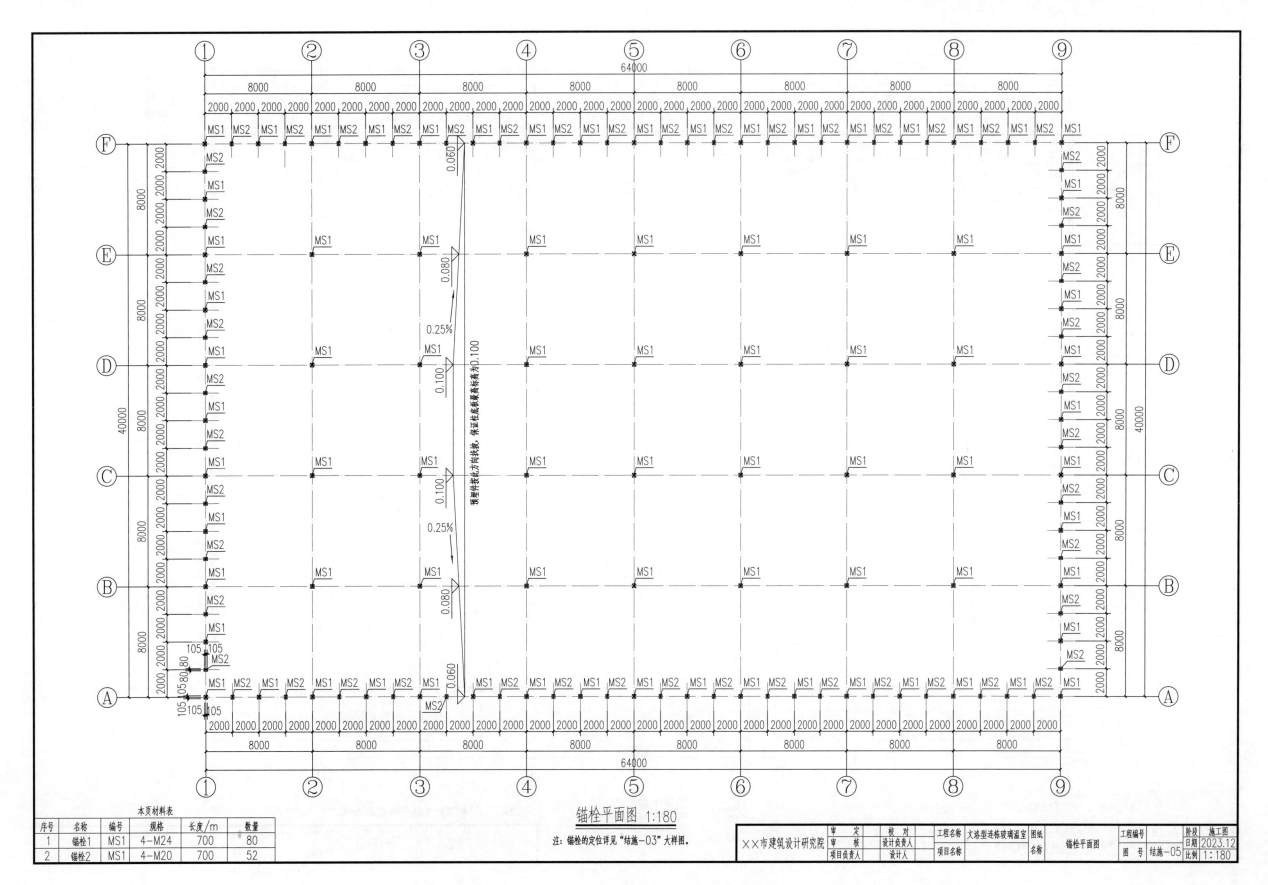

锚栓平面图 1:180

注: 锚栓的定位详见"结施-03"大样图。

序号	名称	编号	规格	长度/m	数量
1	锚栓1	MS1	4-M24	700	80
2	锚栓2	MS1	4-M20	700	52

本页材料表

××市建筑设计研究院	审 定		校 对		工程名称	文洛型连栋玻璃温室	图纸		锚栓平面图	工程编号		阶段	施工图
	审 核		设计负责人									日期	2023.12
	项目负责人		设计人		项目名称		名称		图 号	结施-05	比例	1:180

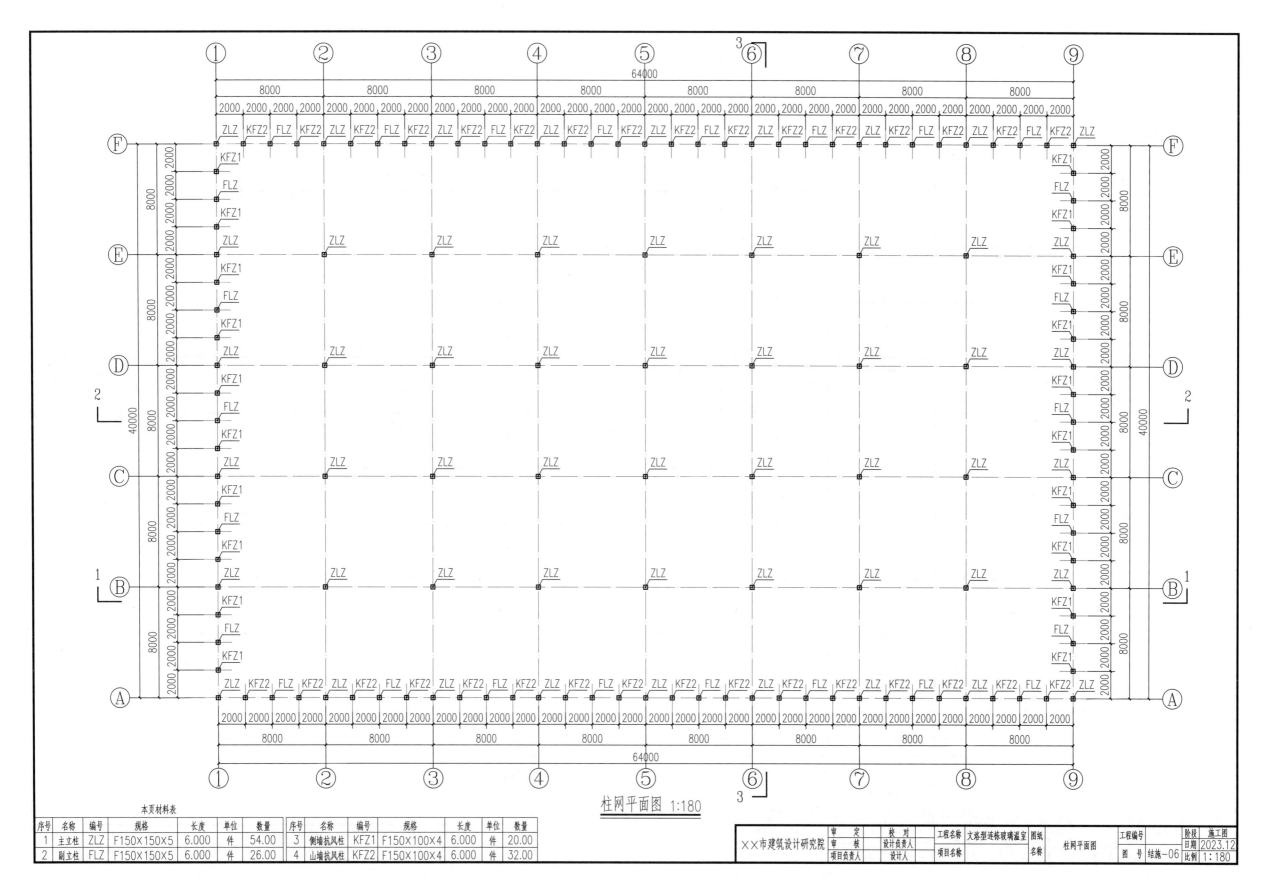

柱网平面图 1:180

本页材料表

序号	名称	编号	规格	长度	单位	数量	序号	名称	编号	规格	长度	单位	数量
1	主立柱	ZLZ	F150×150×5	6.000	件	54.00	3	侧墙抗风柱	KFZ1	F150×100×4	6.000	件	20.00
2	副立柱	FLZ	F150×150×5	6.000	件	26.00	4	山墙抗风柱	KFZ2	F150×100×4	6.000	件	32.00

××市建筑设计研究院	审　定		校　对		工程名称	文洛型连栋玻璃温室	图纸		柱网平面图	工程编号		阶段	施工
	审　核		设计负责人		项目名称		名称					日期	2023.12
	项目负责人		设计人		项目名称					图　号	结施-06	比例	1:180

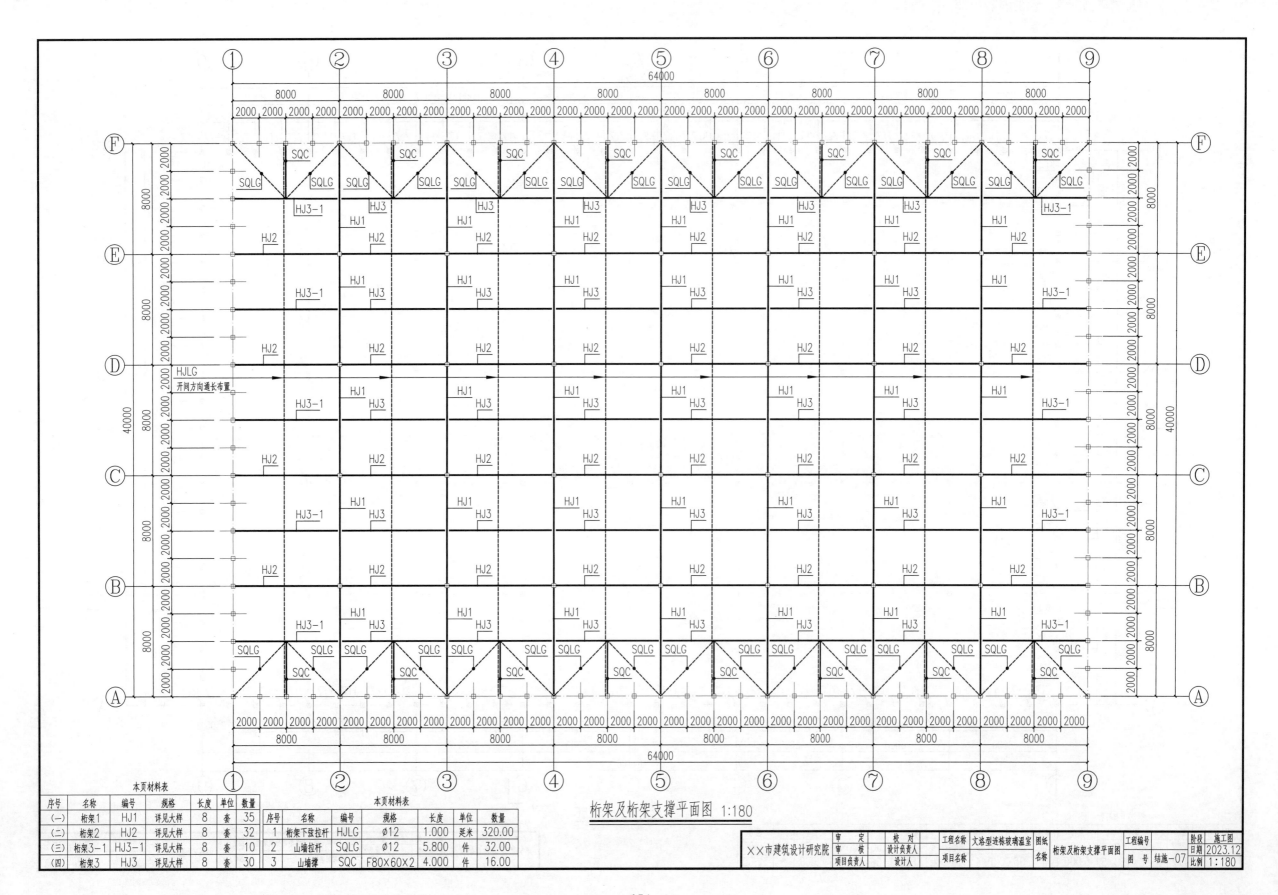

桁架及桁架支撑平面图 1:180

序号	名称	编号	规格	长度	单位	数量
(一)	桁架1	HJ1	详见大样	8	套	35
(二)	桁架2	HJ2	详见大样	8	套	32
(三)	桁架3-1	HJ3-1	详见大样	8	套	10
(四)	桁架3	HJ3	详见大样	8	套	30

本页材料表

序号	名称	编号	规格	长度	单位	数量
1	桁架下弦拉杆	HJLG	∅12	1.000	延米	320.00
2	山墙拉杆	SQLG	∅12	5.800	件	32.00
3	山墙撑	SQC	F80×60×2	4.000	件	16.00

本页材料表

	审 定		校 对		工程名称	文洛型连栋玻璃温室	图纸		工程编号		阶段	施工图
××市建筑设计研究院	审 核		设计负责人					桁架及桁架支撑平面图			日期	2023.12
	项目负责人		设计人		项目名称		名称		图 号	结施-07	比例	1:180

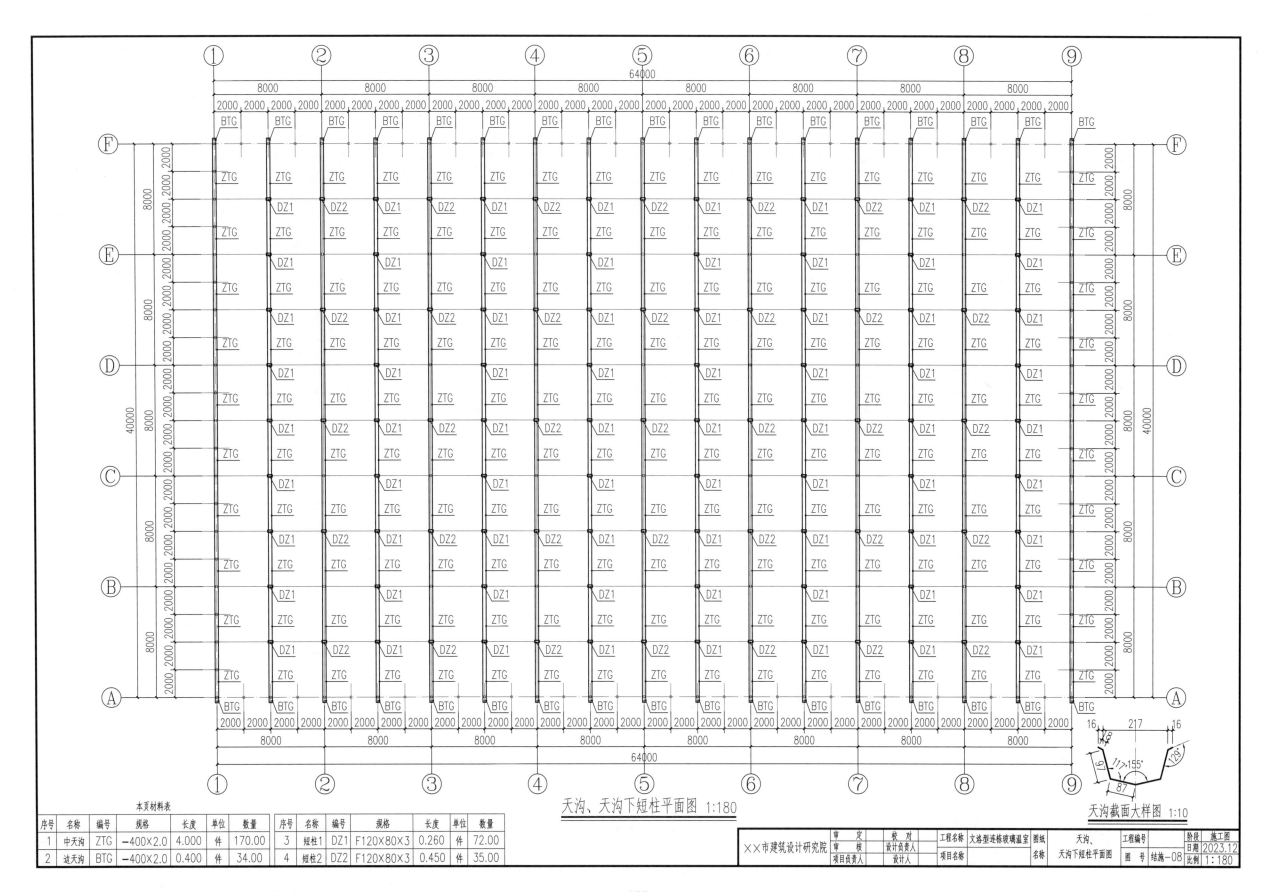

天沟、天沟下短柱平面图 1:180

天沟截面大样图 1:10

本页材料表

序号	名称	编号	规格	长度	单位	数量	序号	名称	编号	规格	长度	单位	数量
1	中天沟	ZTG	−400×2.0	4.000	件	170.00	3	短柱1	DZ1	F120×80×3	0.260	件	72.00
2	边天沟	BTG	−400×2.0	0.400	件	34.00	4	短柱2	DZ2	F120×80×3	0.450	件	35.00

××市建筑设计研究院	审　定		校　对		工程名称	文洛型连栋玻璃温室	图纸		天沟、	工程编号		阶段	施工图
	审　核		设计负责人						天沟下短柱平面图			日期	2023.12
	项目负责人		设计人		项目名称		名称			图　号	结施−08	比例	1:180

155

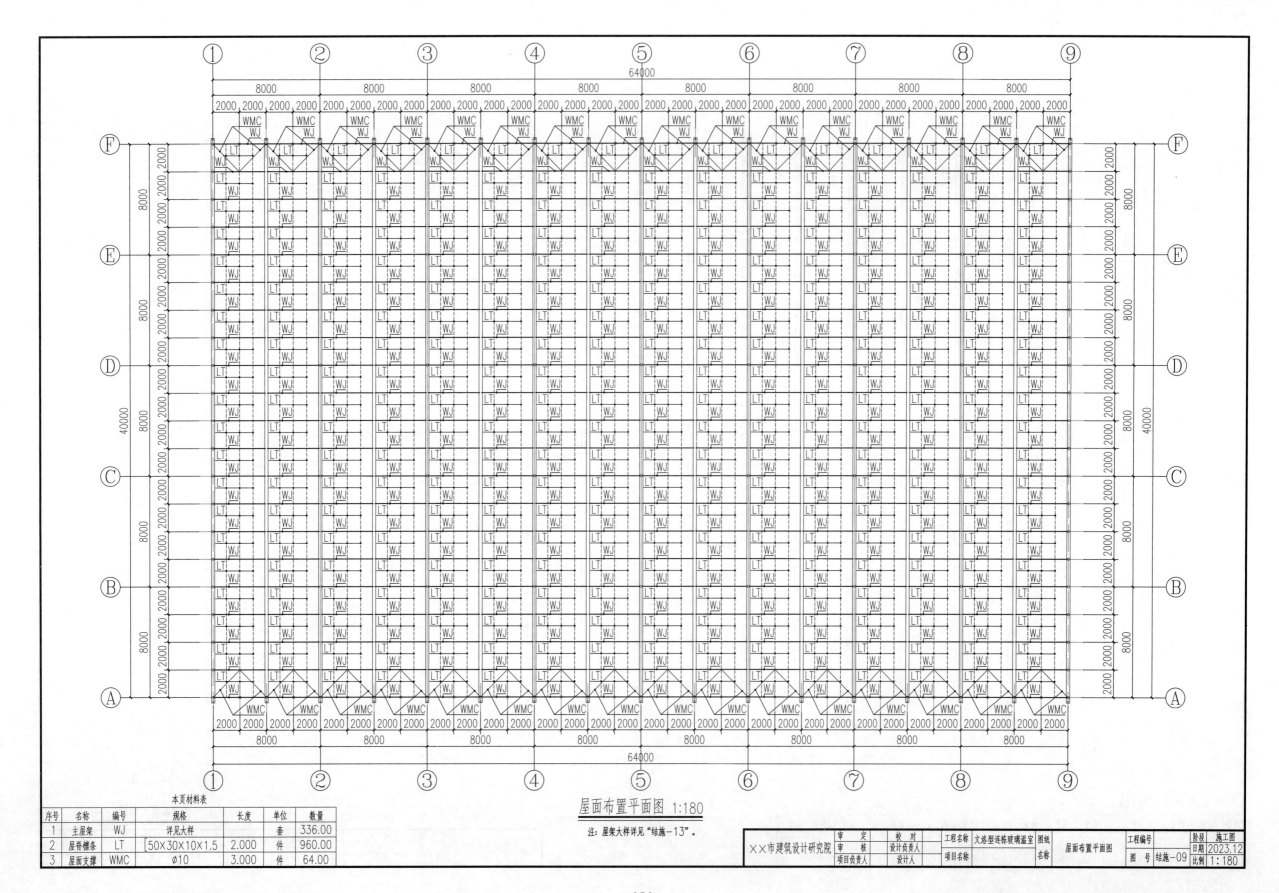

屋面布置平面图 1:180

注: 屋架大样详见 "结施-13"。

本页材料表

序号	名称	编号	规格	长度	单位	数量
1	主屋架	WJ	详见大样		套	336.00
2	屋脊檩条	LT	50×30×10×1.5	2.000	件	960.00
3	屋面支撑	WMC	φ10	3.000	件	64.00

××市建筑设计研究院	审 定		校 对		工程名称	文洛型连栋玻璃温室	图纸		屋面布置平面图	工程编号		阶段	施工图
	审 核		设计负责人				名称					日期	2023.12
	项目负责人		设计人		项目名称				图 号	结施-09		比例	1:180

156

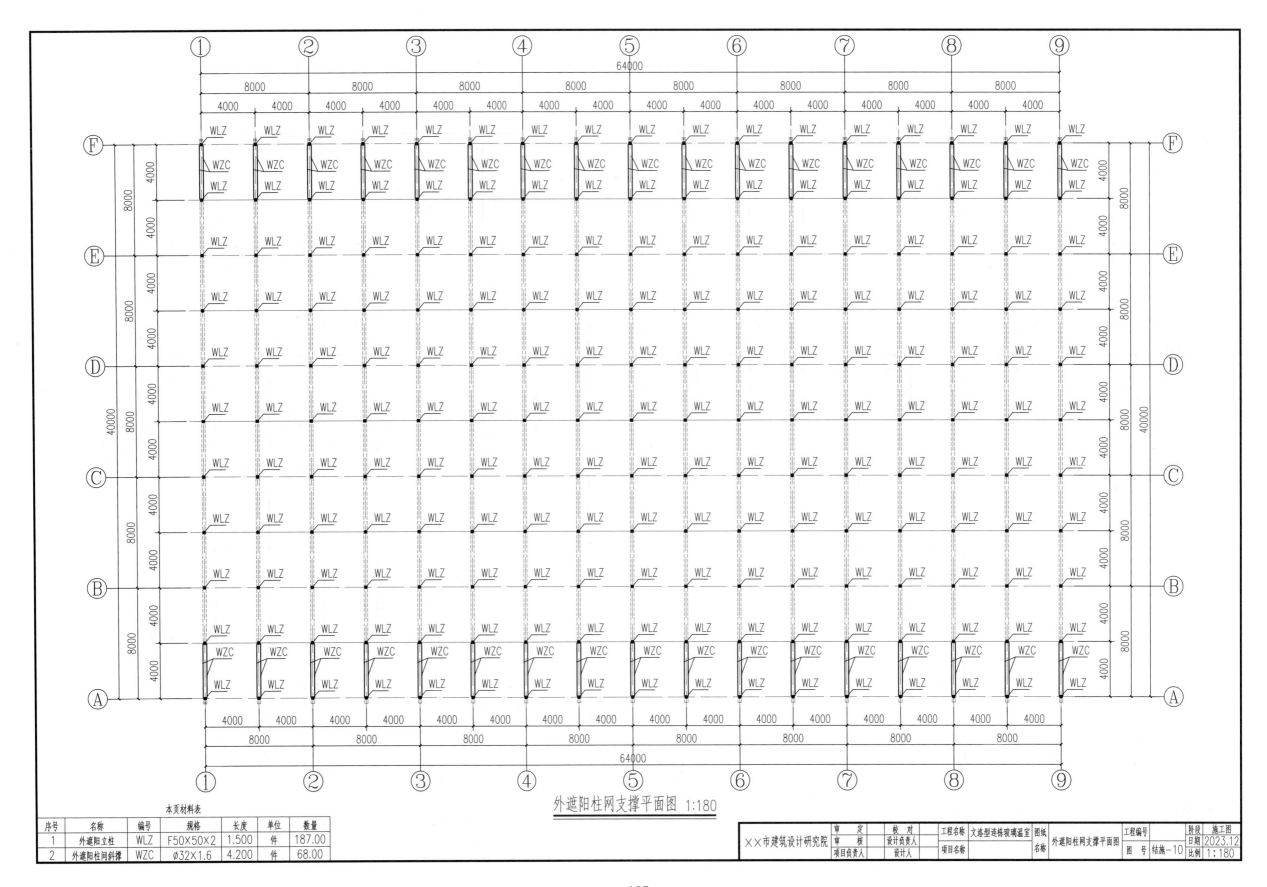

外遮阳柱网支撑平面图 1:180

本页材料表

序号	名称	编号	规格	长度	单位	数量
1	外遮阳立柱	WLZ	F50×50×2	1.500	件	187.00
2	外遮阳柱间斜撑	WZC	Ø32×1.6	4.200	件	68.00

××市建筑设计研究院	审 定		校 对		工程名称	文洛型连栋玻璃温室	图纸	外遮阳柱网支撑平面图	工程编号		阶段	施工图
	审 核		设计负责人				名称				日期	2023.12
	项目负责人		设计人		项目名称				图 号	结施-10	比例	1:180

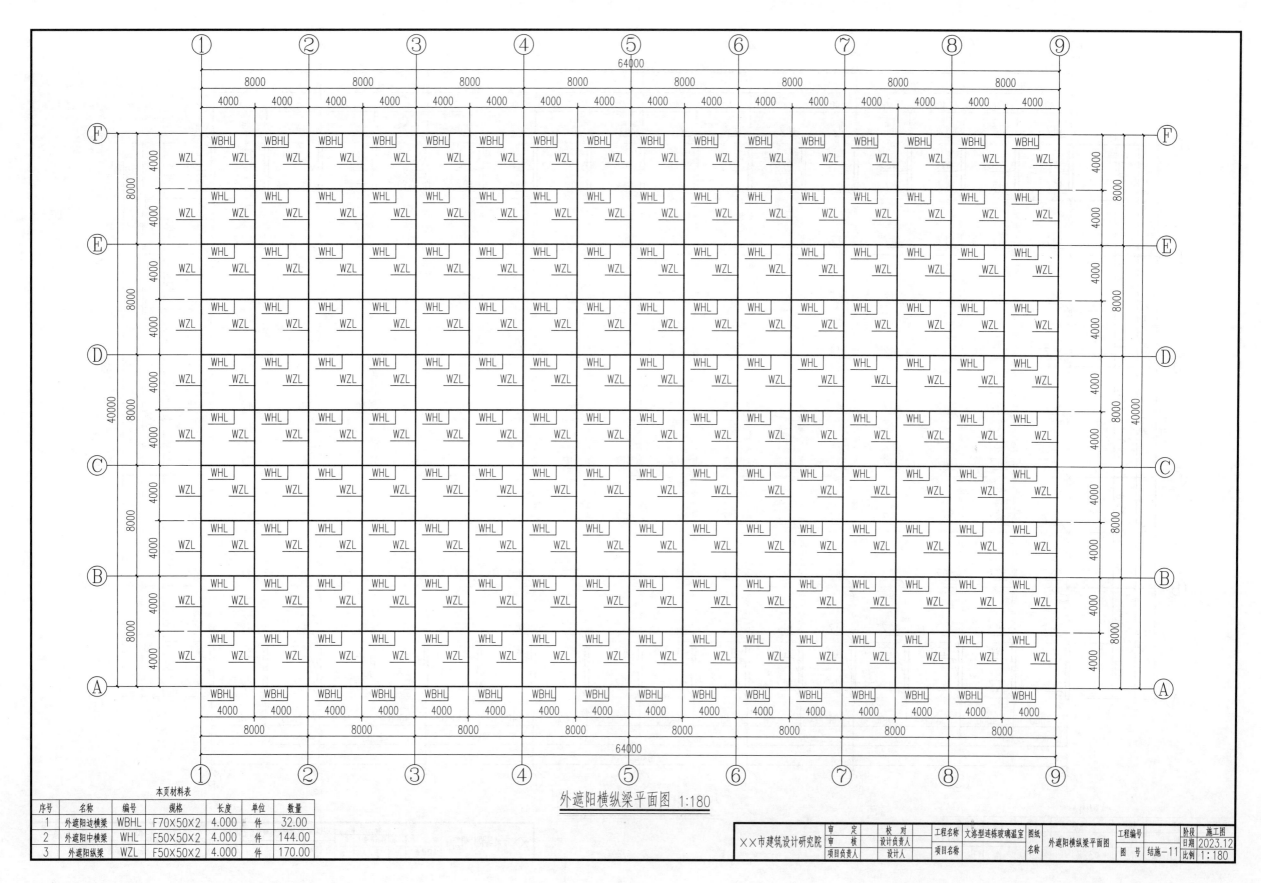

外遮阳横纵梁平面图 1:180

序号	名称	编号	规格	长度	单位	数量
1	外遮阳边横梁	WBHL	F70×50×2	4.000	件	32.00
2	外遮阳中横梁	WHL	F50×50×2	4.000	件	144.00
3	外遮阳纵梁	WZL	F50×50×2	4.000	件	170.00

本页材料表

	审 定		校 对		工程名称	文洛型连栋玻璃温室	图纸		工程编号		阶段	施工图
××市建筑设计研究院			设计负责人					外遮阳横纵梁平面图			日期	2023.12
	审 核		设计人		项目名称		名称		项目名称			
	项目负责人		设计人						图 号	结施-11	比例	1:180

158

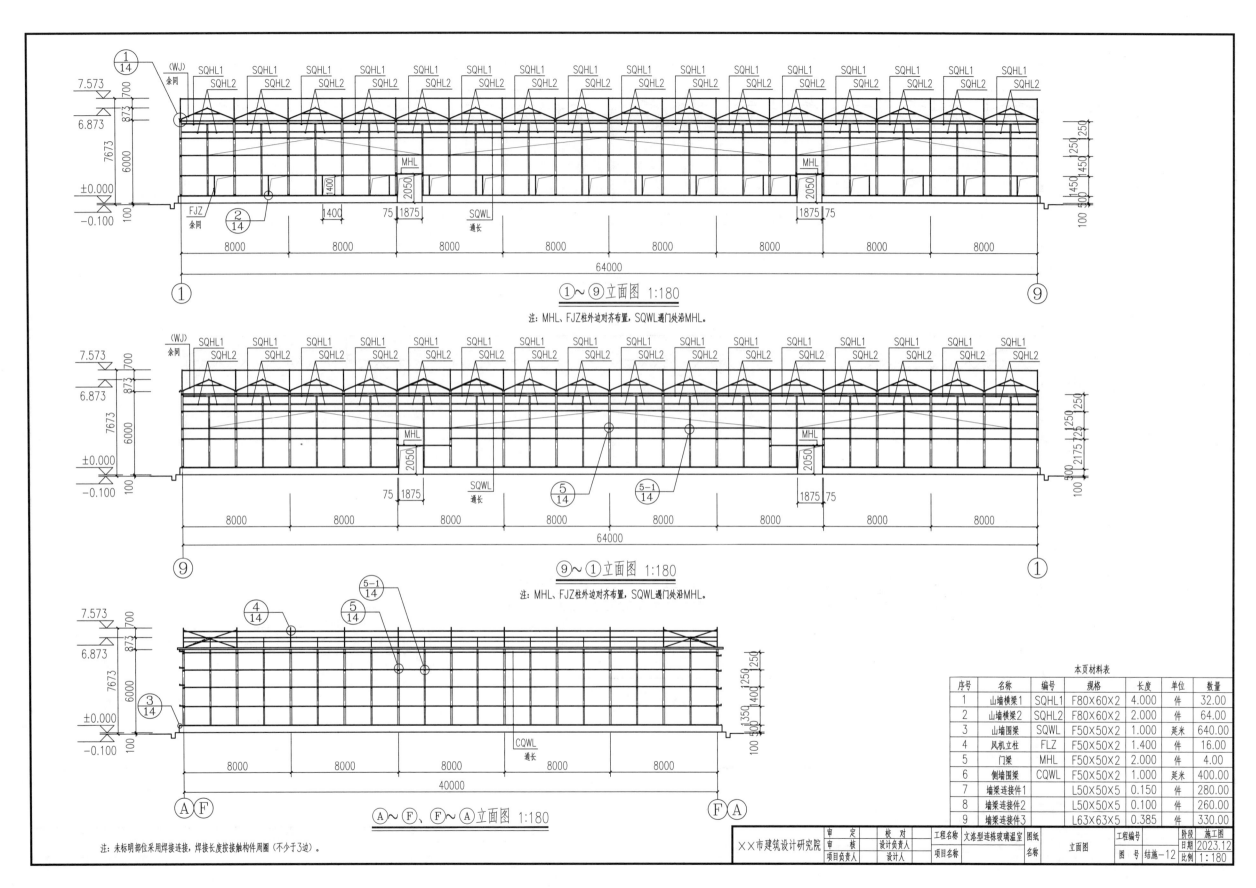

①～⑨立面图 1:180

注: MHL、FJZ柱外边对齐布置，SQWL遇门处沿MHL。

⑨～①立面图 1:180

注: MHL、FJZ柱外边对齐布置，SQWL遇门处沿MHL。

Ⓐ～Ⓕ、Ⓕ～Ⓐ立面图 1:180

本页材料表

序号	名称	编号	规格	长度	单位	数量
1	山墙横梁1	SQHL1	F80×60×2	4.000	件	32.00
2	山墙横梁2	SQHL2	F80×60×2	2.000	件	64.00
3	山墙围梁	SQWL	F50×50×2	1.000	延米	640.00
4	风机立柱	FLZ	F50×50×2	1.400	件	16.00
5	门梁	MHL	F50×50×2	2.000	件	4.00
6	侧墙围梁	CQWL	F50×50×2	1.000	延米	400.00
7	墙梁连接件1		L50×50×5	0.150	件	280.00
8	墙梁连接件2		L50×50×5	0.100	件	260.00
9	墙梁连接件3		L63×63×5	0.385	件	330.00

注: 未标明部位采用焊接连接，焊接长度按接触构件周圈(不少于3边)。

××市建筑设计研究院

审 定		校 对		工程名称	文洛型连栋玻璃温室	图纸		工程编号		阶段	施工图
审 核		设计负责人				名称	立面图	日期	2023.12
项目负责人		设计人		项目名称				图 号	结施-12	比例	1:180

159

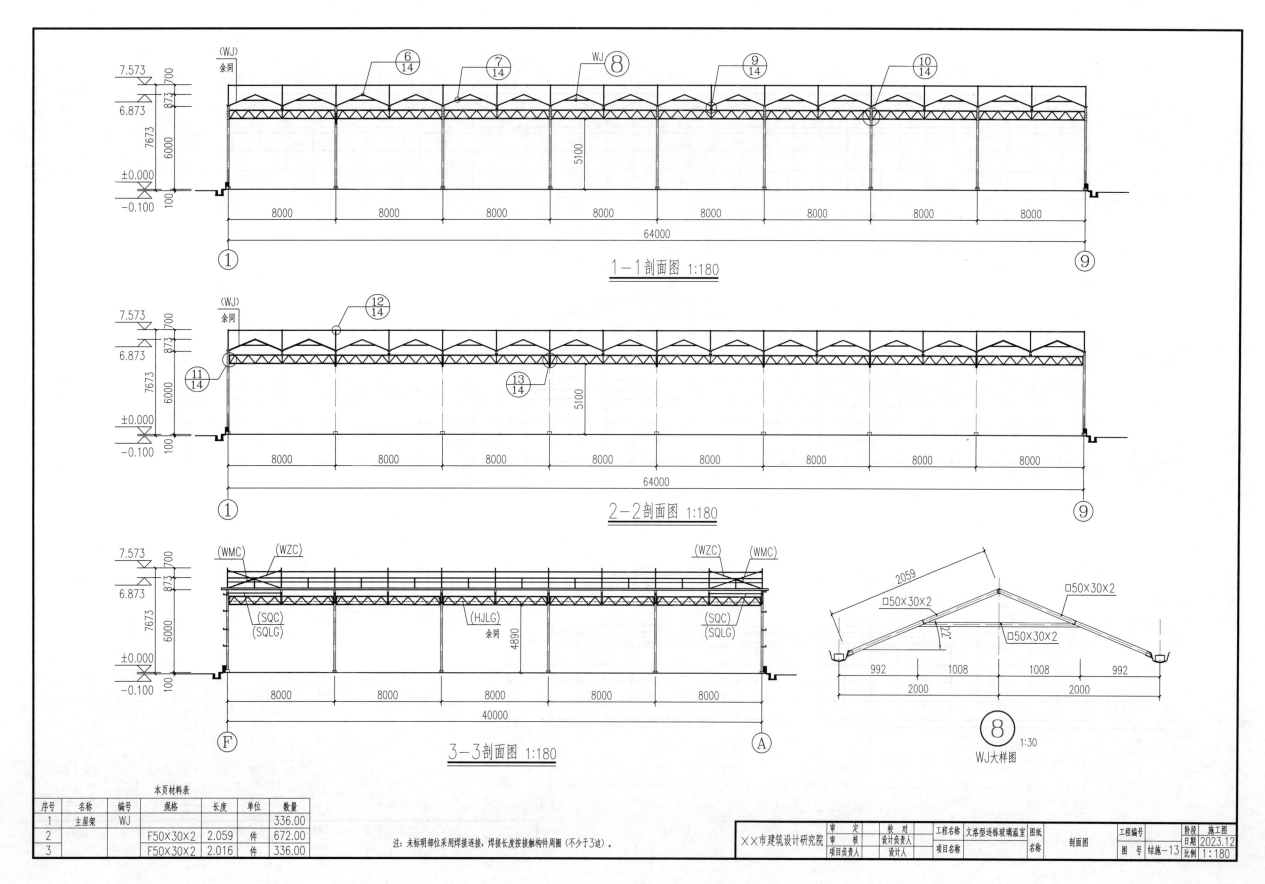

1-1剖面图 1:180

2-2剖面图 1:180

3-3剖面图 1:180

⑧ 1:30
WJ大样图

本页材料表

序号	名称	编号	规格	长度	单位	数量
1	主屋架	WJ				336.00
2			F50×30×2	2.059	件	672.00
3			F50×30×2	2.016	件	336.00

注: 未标明部位采用焊接连接, 焊接长度按接触构件周圈 (不少于3边)。

××市建筑设计研究院

审 定		校 对	
审 核		设计负责人	
项目负责人		设计人	

工程名称 文洛型连栋玻璃温室

项目名称

图纸 名称 剖面图

工程编号

图 号 结施—13

阶段 施工图
日期 2023.12
比例 1:180

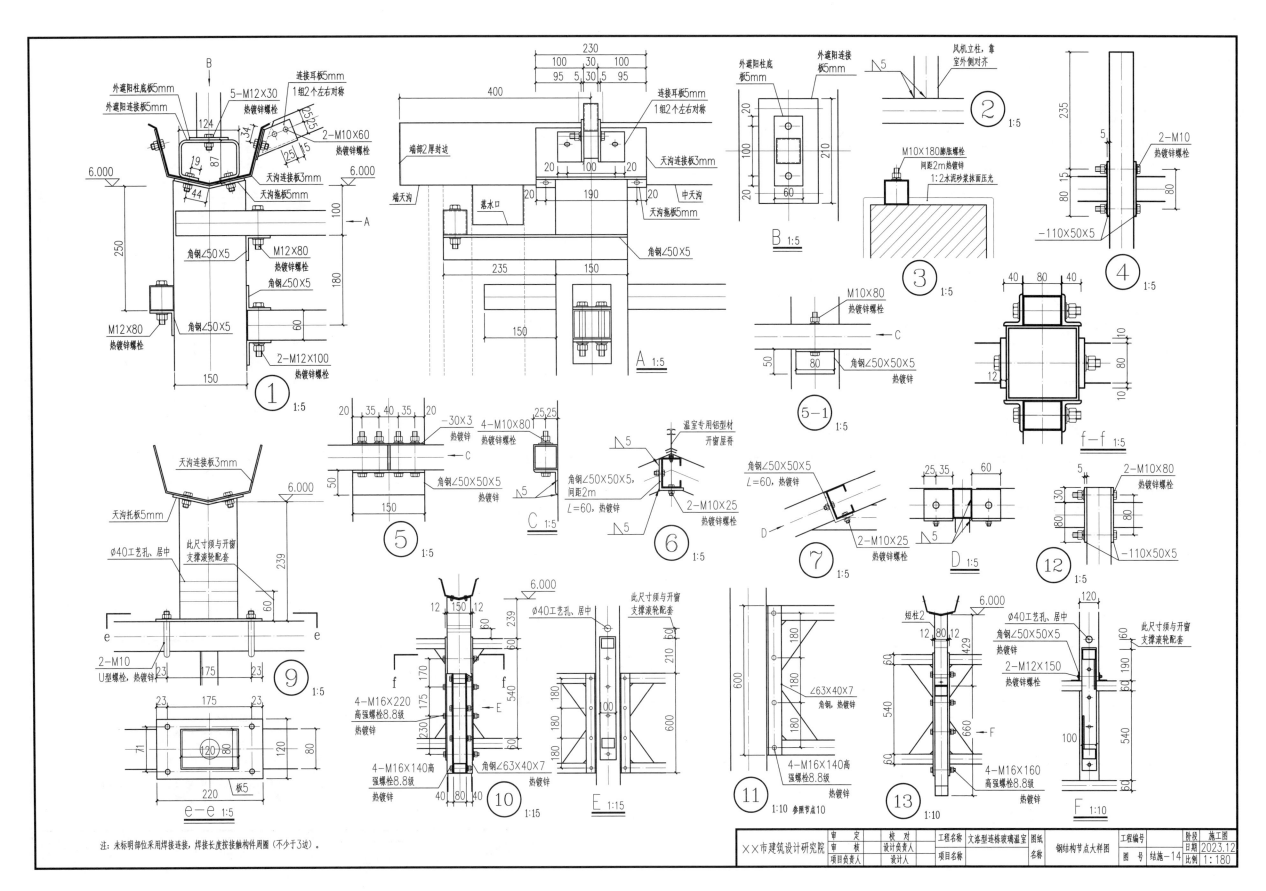

注：未标明部位采用焊接连接，焊接长度按接触构件周圈（不少于3边）。

××市建筑设计研究院	审 定		校 对		工程名称	文洛型连栋玻璃温室	图纸		钢结构节点大样图		工程编号		阶段	施工图
	审 核		设计负责人										日期	2023.12
	项目负责人		设计人		项目名称		名称				图 号	结施-14	比例	1：180

161

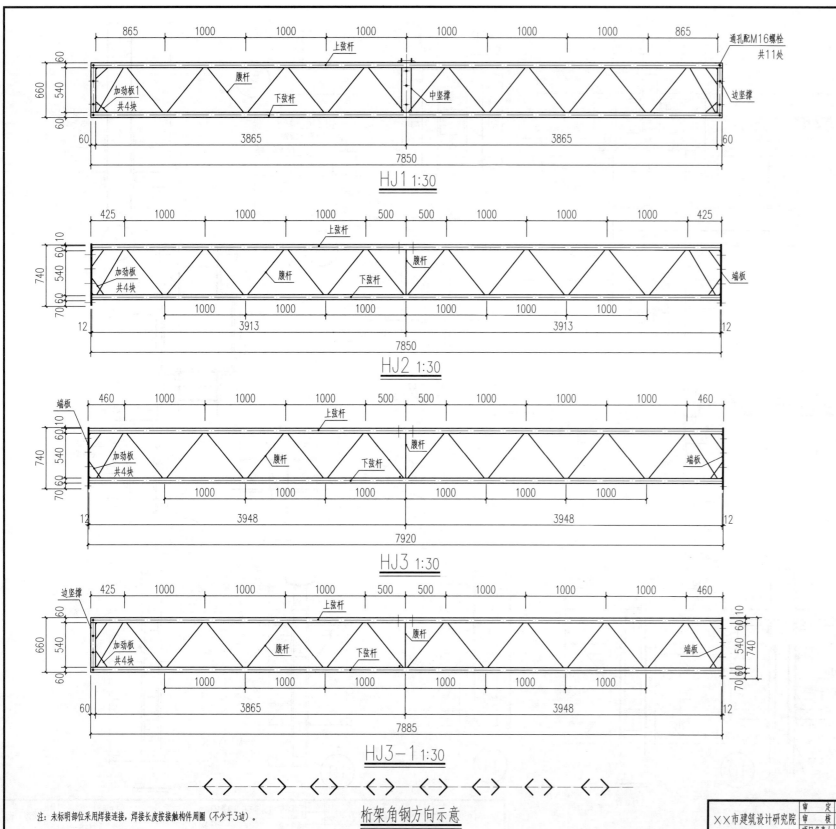

HJ1 1:30

HJ2 1:30

HJ3 1:30

HJ3-1 1:30

桁架角钢方向示意

注：未标明部位采用焊接连接，焊接长度按接触构件周圈（不少于3边）。

本页材料表

序号	名称	编号	规格	长度	单位	数量
(一)	桁架1	HJ1		8		35.00
1		上弦杆	F80×60×2	8.000	件	35.00
2		下弦杆	F80×60×2	8.000	件	35.00
3		边竖撑	F80×60×2	0.540	件	35.00
4	详见大样	中竖撑	F120×80×3	0.540	件	35.00
5		加劲板	-150×150×6			140.00
6		腹杆	∠36×3	11.600	件	35.00
7		角钢连接件	∠50×5	0.060		70.00
(三)	桁架2	HJ2		8		40.00
1		上弦杆	F80×60×2	8.000	件	40.00
2		下弦杆	F80×60×2	8.000	件	40.00
3	详见大样	加劲板	-150×150×6			160.00
4		腹杆	∠36×3	12.884	件	40.00
5		端板	-740×100×12			40.00
(四)	桁架3	HJ3		8		30.00
1		上弦杆	F80×60×2	8.000	件	30.00
2		下弦杆	F80×60×2	8.000	件	30.00
3	详见大样	加劲板	-150×150×6			120.00
4		腹杆	∠36×3	12.884	件	30.00
5		端板	-740×100×12			60.00
(四)	桁架3-1	HJ3-1		8		10.00
1		上弦杆	F80×60×2	8.000	件	10.00
2		下弦杆	F80×60×2	8.000	件	10.00
3	详见大样	加劲板	-150×200×6			40.00
4		腹杆	∠36×3	12.884	件	10.00
5		边竖撑	F80×60×2	0.540	件	10.00
6		端板	-740×100×12			10.00

上下弦杆整体起拱值示意

构件加工技术要求：
1.加工前应先核对图纸尺寸，确认无误后下料加工。
2.焊缝应平整，焊后应清除焊渣，焊缝强度不低于钢材自身强度。
3.长度大于5m桁架在制作时，上下弦同时起拱，高度为20±3mm，安装时，起拱方向向上。
4.热镀锌，桁架构件应先加工完成后镀锌。镀件表面应清洁，无损伤，其主要表面应平整，无结瘤、锌灰和露铁现象。
5.所有构件，除明确采用螺栓连接的外，其余采用焊接可靠连接，焊接沿构件截面周圈焊接，如安装面有平整的，应开坡口焊接，完成后打磨平整。禁止虚焊、漏焊。

	审 定		校 对		工程名称	文洛型连栋玻璃温室	图纸		工程编号		阶段	施工图
×× 市建筑设计研究院	审 核		设计负责人					桁架大样图			日期	2023.12
	项目负责人		设计人		项目名称		名称		图 号	结施-15	比例	1：180

文洛型连栋玻璃温室

给排水专业施工图

××市建筑设计研究院

二〇二三年十二月

图 纸 目 录

建设单位					工程编号		
工程名称	文洛型连栋玻璃温室				子 项		

序号	图号	图 纸 名 称	图 幅	版次	备 注
1	水施-01	给排水设计说明	A3	1	
2	水施-02	系统图	A3	1	
3	水施-03	温室湿帘给水平面图	A3	1	
4	水施-04	温室湿帘供回水平面图	A3	1	
5	水施-05	屋顶室外喷淋降温平面图	A3	1	
6	水施-06	倒挂式喷灌平面图	A3	1	
7					
8					
9					
10					
11					
12					
13					
14					
15					
16					
17					
18					
19					
20					
21					
22					
23					
24					
25					

专 业	给排水	项目负责人		未盖出图专用章无效
设计阶段	施工图	专业负责人		
编制日期	2023.12	编 制 人		

××市建筑设计研究院	审 定		校 对		工程名称	文洛型连栋玻璃温室	图纸名称	目录	工程编号		阶段	施工图
	审 核		设计负责人		项目名称					日期	2023.12
	项目负责人		设 计 人						图 号	水施-00	比例	1:180

给排水设计说明

一、工程概况
本工程为植物生产设施。轴线面积为2560m²，建筑层数为一层，建筑高度7.573m，为玻璃温室。室内外高差0.1m，建设地点为北京市。

二、设计内容
主要包括：给水、灌溉系统、湿帘给排水系统、湿帘供回水系统。

三、设计依据
1. 《温室灌溉系统设计规范》NY/T 2132-2012。
2. 《建筑给水排水设计规范》GB 50015-2019。
3. 《节水灌溉技术规范》SL 207-98。
4. 《喷灌工程技术规范》GB/T 50085-2007。
5. 甲方提供的相关条件要求、建筑专业提供的条件图。

四、设计说明
1. 给水系统
① 给水水源　本园区给水管网的引入1条dn110PVC-U给水管；
② 给水方式　本工程用水由园区泵房，灌溉供水压力为0.3MPa；
③ 灌溉最高日用水量为20m³/d，用水主要为生产用水；
④ 灌溉系统最大工作压力为0.5MPa。配水管网的试验压力为0.8MPa。

2. 手提式灭火器的配置设计
由于本工程为植物生产性建筑，生产对象为植物，生产过程无易燃、可燃物，且植物生产日常定时浇水、生产人员少等所有生产过程对防火有利，因此本工程不考虑配置灭火器。

3. 节能设计
所有给水器具均选用节水型洁具及其配件，灌溉采用微喷头。

五、施工说明
1. 给水系统
① 管道安装高程　除特殊说明外，给水管以管中心计，排水管以管内底计；
② 尺寸单位　除特殊说明外，标高为米(m)，其余为毫米(mm)。
③ 给排水管道穿过现浇板、屋顶、剪力墙、柱子等处，均应预埋套管，有防水要求处应焊有防水翼环。套管尺寸给水管一般比安装管大二档，排水管一般比安装管大一档；
④ 给水采用PVC-U给水塑料管，粘接。未注明给水附件，连接件均采用PVC-U铜芯材质；
⑤ 管道试压　给水管试验压力为0.8MPa。观察接头部位不应有漏水现象，10min内压降不得超过0.02MPa，水压试验步骤按《建筑给水排水及采暖工程施工质量验收规范》GB 50242-2002的规定执行。粘结连接的管道，水压试验应在粘结连接24h后进行。

2. 灌溉系统
倒挂式喷灌管采用dn20/25PE管。

3. 其他
① 图中所注尺寸除楼层标高以米(m)计外，其余以毫米(mm)计；
② 本图所示排水管标高为管底标高，其余管线标高为管中心线标高；
③ 管道穿过洁净室墙壁、楼板和顶棚时应设套管，管道和套管之间应采取可靠的密封措施；
④ 当图中未注明坡度时，排水横支管排水坡度采用如下值：DN50采用0.035，DN75采用0.025，DN100采用0.02，DN150采用0.01；
⑤ 本图所注管径尺寸为公称尺寸，相对塑料管尺寸见厂家说明；
⑥ 除本设计说明外，施工中还应遵守《建筑给水排水及采暖工程施工质量验收规范》GB 50242-2002施工。

塑料管外径与公称直径对照表

公称直径	DN15	DN20	DN25	DN32	DN40	DN50	DN70	DN80	DN100	DN125	DN150
外径	De20	De25	De32	De40	De50	De63	De75	De90	De110	De140	De160
	dn20	dn25	dn32	dn40	dn50	dn63	dn75	dn90	dn110	dn140	dn160

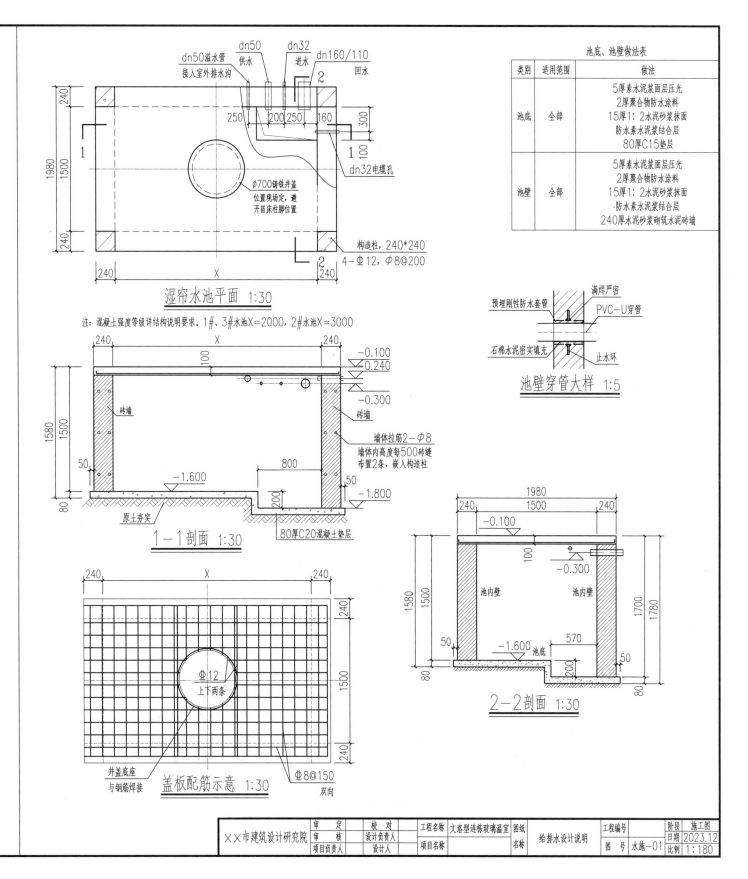

池底、池壁做法表

类别	适用范围	做法
池底	全部	5厚素水泥浆面层压光 2厚聚合物防水涂料 15厚1：2水泥砂浆抹面 防水素水泥浆结合层 80厚C15垫层
池壁	全部	5厚素水泥浆面层压光 2厚聚合物防水涂料 15厚1：2水泥砂浆抹面 防水素水泥浆结合层 240厚水泥砂浆砌筑水泥砖墙

湿帘水池平面 1:30

注：混凝土强度等级详结构说明要求。1#、3#水池X=2000，2#水池X=3000

1－1剖面 1:30

盖板配筋示意 1:30

池壁穿管大样 1:5

2－2剖面 1:30

		工程名称	文洛型连栋玻璃温室			工程编号		阶段	施工图
审定	校对			图纸名称	给排水设计说明			日期	2023.12
××市建筑设计研究院									
审核	设计负责人	项目名称				图号	水施－01	比例	1：180
项目负责人	设计人								

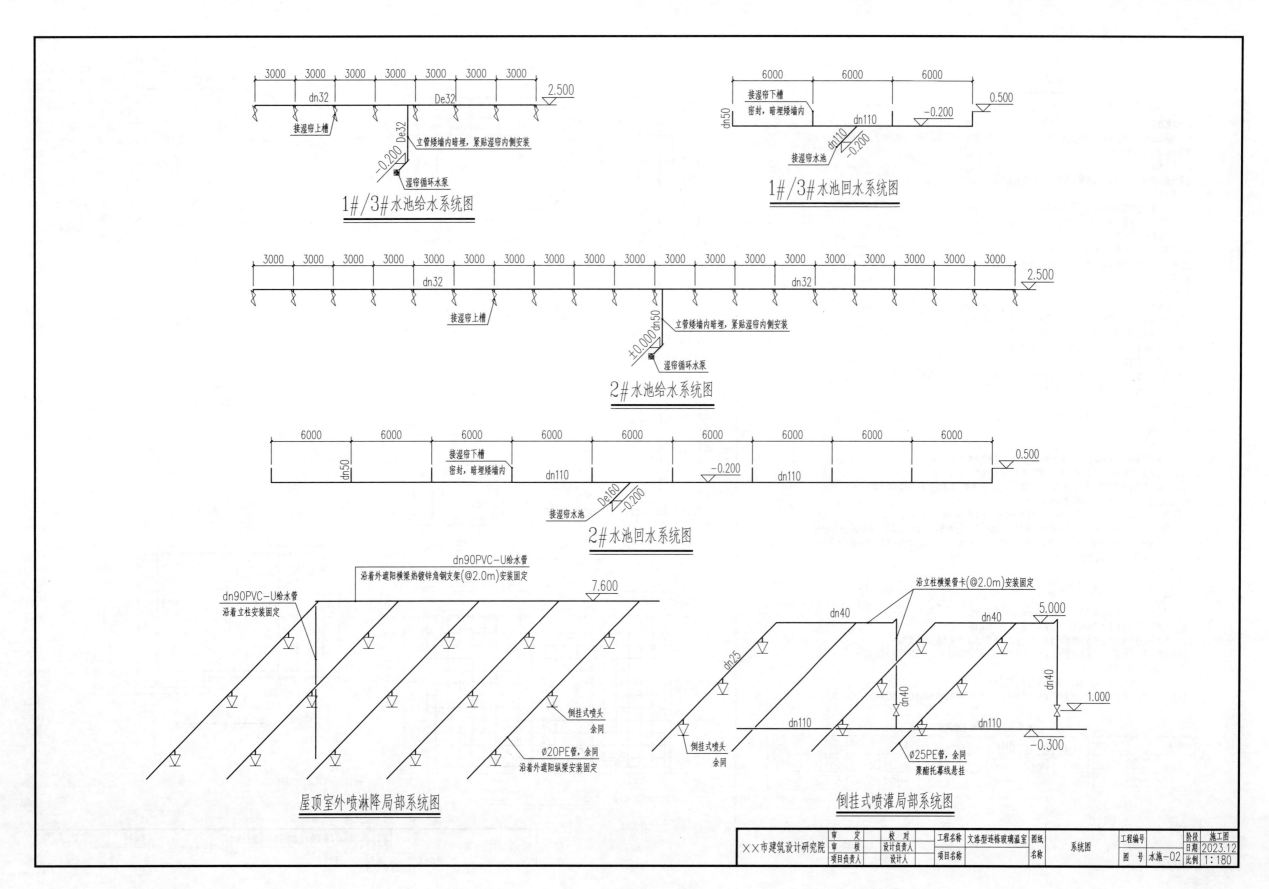

1#/3#水池给水系统图

1#/3#水池回水系统图

2#水池给水系统图

2#水池回水系统图

屋顶室外喷淋降局部系统图

倒挂式喷灌局部系统图

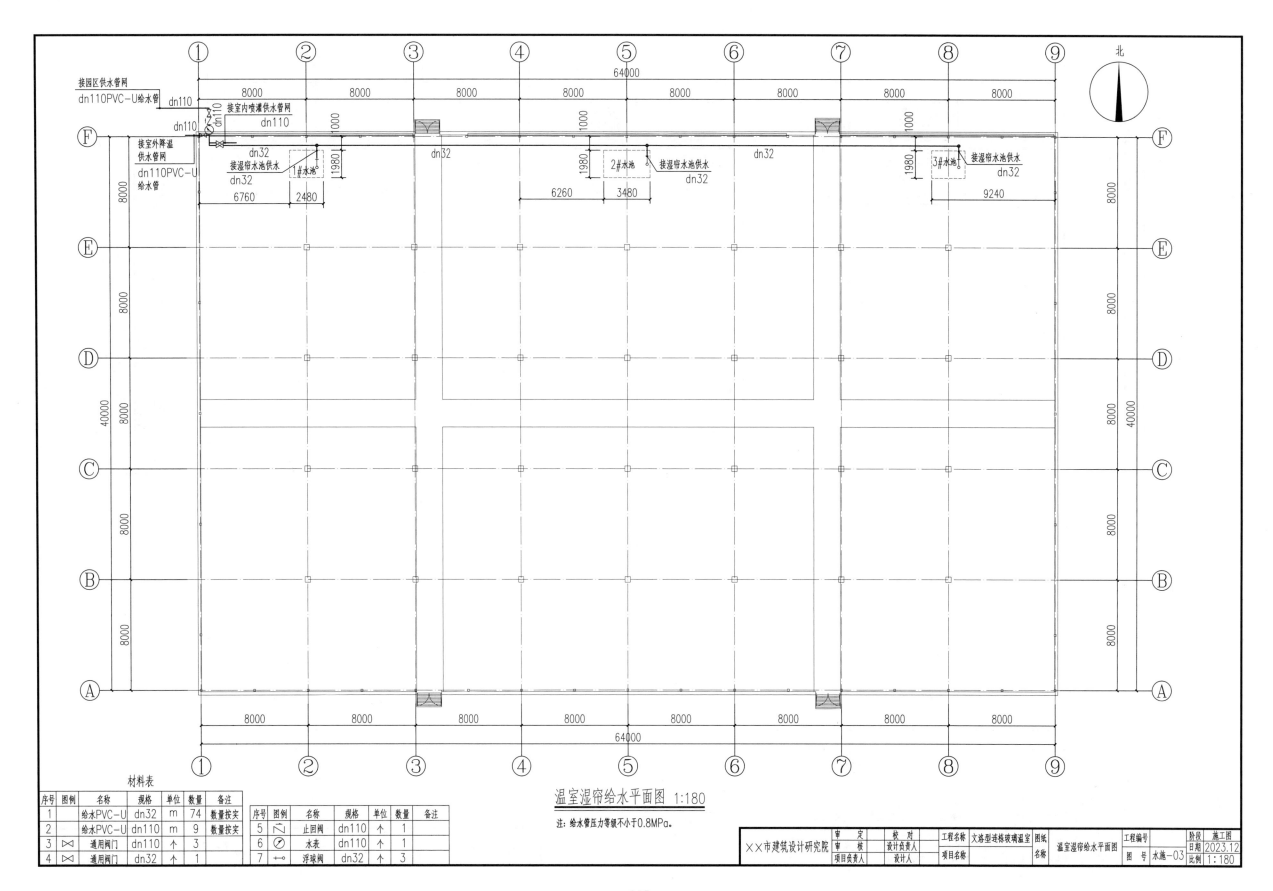

温室湿帘给水平面图 1:180

注: 给水管压力等级不小于0.8MPa。

材料表

序号	图例	名称	规格	单位	数量	备注
1		给水PVC-U	dn32	m	74	数量按实
2		给水PVC-U	dn110	m	9	数量按实
3	⋈	通用阀门	dn110	个	3	
4	⋈	通用阀门	dn32	个	1	

序号	图例	名称	规格	单位	数量	备注
5	⋈	止回阀	dn110	个	1	
6	⊘	水表	dn110	个	1	
7	⊶	浮球阀	dn32	个	3	

××市建筑设计研究院	审 定		校 对		工程名称	文洛型连栋玻璃温室	图纸	温室湿帘给水平面图	工程编号		阶段	施工图
	审 核		设计负责人							日期	2023.12
	项目负责人		设计人		项目名称		名称		图 号	水施-03	比例	1:180

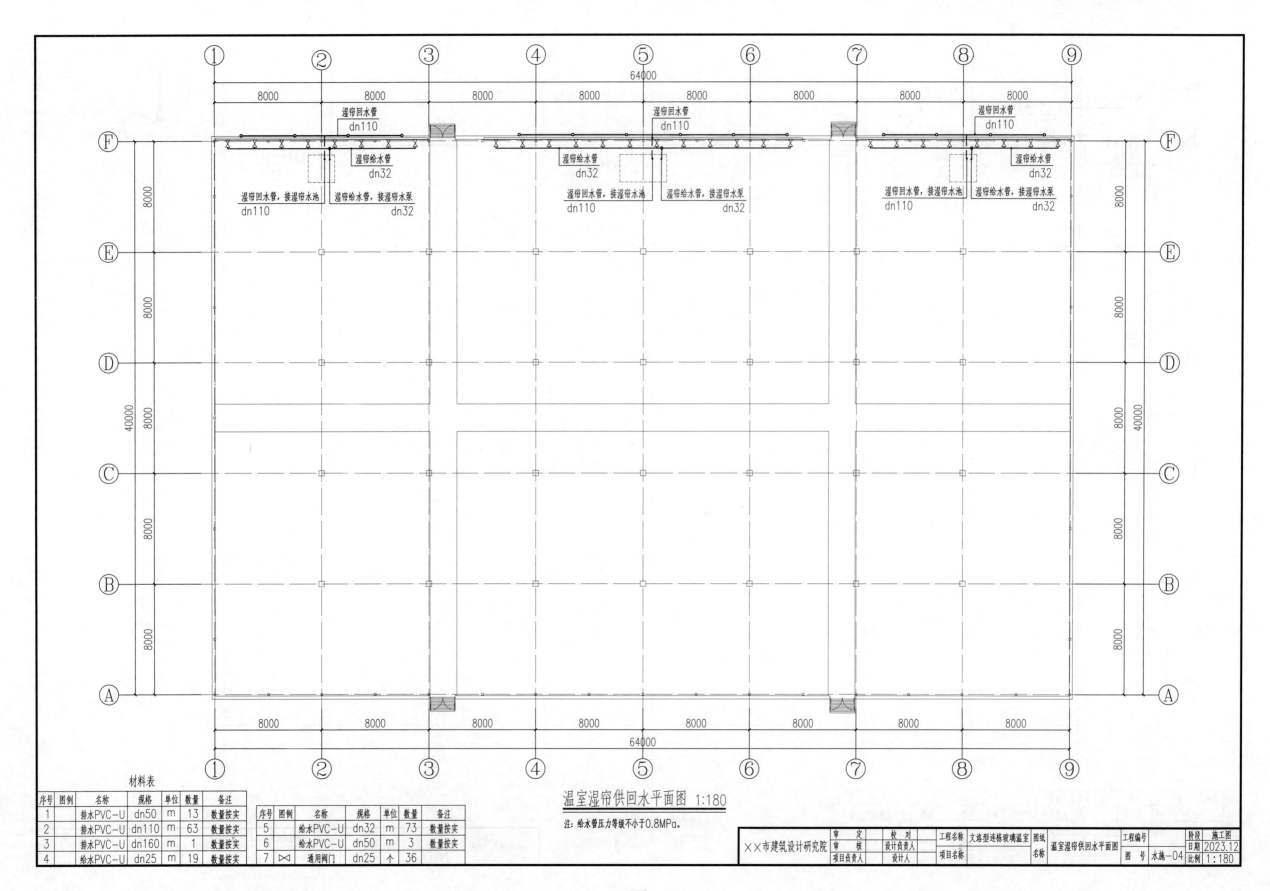

温室湿帘供回水平面图 1:180

注：给水管压力等级不小于0.8MPa。

材料表

序号	图例	名称	规格	单位	数量	备注
1		排水PVC-U	dn50	m	13	数量按实
2		排水PVC-U	dn110	m	63	数量按实
3		排水PVC-U	dn160	m	1	数量按实
4		给水PVC-U	dn25	m	19	数量按实

序号	图例	名称	规格	单位	数量	备注
5		给水PVC-U	dn32	m	73	数量按实
6		给水PVC-U	dn50	m	3	数量按实
7	⋈	通用阀门	dn25	个	36	

	审 定		校 对		工程名称	文洛型连栋玻璃温室	图纸		工程编号		阶段	施工图
××市建筑设计研究院	审 核		设计负责人					温室湿帘供回水平面图			日期	2023.12
	项目负责人		设计人		项目 名称		名称		图 号	水施－04	比例	1:180

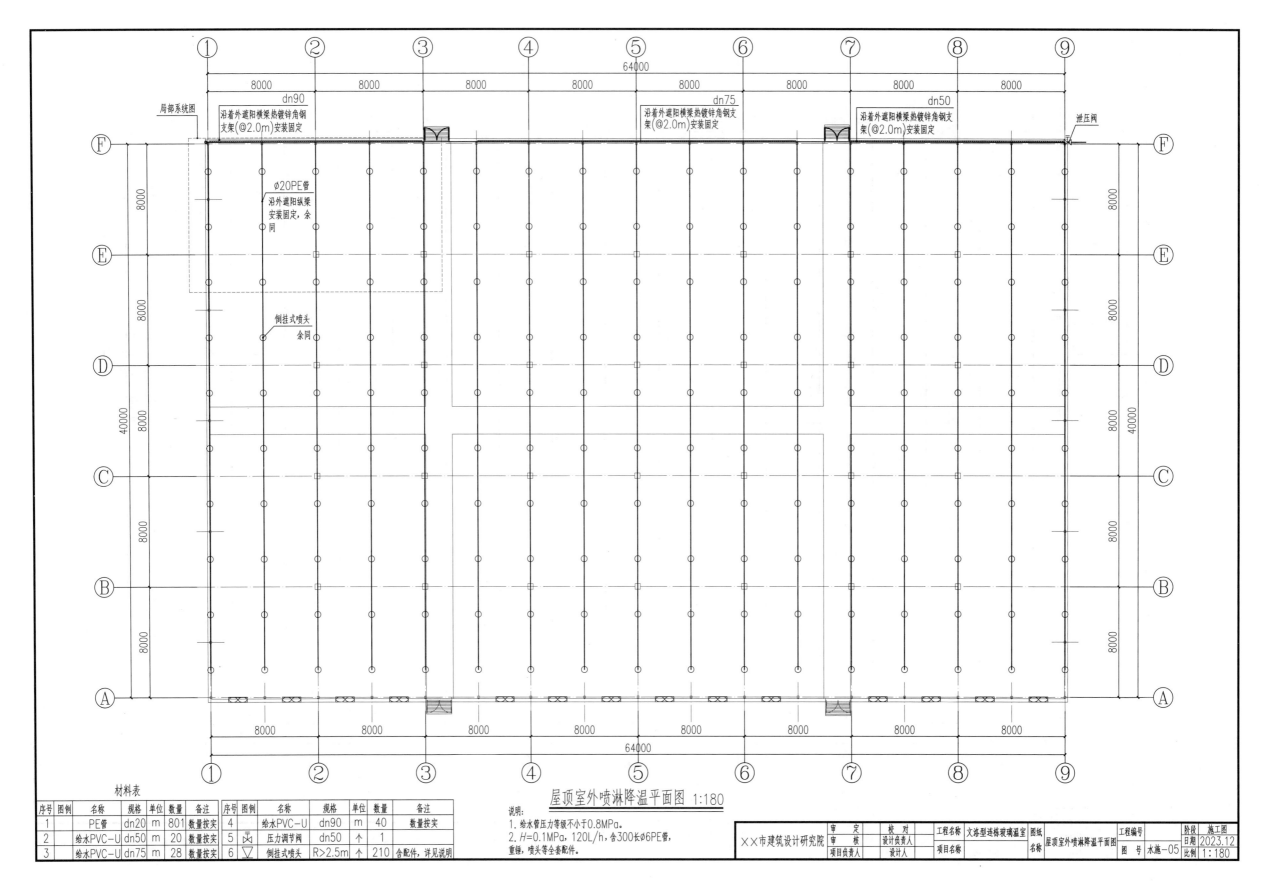

屋顶室外喷淋降温平面图 1:180

材料表

序号	图例	名称	规格	单位	数量	备注	序号	图例	名称	规格	单位	数量	备注
1		PE管	dn20	m	801	数量按实	4		给水PVC-U	dn90	m	40	数量按实
2		给水PVC-U	dn50	m	20	数量按实	5		压力调节阀	dn50	个	1	
3		给水PVC-U	dn75	m	28	数量按实	6		倒挂式喷头	R>2.5m	个	210	含配件，详见说明

说明：
1. 给水管压力等级不小于0.8MPa。
2. H=0.1MPa，120L/h，含300长∅6PE管，重锤，喷头等全套配件。

××市建筑设计研究院	审 定		校 对		工程名称	文洛型连栋玻璃温室	图纸	屋顶室外喷淋降温平面图	工程编号		阶段	施工图
	审 核		设计负责人				名称				日期	2023.12
	项目负责人		设计人		项目名称				图 号	水施-05	比例	1:180

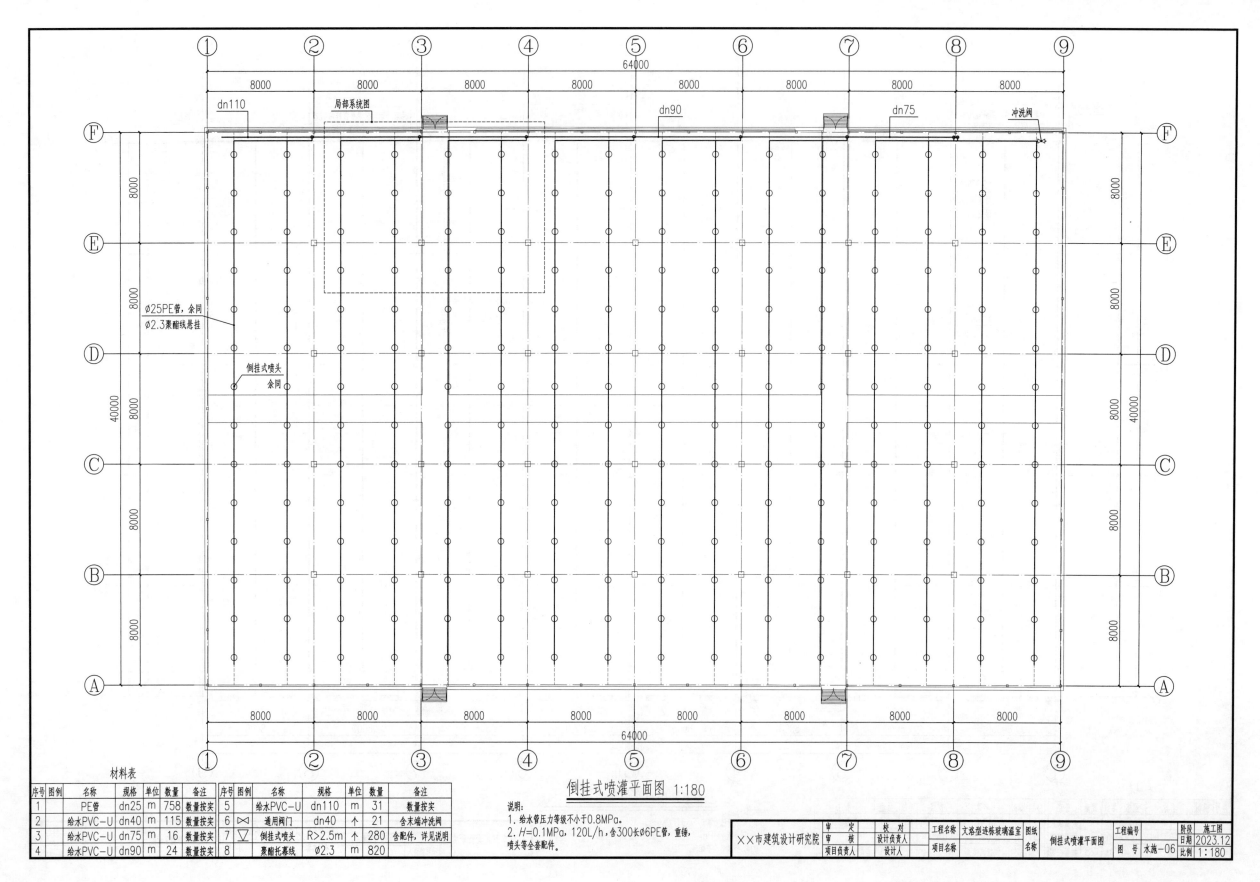

倒挂式喷灌平面图 1:180

材料表

序号	图例	名称	规格	单位	数量	备注	序号	图例	名称	规格	单位	数量	备注
1		PE管	dn25	m	758	数量按实	5		给水PVC-U	dn110	m	31	数量按实
2		给水PVC-U	dn40	m	115	数量按实	6	⋈	通用阀门	dn40	个	21	含末端冲洗阀
3		给水PVC-U	dn75	m	16	数量按实	7	▽	倒挂式喷头	R>2.5m	个	280	含配件,详见说明
4		给水PVC-U	dn90	m	24	数量按实	8		聚酯托幕线	∅2.3	m	820	

说明:
1. 给水管压力等级不小于0.8MPa。
2. H=0.1MPa,120L/h,含300长∅6PE管,重锤,喷头等全套配件。

××市建筑设计研究院	审定		校对		工程名称	文洛型连栋玻璃温室	图纸		倒挂式喷灌平面图	工程编号		阶段	施工图
	审核		设计负责人									日期	2023.12
	项目负责人		设计人		项目名称		名称			图号	水施-06	比例	1:180

文洛型连栋玻璃温室

暖通专业施工图

××市建筑设计研究院

二〇二三年十二月

图 纸 目 录

建设单位				工程编号			
工程名称	文洛型连栋玻璃温室			子　项			
序号	图　号	图 纸 名 称		图　幅	版次	备　注	
1	暖施-01	采暖设计说明、散热器安装大样图		A3	1		
2	暖施-02	采暖平面图		A3	1		
3	暖施-03	采暖系统图		A3	1		
4							
5							
6							
7							
8							
9							
10							
11							
12							
13							
14							
15							
16							
17							
18							
19							
20							
21							
22							
23							
24							
25							

专　业	暖通	项目负责人		未盖出图专用章无效
设计阶段	施工图	专业负责人		
编制日期	2023.12	编　制　人		

××市建筑设计研究院	审　定		校　对		工程名称	文洛型连栋玻璃温室	图纸		工程编号		阶段	施工图
	审　核		设计负责人				名称	目录			日期	2023.12
	项目负责人		设计人		项目名称				图　号	暖施-00	比例	1:180

采暖设计说明

一、工程概况

1. 本工程为文洛型连栋玻璃温室，建筑面积：2560.00m²，肩高6.0m，顶高6.873m，总高7.573m。
2. 工程地点：北京市。

二、设计内容

本设计内容为温室作物种植的采暖设计。

三、设计依据

1. 《工业建筑供暖通风与空气调节设计规范》GB 50019-2015。
2. 业主对本工程的有关意见及要求。

四、采暖设计参数

采暖设计参数参考北京地区室外设计参数：

1. 供暖室外计算温度：-16℃。
2. 室内计算温度：18℃。

五、采暖系统

1. 采暖热源

本工程采暖供回水采用 85～60℃热水，从自备锅炉房管道接入，温室热负荷为788.43kW。

2. 采暖系统形式与散热器

温室采暖系统为上供上回双管异程式系统，温室四周散热器采用热浸镀锌钢制 φ76圆翼散热器，其散热量不小于350W/m。
苗床下采用外径27mm的热浸镀锌光管散热器。

六、施工说明

1. 管道表面应当在除锈后刷防锈底漆两遍，干燥后在刷银色面漆两遍。
2. 供、回水干管吊挂在钢立柱或桁架上，具体位置按照设计图。
3. 供、回水管道规格

（1）焊接钢管见下表：

公称直径	外径x壁厚/mm	公称直径	外径x壁厚/mm
DN20	Φ27x2.0	DN65	Φ76x3.0
DN25	Φ32x2.0	DN80	Φ89x3.5
DN32	Φ42x2.0	DN100	Φ114x3.5
DN40	Φ48x2.0	DN125	Φ140x4.5
DN50	Φ60x2.0	DN150	Φ165x4.5

（2）热轧无缝钢管见下表：

公称直径	外径x壁厚/mm	公称直径	外径x壁厚/mm
DN200	Φ219x6.0	DN300	Φ325x7.5
DN250	Φ273x6.5	DN350	Φ377x9.0

4. 设计图中所注的管道安装标高，若无特殊说明，均以管中心为准。
5. 所有阀门的位置，应设置在便于操作与维修的部位。
6. 每个分区管道系统的最低点，应配置丝堵或放水用球阀，保证每根管道中的水均能排空。每个分区管道系统的（相对）最高点，应配置DN20自动排气阀。
7. 管道上必须配置必要的支、吊、托架。
8. 按照设计图，在总循环泵出口的蝶阀附近适当位置安装温度计（WWS411）及压力表（Y-100）。
9. 油漆前首先清除金属表面的铁锈
　①保温管道　刷防锈底漆两遍；
　②非保温管道　刷防锈底漆两遍，银色面漆两遍。
10. 供暖系统安装竣工后，应对系统进行水压试验，试验压力为0.6MPa为合格（系统最大压力），在10min内压降不大于0.02MPa为合格。
11. 试压合格后，应对系统进行冲洗。

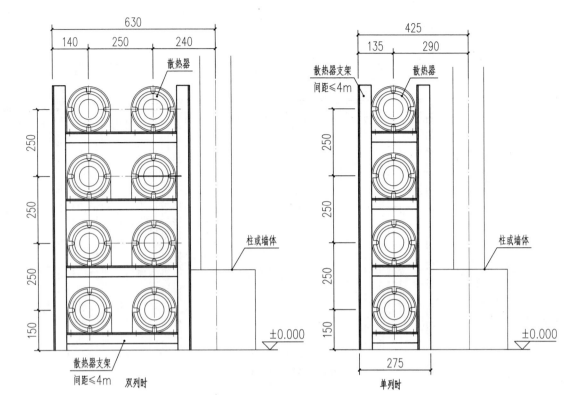

散热器安装大样图 1:10

每个支架立柱采用4-M16×150膨胀螺栓固定地面上，确保牢固（可在棱墙上增加固定点），立柱上墙部去毛刺，磨圆角。
支架材料均采用∠50×50×5热镀锌角钢。

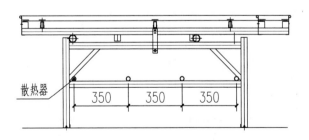

移动苗床下散热器安装示意图

××市建筑设计研究院	审　定		校　对		工程名称	文洛型连栋玻璃温室	图纸	采暖设计说明、	工程编号		阶段	施工图
	审　核		设计负责人				名称	散热器安装大样图			日期	2023.12
	项目负责人		设计人		项目名称					图 号	暖施-01	比例 1：180

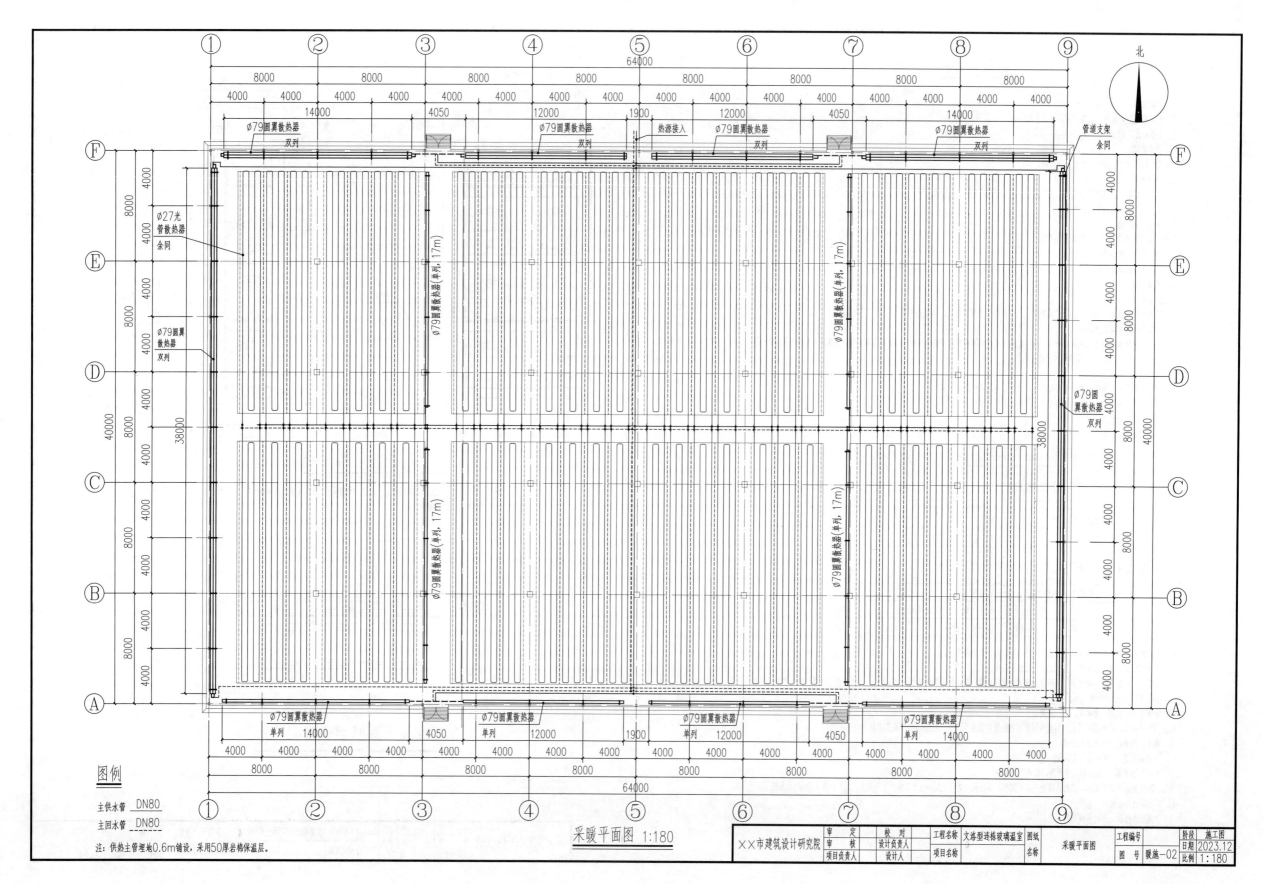

采暖平面图 1:180

图例

主供水管 DN80
主回水管 DN80

注：供热主管埋地0.6m铺设，采用50厚岩棉保温层。

	审 定	校 对	工程名称	文洛型连栋玻璃温室	图纸		工程编号		阶段	施工图
XX市建筑设计研究院	审 核	设计负责人			名称	采暖平面图			日期	2023.12
	项目负责人	设计人	项目名称						图 号	暖施-02	比例	1:180

174

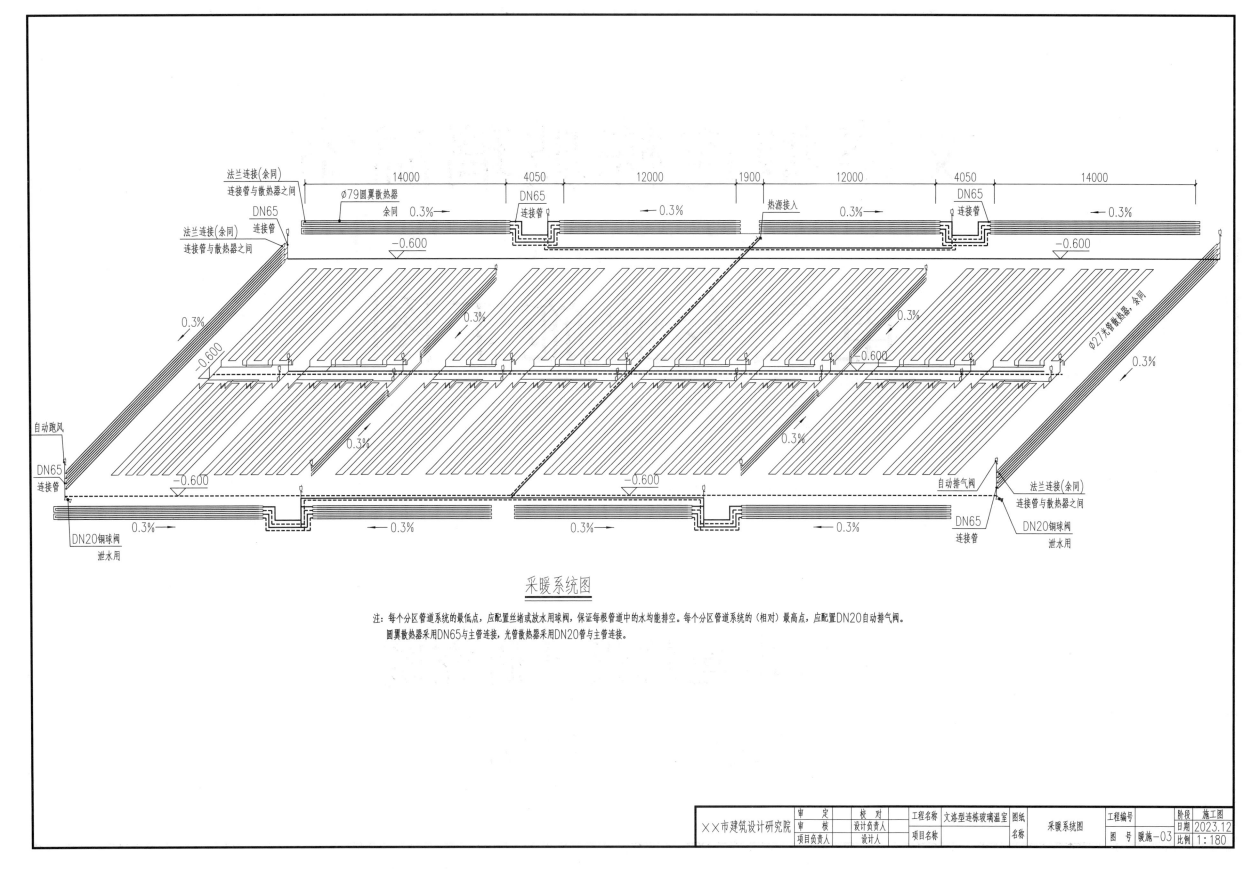

采暖系统图

注：每个分区管道系统的最低点，应配置丝堵或放水用球阀，保证每根管道中的水均能排空。每个分区管道系统的（相对）最高点，应配置DN20自动排气阀。
圆翼散热器采用DN65与主管连接，光管散热器采用DN20管与主管连接。

	审　定		校　对		工程名称	文洛型连栋玻璃温室	图纸		工程编号		阶段	施工图
×××市建筑设计研究院	审　核		设计负责人				名称	采暖系统图			日期	2023.12
	项目负责人		设计人		项目名称					图　号	暖施-03	比例	1:180

175

文洛型连栋玻璃温室

电气专业施工图

××市建筑设计研究院

二〇二三年十二月

图 纸 目 录

建设单位				工程编号		
工程名称	文洛型连栋玻璃温室			子 项		
序号	图 号	图 纸 名 称	图 幅	版次	备 注	
1	电施－01	电气设计说明，减速电机控制原理图，风机、水泵控制原理图	A3	1		
2	电施－02	AC系统图	A3	1		
3	电施－03	湿帘风机水泵配电平面图	A3	1		
4	电施－04	内外遮阳电机、循环风扇配电平面图	A3	1		
5	电施－05	开窗电机配电平面图	A3	1		
6	电施－06	防雷接地平面图	A3	1		
7						
8						
9						
10						
11						
12						
13						
14						
15						
16						
17						
18						
19						
20						
21						
22						
23						
24						
25						

专 业	电 气	项目负责人		未盖出图专用章无效
设计阶段	施工图	专业负责人		
编制日期	2023.12	编 制 人		

××市建筑设计研究院	审 定	校 对	工程名称	文洛型连栋玻璃温室	图纸名称	目录	工程编号		阶段	施工图
	审 核	设计负责人							日期	2023.12
	项目负责人	设计人	项目名称				图 号	电施－00	比例	1:180

电气设计说明

一、工程设计概况
1. 文洛型连栋玻璃温室。
2. 建筑总面积为2560.00m²，1层，建筑高度为7.573m，火灾危险性生产类别为戊类。

二、设计依据
1. 《民用建筑电气设计标准》GB 51348—2019。
2. 《供配电系统设计规范》GB 50052—2009。
3. 《建筑照明设计标准》GB 50034—2013。
4. 《建筑物防雷设计规范》GB 50057—2010。
5. 《建筑设计防火规范》GB 50016—2014（2018年版）。
6. 《温室电气布线设计规范》JB/T 10296—2013。
7. 其他有关的国家及地方现行规程规范。

三、设计内容
1. 温室低压供电系统。
2. 温室防雷接地系统。
3. 温室遮阳系统。
4. 温室风机-湿帘降温系统。
5. 温室屋顶开窗系统。
6. 温室内保温系统。
7. 温室电动开窗系统。

四、用电负荷性质
按三级负荷设计。

五、电源情况
由园区配电室（现场确定）引来2路220/380V电源。

六、供电方式
本工程的低压系统采用TN-C-S接地系统；采用放射式与树干式相结合的供配电方式。

七、计量
配置DT862-4型三相电子式有功电能表用于计量三相有功电能，符合《电测量设备（交流）特殊要求 第21部分：静止式有功电能表 （A级、B级、C级、D级和E级）》（GB/T 17215.321—2021）的技术要求。

八、配电及管线
1. 配电采用2路YJV22-3×25+1×16mm²交联聚氯乙烯铠装绝缘电缆直接埋地引至配电箱，后再分配。
2. 室内外电缆均采用埋地铺设（铺砂铺砖保护）。
3. 室内导线强电采用聚氯乙烯绝缘导线穿线槽（管）在梁、柱明敷，导线截面详见各系统图，弱电采用金属线槽（PVC管）在梁、柱明敷。
4. 配电箱均为落地安装，底座高400，砖砌筑，防护等级为IP65。

九、照明系统
植物生产不考虑。

十、防雷、接地
1. 本工程根据计算预计雷击次数（次/a）0.1181，按二类防雷建筑物设置防雷。
2. 本工程采用上部遮阳网的金属骨架作为接闪器，凡突出屋面的所有金属构件、金属通风管等均与钢屋架相连。
3. 利用钢柱作为引下线，引下线间距不大于20m。引下线在室外地面下1m处引出一根-40x4热镀锌扁钢，扁钢伸出室外，距外墙皮的距离不小于1.5m。
4. 利用-40x4热镀锌扁钢将各独立基础连接成闭合接地网。将电源的重复接地、保护接地及天面防雷接地进行联合接地，焊接采用双面焊接。
5. 整个接地电阻不大于4Ω，如达不到此电阻，可另设人工接地体与本建筑基础接地极相连。
6. 用电、配电、控制设备的金属外壳、金属构架等凡正常不带电而当绝缘破坏有可能呈现电压的一切电气设备金属外壳均应可靠接地。

十一、电气安全
1. 电源进线箱进温室的前端设备箱设有过电压保护的电涌保护装置。
2. 所选用的SPD要采用省防雷技术服务中心认可的产品。
3. 配电照明线路施工中应严格按照国家标准规定的线色选用，L1（黄），L2（绿），L3（红），N（浅蓝），不得混用。配电箱及插座的接地线（PE）应为浅绿带黄花的铜芯导线。
4. 日用插座设有漏电保护，采用防溅安全型。

十二、电气节能
1. 照明灯采用高效灯具和节能灯，如直管日光灯采用T5或T8型节能灯，配电子镇流器。
2. 照明功率密度值为5，光源显色指数Ra≥60，灯具效率参见灯具效率表。电气照明应满足《建筑照明标准》的要求（GB 50034—2013）。
3. 供配电线路在条件允许时尽量走暗设，尽可能降低线路损失。

十三、所订购的电器设备及材料应是符合IEC标准和中国国家标准的合格货品，并具有国家级检测中心检测合格的合格证书（3C认证），供电产品和消防产品应具有入网许可证。

十四、电气设备安装参照《电气设备在压型钢板、夹芯板上安装》（06SD702-5）相关安装方法。未尽事宜，按国家施工验收规范及标准进行施工，施工过程中应与土建施工密切配合。

荧光灯灯具的效率表

灯具出口形式	开敞式	保护罩（玻璃或塑料）		隔栅
		透明	磨砂、棱镜	
灯具效率	75%	65%	55%	60%

一般图例说明

代号	含义	代号	含义	代号	含义
SC	穿焊接钢管敷设	FC	穿管在地板内或埋地暗敷	CT	穿电缆托盘敷设
PC	穿阻燃塑料硬管暗敷设	WC	穿管墙内暗敷	MR	穿金属线槽敷设
CC	顶板内暗敷设	WS	沿墙（柱）面明敷	⤢	线路向上
CE	沿天棚或顶板面敷设	CLC	暗敷在柱内	⤡	由下（上）引至
SCE	沿天棚吊顶内敷设			⤣	线路引下

一般支线穿管表

穿管导线〈BV2.5〉根数	2	3~4
钢管（SC）直径	Ø20	Ø20
穿管导线〈BV2.5〉根数	2~3	3~4
PVC管（PC）管径	Ø16	Ø20
穿管终端线〈TP/TV/TD〉根数	1~2	3~4
PVC管管径（PC）	Ø20	Ø25

相线与PE保护线关系表

相线的截面积S/mm²	保护导体的最小截面积SP/mm²
S≤16	S
16<S≤35	16
35<S≤400	S/2

交流接触器、热继电器选型参数表

序号	符号	型号规格	备注
1	KM、KM1、KM2	CJX1-9	交流接触器，9A
2	KM（xxA）	CJX1系列	交流接触器，括号内xxA代表额定电流
3	KM（9A-Z）	CJX1系列	直流接触器，括号内9A代表额定电流，Z为直流
4	FR（xxA）	JRS1-xxA	热过载继电器，括号内xxA代表额定电流
5	QS（xxA）	OTxxA-3	隔离开关，括号内xxA代表额定电流

温室电脑自动控制系统技术方案（由专业厂家进行二次设计）：
1. 为本温室配置种类齐全的传感器（温度、湿度、光照、CO₂浓度、基质温度、基质湿度）。
2. 温室安装一套物联网温室控制器，对温室设备进行自动控制和长期的数据记录功能。
3. 一套《气象站系统》：用于采集室外环境参数（室外温度、室外湿度、室外光照、风速、风向、雨雪信号）。
4. 安装一套《温室控制器与室内环境传感器》：包括室内温度、室内湿度、室内光照、CO₂浓度、基质温度、基质湿度等。
5. 开窗和风机等设备实现自动控制，安装室内显示屏和监控系统，实现手机电脑控制。

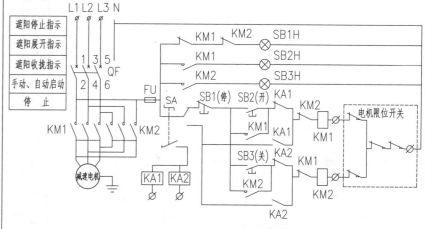

减速电机控制原理图
正反转减速电机类（以遮阳为例）
计算机控制按系统图要求

符号表：H: 指示灯　SB: 按钮
SA: 手动自动切换开关　QF: 断路器
FU: 熔断器　KH: 热继电器
KM: 交流接触器　KA:计算机控制中间继电器

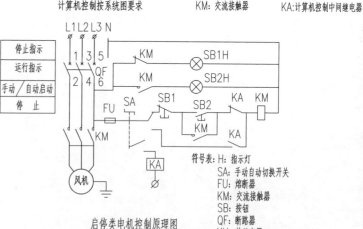

启停类电机控制原理图
风机、水泵类，计算机控制部分按系统图要求设置。

符号表：H: 指示灯
SA: 手动自动切换开关
FU: 熔断器
KM: 交流接触器
SB: 按钮
QF: 断路器
KH: 热继电器
KA: 计算机控制中间继电器

审定		校对		工程名称	文洛型连栋玻璃温室	图纸名称	电气设计说明、减速电机控制原理图、风机、水泵控制原理图	工程编号		阶段	施工图
××市建筑设计研究院	审核		设计负责人		项目名称				图号	电施-01	日期	2023.12
	项目负责人		设计人							比例	1:180

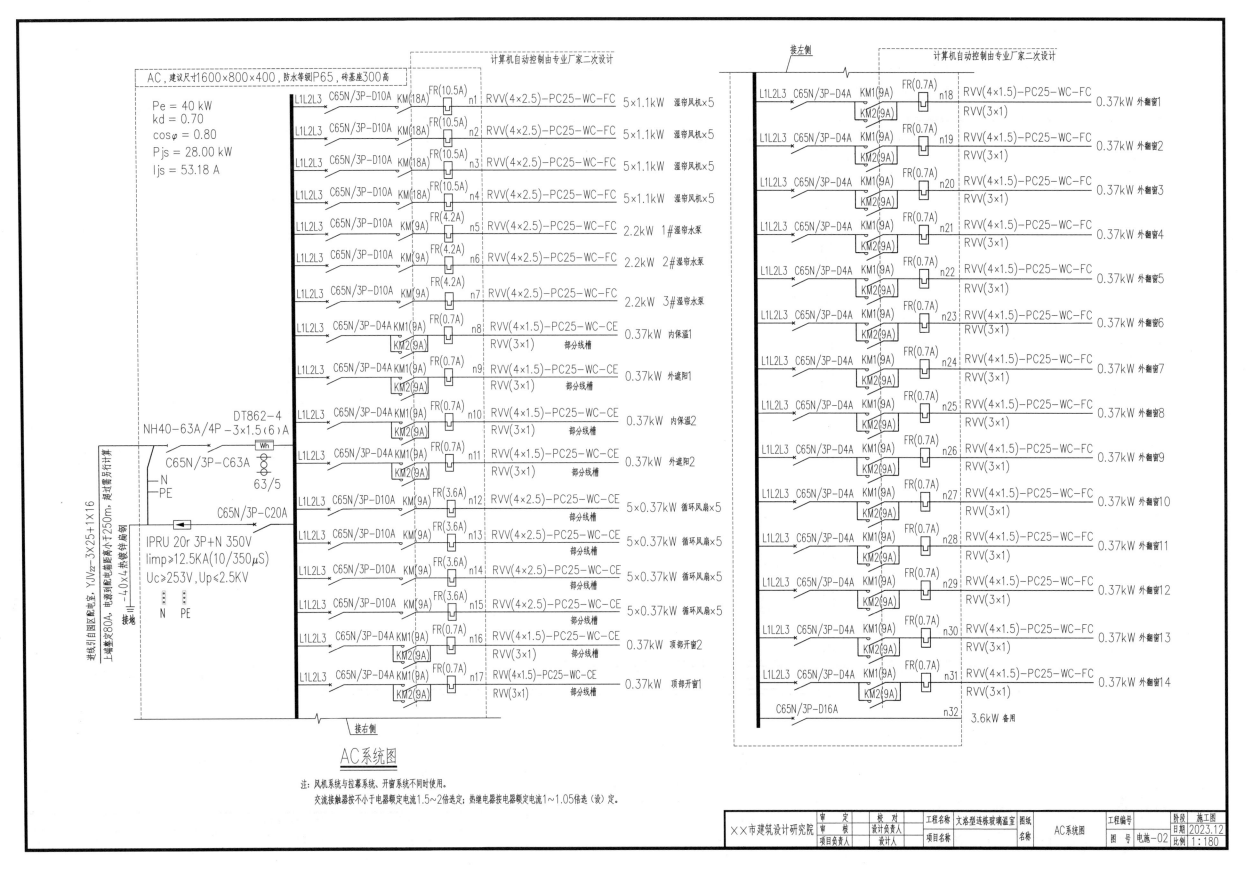

AC系统图

注：风机系统与拉幕系统、开窗系统不同时使用。

交流接触器按不小于电器额定电流1.5～2倍选定；热继电器按电器额定电流1～1.05倍选（设）定。

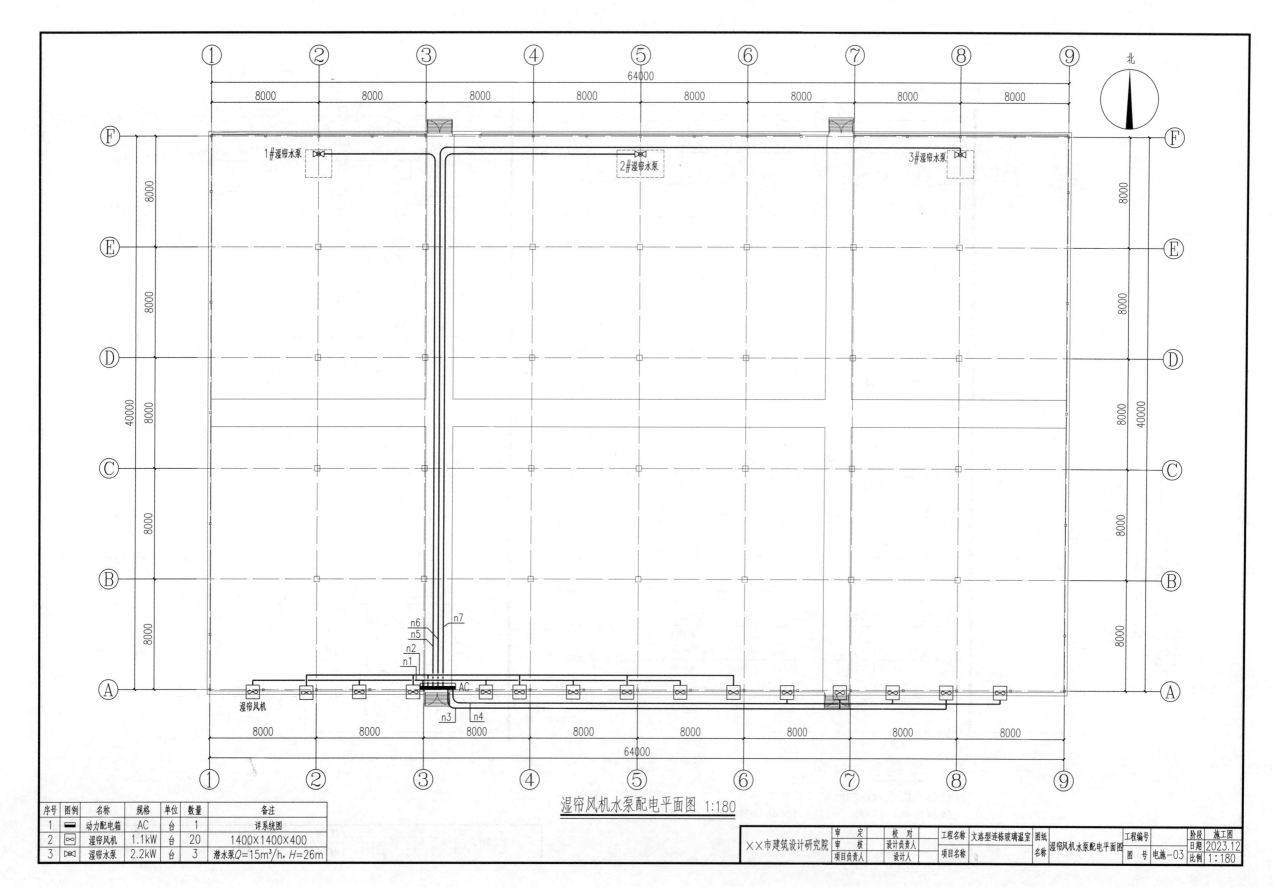

湿帘风机水泵配电平面图 1:180

序号	图例	名称	规格	单位	数量	备注
1	▬	动力配电箱	AC	台	1	详系统图
2	⊠	湿帘风机	1.1kW	台	20	1400×1400×400
3	⊠	湿帘水泵	2.2kW	台	3	潜水泵$Q=15m^3/h$, $H=26m$

××市建筑设计研究院	审 定		校 对		工程名称	文洛型连栋玻璃温室	图纸	湿帘风机水泵配电平面图	工程编号		阶段	施工图
	审 核		设计负责人							日期	2023.12
	项目负责人		设计人		项目名称		名称		图 号	电施-03	比例	1:180

180

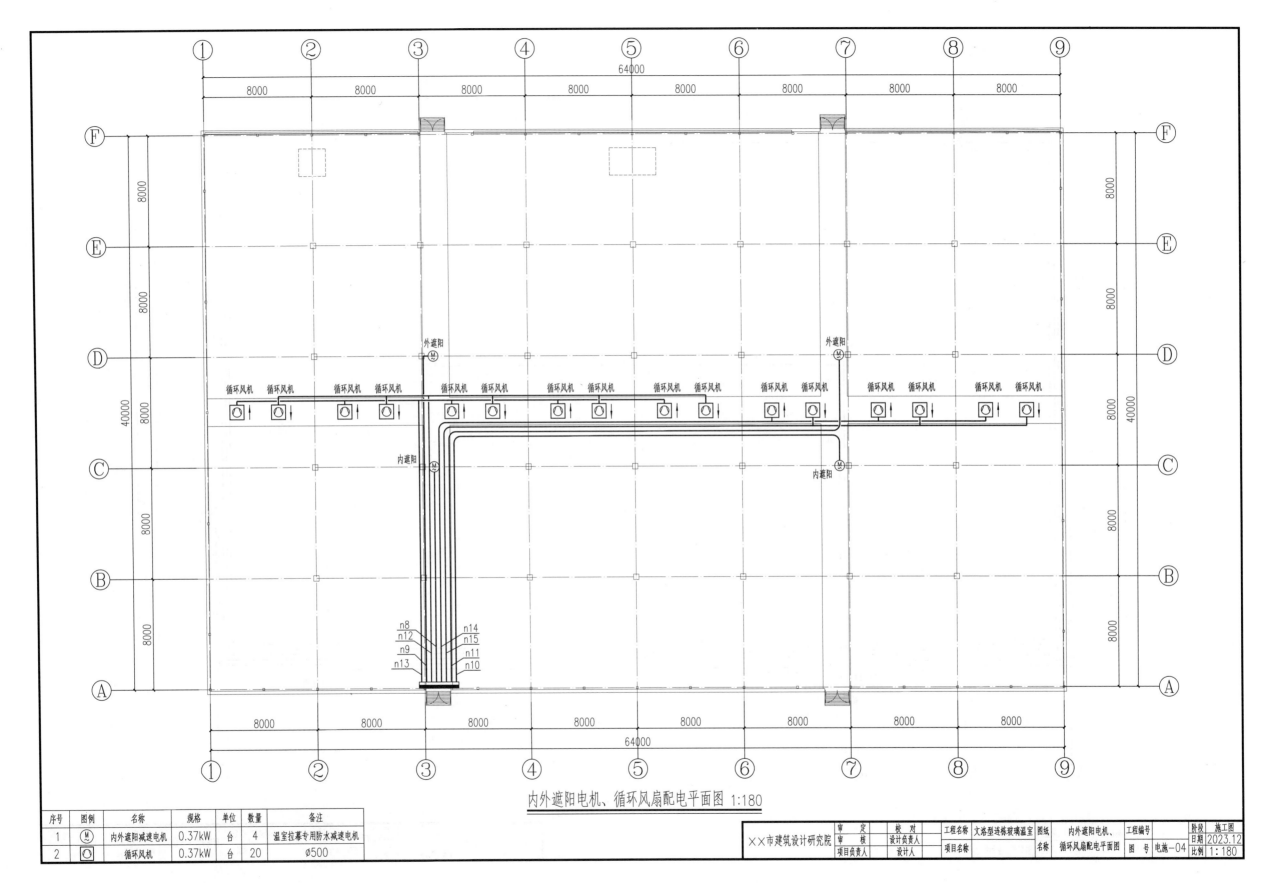

内外遮阳电机、循环风扇配电平面图 1:180

序号	图例	名称	规格	单位	数量	备注
1	Ⓜ	内外遮阳减速电机	0.37kW	台	4	温室拉幕专用防水减速电机
2	⊙	循环风机	0.37kW	台	20	ø500

××市建筑设计研究院	审 定		校 对		工程名称	文洛型连栋玻璃温室	图纸	内外遮阳电机、	工程编号		阶段	施工图
	审 核		设计负责人				名称	循环风扇配电平面图			日期	2023.12
	项目负责人		设计人		项目名称						图 号	电施-04	比例	1:180

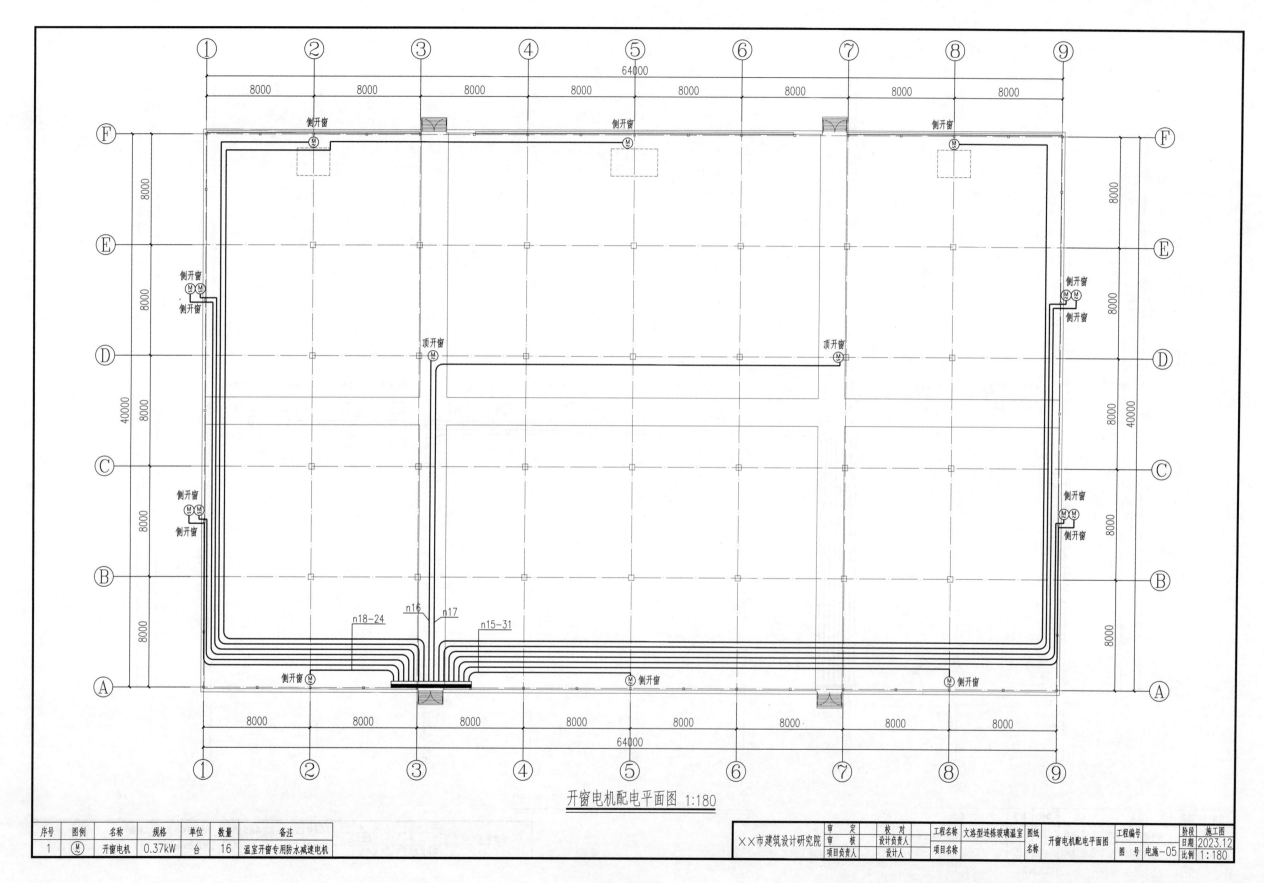

开窗电机配电平面图 1:180

序号	图例	名称	规格	单位	数量	备注
1	Ⓜ	开窗电机	0.37kW	台	16	温室开窗专用防水减速电机

×××市建筑设计研究院

审 定		校 对		工程名称	文洛型连栋玻璃温室	图纸	开窗电机配电平面图	工程编号		阶段	施工图
审 核		设计负责人								日期	2023.12
项目负责人		设计人		项目名称		名称		图 号	电施-05	比例	1:180

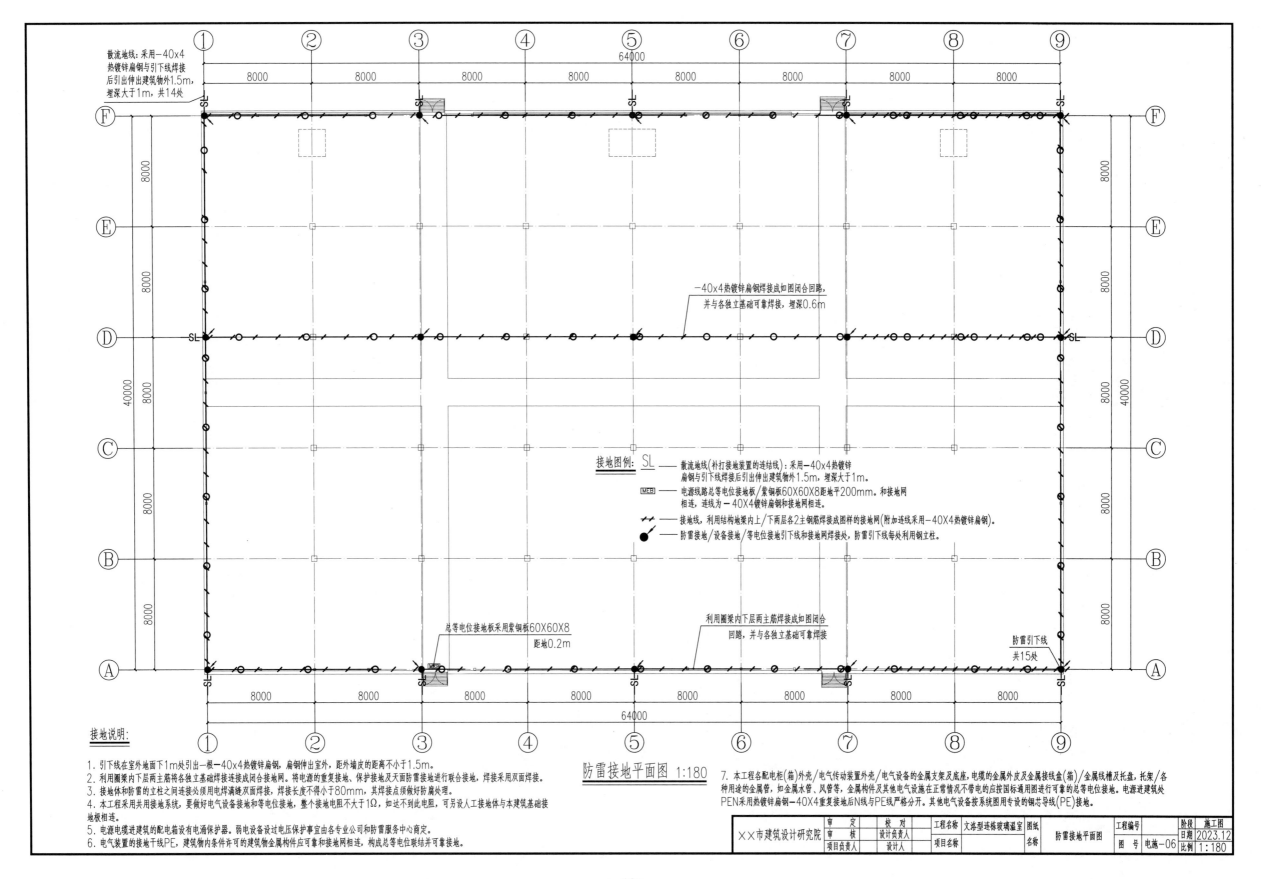

散流地线：采用-40x4
热镀锌扁钢与引下线焊接
后引出伸出建筑物外1.5m，
埋深大于1m，共14处

64000

8000 8000 8000 8000 8000 8000 8000 8000

-40x4热镀锌扁钢焊接成如图闭合回路，
并与各独立基础可靠焊接，埋深0.6m

接地图例：SL

散流地线(补打接地装置的连结线)：采用-40x4热镀锌
扁钢与引下线焊接后引出伸出建筑物外1.5m，埋深大于1m。

电源线路总等电位接地板/紫铜板60X60X8距地平200mm。和接地网
相连，连线为-40X4镀锌扁钢和接地网相连。

接地线，利用结构地梁内上/下两层各2主钢筋焊接成图样的接地网(附加连线采用-40X4热镀锌扁钢)。

防雷接地/设备接地/等电位接地引下线和接地网焊接处，防雷引下线每处利用钢立柱。

总等电位接地板采用紫铜板60X60X8
距地0.2m

利用圈梁内下层两主筋焊接成如图闭合
回路，并与各独立基础可靠焊接

防雷引下线
共15处

8000 8000 8000 8000 8000 8000 8000 8000

64000

防雷接地平面图 1:180

接地说明：

1. 引下线在室外地面下1m处引出一根-40x4热镀锌扁钢，扁钢伸出室外，距外墙皮的距离不小于1.5m。
2. 利用圈梁内下两主筋将各独立基础焊接连成闭合接地网。将电源的重复接地、保护接地及天面防雷接地进行联合接地，焊接采用双面焊接。
3. 接地体系和防雷的立柱之间连接必须用电焊满缝双面焊接，焊接长度不得小于80mm，其焊点须做好防腐处理。
4. 本工程采用共用接地系统，要做好电气设备接地和等电位接地，整个接地电阻不大于1Ω，如达不到此电阻，可另设人工接地体与本建筑基础接地极相连。
5. 电源电缆进建筑的配电箱设有电涌保护器。弱电设备设过电压保护事宜由各专业公司和防雷服务中心商定。
6. 电气装置的接地干线PE，建筑物内条件许可的建筑物金属构件应可靠和接地网相连，构成总等电位联结并可靠接地。
7. 本工程各配电柜(箱)外壳/电气传动装置外壳/电气设备的金属支架及底座，电缆的金属外皮及金属接线盒(箱)/金属线槽及托盘，托架/各种用途的金属管，如金属水管、风管等，金属构件及其他电气设施在正常情况不带电的应按国标通用图进行可靠的总等电位联结。电源进建筑处PEN采用热镀锌扁钢-40X4重复接地后N线与PE线严格分开。其他电气设备按系统图用专设的铜芯导线(PE)接地。

ＸＸ市建筑设计研究院

审 定 | 校 对
审 核 | 设计负责人
项目负责人 | 设计人

工程名称 | 文洛型连栋玻璃温室 | 图纸名称 | 防雷接地平面图
项目名称 |

工程编号 | 阶段 | 施工图
日期 | 2023.12
图 号 | 电施-06 | 比例 | 1:180